mental health matters

Gesund arbeiten – besser leben.

Dr. Eva Elisa Schneider

mental health matters

Gesund arbeiten – besser leben.

Haufe Group
Freiburg · München · Stuttgart

Bibliografische Information der Deutschen Nationalbibliothek

Die Deutsche Nationalbibliothek verzeichnet diese Publikation in der Deutschen Nationalbibliografie; detaillierte bibliografische Daten sind im Internet über http://dnb.dnb.de/ abrufbar.

Print: ISBN 978-3-68951-003-9 Bestell-Nr. 12071-0002
ePub: ISBN 978-3-68951-004-6 Bestell-Nr. 12071-0101
ePDF: ISBN 978-3-68951-005-3 Bestell-Nr. 12071-0151

Dr. Eva Elisa Schneider
mental health matters. Gesund arbeiten – besser leben.
1. Auflage, Oktober 2024

www.haufe.de
info@haufe.de

Cover- und Autorinnenfoto: Coba Uys
Covergestaltung: Johanna Schäfers
Illustrationen: Verena Herbst

Produktmanagement: Mirjam Gabler
Lektorat: Juliane Sowah

Inhalt

Vorwort

Er sitzt mir gegenüber, das Gesicht in die Hände vergraben und sagt leise: »Ich kann das nicht mehr. Ich werde den Ansprüchen einfach nicht gerecht. Wie kann ich so andere führen?!« Hilflosigkeit lag in seiner Stimme. Vor einem Jahr war Herr A. zur Führungskraft auf dritter Ebene befördert worden. Als Ingenieur mit einer beeindruckenden Fachkarriere war das der nächste logische Schritt – doch dort angekommen zerbrach er unter dem Druck. Jede Arbeitswoche mindestens 60 Stunden, zwei kleine Kinder zu Hause und innere Ansprüche, die schon immer sehr hoch waren, ließen ihm alles über den Kopf wachsen. Er war tief erschöpft, blickte pessimistisch auf seine Karriere und den einzigen Ausweg, den er sah, war zu kündigen. Doch allein der Gedanke daran beschämte ihn zutiefst.

Zum Glück entschied er sich für eine Therapie. Gemeinsam tauchten wir ein in Lösungsoptionen und seine Wünsche an einen Job, der ihm gerecht werden könnte. Denn als er ehrlich zu sich war, kam heraus: Er wollte nur vier Tage arbeiten, Zeit für eine richtige Mittagspause haben, statt hektisch vor dem Laptop zu essen, und einmal die Woche zur Therapie gehen können, ohne eine Ausrede zu erfinden.

Wir machten einen Plan. Schritt 1: sich zu überlegen, mit wem er wann am besten sprechen könnte. Schritt 2: zu reflektieren, wie viel er von sich preisgeben wollte und müsste. Schritt 3: zu analysieren, wie seine Depression seinen Job beeinträchtigte, aber auch wie sein Job seine Depression beeinträchtigte. Schritt 4: Ideen zu sammeln, wie er ein

Arbeitsumfeld schaffen könnte, in dem er vielleicht doch in der Rolle bleiben könnte, auf die er eigentlich stolz war.

Einige Wochen später gab es ein Gespräch mit seiner Führungskraft, das für uns beide sehr bewegend werden würde. Denn wie Herr A. erfahren sollte, war sein Chef einige Jahre zuvor genau an demselben Punkt. Sie haben nur nie darüber gesprochen.

Heute arbeitet Herr A. die gewünschten vier Tage. Noch immer gibt es Hochstressphasen, doch nun sind sie bewusst eingebettet in Phasen der Regeneration und ein vertrauensvolles Umfeld, das es ihm erlaubt, Belastungen offen zu besprechen. Herr A. ist noch immer Ingenieur in einer wichtigen Führungsposition, aber er ist vor allem eins: Mensch.

Das ist nur eine von vielen bewegenden Geschichten meiner beruflichen Laufbahn, die zeigt, wie oft mentale Gesundheit stumm bleibt und wir mit unseren Belastungen allein sind. Doch sie ist auch eine von vielen Geschichten, die erzählt, wie viel möglich wird, wenn wir mentale Gesundheit normalisieren, als Organisationen kreative Rahmenbedingungen schaffen und vertrauensvolle Beziehungen bauen, die uns wirklich unterstützen.

Der Weg zu mehr solcher Geschichten ist das, was mich zutiefst mit Eva verbindet.

Wir glauben an eine Arbeitswelt, die gesünder, nachhaltiger und menschlicher ist. Aber wir glauben auch, dass es dafür Sprache braucht, Werkzeuge und das Verständnis, dass mentale Gesundheit uns verbinden kann, statt uns zu trennen.

Und dieses Buch ist all das.

Es bringt mentale Gesundheit nahbar zu uns an den Schreibtisch, erlaubt Einblicke in Organisationen und ihre Lösungen und gibt Werkzeuge an die Hand, damit mentale Gesundheit nicht nur ein Zustand bleibt, sondern eine Kompetenz, die wir lernen dürfen.

Eva steht mit Herz und Seele hinter diesem Thema und ist mit ihrer Stimme eine der treibenden Kräfte, mentale Gesundheit in der Arbeitswelt zu entmystifizieren. Ich bin jetzt schon stolz, ihr Buch in meinen Händen halten zu dürfen. Denn es ist ein Buch, das es so nicht gibt. Bei Workshops werde ich immer wieder nach Ressourcen gefragt, die zeigen, wie wir Gesundheit in unsere Organisationswelt und Teams tragen können. Und immer wieder stehe ich mit zuckenden Schultern da und muss auf die USA und Großbritannien verweisen. Doch heute ändert sich meine Antwort. Endlich.

Ich wünsche dir viel Spaß beim Lesen und noch mehr Freude dabei, eine weitere mutige Stimme für Mental Health zu werden.

Nora Dietrich
Psychotherapeutin & Mental Health Expertin

01

Mentale Gesundheit

Es geht darum, die Gesundheits-kompetenzen der Mitarbeitenden zu stärken und ein Umfeld zu schaffen, das die Gesundheit fördert, statt sie zu belasten.

1.1 Warum mentale Gesundheit?

In einem Vorgespräch für meinen Podcast fragte mich einmal ein Gast: »Eva, was genau ist eigentlich mentale Gesundheit?« Ich war vollkommen perplex, weil mir die Frage so einfach und komplex zugleich schien. Ich hätte eine schnörkellose Definition der WHO herunterbeten können: »Ein Zustand des Wohlbefindens, in dem eine Person ihre Fähigkeiten ausschöpfen, die normalen Lebensbelastungen bewältigen, produktiv arbeiten und einen Beitrag zu ihrer Gemeinschaft leisten kann.«[1] Alles klar so weit, oder? In diesem Moment fehlte mir jedoch ein bedeutsamer Teil der Frage, nämlich: Was ist mentale Gesundheit *für dich*?

Werfen wir einen Blick ins Internet, so werden wir mit Hochglanzcontent zu mentaler Gesundheit bombardiert. Dort heißt es zum Beispiel: »Vier Wege, um einen zufriedenen Alltag zu führen« und »Drei Schritte für deine gesunde Morgenroutine«. Überall scheint es, als sei mentale Gesundheit ein objektiver Zustand, den man durch ein paar Hacks erreichen könnte. Dabei ist mentale Gesundheit vor allem ein subjektives Gefühl. Ich kann wunderbar auf die dreiteilige Morgenroutine verzichten und mich trotzdem gesund fühlen. Ich kann einige Baustellen im Leben haben und es geht mir trotzdem gut. Wie sich mentale Gesundheit in meinem Leben anfühlt, ist individuell. Mentale Gesundheit ist ein dynamisches Gefühl, bei dem wir immer wieder reflektieren: Wie geht es mir gerade? Welche Herausforderungen habe ich aktuell? Kann ich diese gut bewältigen?

In der Gesundheitsversorgung haben wir ein sehr dichotomes Bild von Gesundheit: Es gibt entweder krank oder gesund. Es werden konkrete Kriterien aufgeführt, die definieren, in welche Kategorie jemand fällt. Im Zweifel entscheidet ein bestimmtes Symptom darüber, ob wir laut Diagnosesystem eine Depression haben oder nicht – wenn wir das Symptom nicht haben, ist es keine Depression. Dann sind wir laut Diagnosekatalog gesund, auch wenn es uns eigentlich schlecht geht. Dieses Entweder-oder ist absurd. Es ist für Krankenkassen, aber nicht für Menschen gemacht. Und trotzdem prägt uns diese Zweiteilung bis heute: Wenn ich nicht krank bin, dann bin ich scheinbar gesund. Genauso gestalten wir auch unseren Alltag. Wir nehmen Gesundheit als selbstverständlich und sie wird erst dann relevant, wenn wir sie aufgrund von Krankheit wiederherstellen wollen. Dann realisieren wir plötzlich: Gesundheit ist ein Privileg, das wir so lange als gegeben ansehen, bis wir es nicht mehr haben.

Tatsächlich ist körperliche und mentale Gesundheit aber weit mehr als die Abwesenheit von Krankheit. Statt bei mentaler Gesundheit entweder an Wellness oder an psychische Erkrankungen zu denken, müssen wir sie als ein Spektrum begreifen. Der israelisch-amerikanische Soziologe Aaron Antonovsky beschäftigte sich seit den 1970er-Jahren mit der grundlegenden Frage: Wie entsteht Gesundheit? Das Konzept der Salutogenese, als Pendant zur Pathogenese entwickelt, betrachtet Gesundheit als einen fortlaufenden Prozess, nicht nur als einen Zustand.[2] Es gibt keine klare Trennung zwischen völliger Gesundheit und Krankheit – selbst in schwer kranken Personen finden sich noch gesunde Aspekte. Jeder Mensch befindet sich stetig in dem Kontinuum zwischen Gesundheit und Krankheit. Stellen wir uns dafür eine horizontale Linie vor, die von »Excelling« (»übertreffen«) links bis »In Crisis« (»in Krise«) rechts reicht. Dort finden wir für mentale Gesundheit folgende Nuancen:

Nuancen mentaler Gesundheit

»Excelling« heißt, uns voll und ganz wohlzufühlen, an unseren Tätigkeiten zu wachsen und im Alltag ein hohes Maß an Energie zu haben. Alltagsherausforderungen können wir hervorragend meistern und kosten uns keine Kraft. Wir sind in ein starkes soziales Umfeld eingebunden, in das wir uns einbringen können.
»Thriving« bedeutet, dass wir unsere Stärken einsetzen können, ein unterstützendes soziales Netz haben. Wir führen einen Alltag, der normale Herausforderungen hat, die uns zwar fordern, wir sie aber durch ausreichend Ausgleich gut bewältigen können.
»Coping« ist ein Zustand, in dem wir eine höhere Stressbelastung als üblich haben und mehr oder größere Herausforderungen des Alltags bewältigen müssen. Das können zum Beispiel Trennungen, Umzüge oder zwischenmenschliche Konflikte sein. Dennoch reichen die persönlichen Energiegeber aus, um Kraft zu tanken.
»Struggling« bedeutet, deutliche Belastungen zu haben, die wir zwar noch bewältigen können, die aber sehr kräftezehrend sind. Es mangelt möglicherweise an Ausgleich und Balance, weil einzelne Energietankstellen wie Sport oder Me-Time fehlen. Wir sind abgeschlagen und unsere Lebensqualität leidet.
»In Crisis« heißt, wohlmöglich an einer psychischen Erkrankung zu leiden. Die Lebensqualität ist eingeschränkt, es fällt uns schwer, uns zu motivieren. Unsere Stimmung und unser Verhalten verändern sich spürbar. Bestimmte Aktivitäten im Alltag sind uns nur eingeschränkt möglich oder kosten enorm viel Kraft.

Jetzt kannst du dich einmal fragen: Wie geht es mir gerade? Wo auf diesem Spektrum befinde ich mich aktuell? Was bräuchte es, um einige Schritte weiter nach links Richtung Excelling zu gehen, falls ich dort nicht bereits bin? Und was müsste passieren, um weiter rechts auf dem Spektrum zu landen?

Je weiter wir auf die rechte Seite rücken, desto unerwünschter ist uns dieser Zustand – unter anderem auch, weil psychische Erkrankungen etwas sind, was wir in unserer Gesellschaft ablehnen oder mindestens so lange ignorieren, bis sie im wahrsten Sinne nicht mehr übersehen werden können. Dabei könnte mentale Gesundheit ohne psychische Erkrankungen gar nicht existieren. Erst durch sie bekommt mentale Gesundheit eine echte Bedeutung: Wir wollen psychisch gesund werden oder gesund bleiben. Statt mentale Gesundheit also als Idealzustand zu sehen und psychische Krankheit aus unserem Alltag ausklammern zu wollen, sollten wir beide Zustände mit all ihren Facetten dazwischen als inhärenten Teil des Lebens begreifen. Unsere mentale Gesundheit ist ständig in Bewegung: Mal haben wir bessere, mal schlechtere Tage. Diese Schwankungen sind normal und wir können sie wahrnehmen und beeinflussen. Das traditionelle Bild von gesund versus krank spiegelt nicht unsere Lebensrealität wider. Deshalb lasst uns anfangen, mentale Gesundheit endlich so vielschichtig zu sehen, wie sie ist.

Begriffe kurz erklärt

Mentales Wohlbefinden meint einen positiven Zustand, der von positiven Gefühlen, Selbstwirksamkeit und sozialer Einbindung gekennzeichnet ist. Hier befinden wir uns auf dem Spektrum im Bereich Thriving oder Excelling.

Psychische/mentale Belastungen können sämtliche persönlichen Probleme beinhalten, die jedoch (noch) keine voll ausgeprägte psychische Erkrankung sind. Dies können Alltagsbelastungen oder subklinische Phänomene wie chronischer Stress sein. Auf dem Spektrum bewegen wir uns im Bereich Surviving und Struggling.

Psychische Erkrankungen sind klinische Störungen wie Depressionen, Ängste oder Süchte, die auf dem Spektrum im Bereich In Crisis verortet sind. Diese Erkrankungen sind in der International Classification of Diseases (ICD-10) klassifiziert und beinhalten klare Kriterien, um durch Fachpersonal als solche eingestuft zu werden.

Reflexion

- Was bedeutet mentale Gesundheit für dich?
- Zu welchem Zeitpunkt ist mentale Gesundheit in deinem Leben bewusst ein Thema geworden? Warum genau dann?
- Wann hast du dich das letzte Mal im Zustand von Excelling gefühlt?

1.2 Vom Nischenthema zum Megatrend

Krisen, Klimawandel, Fachkräftemangel: Unsere Arbeitswelt ist in einer angespannten Lage. Aber kaum eine Sache hat uns so rapide neue Möglichkeiten eröffnet und gleichzeitig vor so große Herausforderungen gestellt wie die Digitalisierung. Ständige Erreichbarkeit und Hypervernetzung machen es uns schwer abzuschalten. Gleichzeitig eröffnen sich durch ortsunabhängiges Arbeiten und die Nutzung künstlicher Intelligenz (KI) ganz neue Möglichkeiten, wie wir heute arbeiten können. Ist das nun aber gut oder schlecht für die Psyche?

Evolutionär gesehen ist unser Gehirn in seiner heutigen Form stattliche 35.000 Jahre alt, die Digitalisierung mit Web 2.0 und Social Media gerade mal 22 Jahre. Zwar ist der Mensch ein anpassungsfähiges Wesen, jedoch ist uns das volle Ausmaß dessen, was die Digitalisierung mit uns Menschen macht, noch vollkommen unbekannt. Unsere Gehirne sind für viele mit der Digitalisierung einhergehende Herausforderungen nicht verdrahtet und bräuchten im Grunde Jahrtausende, um sich auf die neuen Bedingungen einzustellen. Dennoch machen wir einfach weiter, als gäbe es diese Diskrepanz nicht. Als würden wir Menschen in einem Wimpernschlag von Menschheitsgeschichte einfach das tun, was wir in rund 2,5 Millionen Jahren Evolution schon immer getan haben: uns anzupassen. Wir erwarten von uns, dass wir in Lichtgeschwindigkeit adaptieren und die neuen

Herausforderungen umgehend meistern. So machen wir uns selbst immensen Druck, besser zu werden und schnelle Lösungen parat zu haben. Die Reaktion der Wirtschaftswelt darauf ist, mehr Workload in kürzerer Zeit zu schaffen, es mit weniger Menschen weiter zu bringen und in einer Kultur von Ängsten und Sorgen bitte innovative und frische Ideen hervorzubringen. Und das trotz Fachkräftemangel, Ressourcenverknappung und einer schwierigen makroökonomischen Lage. Kein Wunder also, dass unsere Psyche unter dieser gegensätzlichen Reibung ächzt.

Wann immer ich Menschen erzähle, was ich beruflich mache, bekomme ich eine ähnliche Reaktion: »Oh ja, mentale Gesundheit, so ein wichtiges Thema, besonders in dieser Zeit!« Bei mir wirft das stets dieselbe Frage auf: Aber war es nicht auch schon im letzten Jahrzehnt ein Thema und in dem Jahrzehnt davor und in dem davor?

Meine Kollegin Nora Dietrich schickte mir kürzlich einen Ausschnitt aus einem Buch, das sie bei ihren Schwiegereltern im Regal fand: »The Book of Stress Survival« von Alix Kirsta, erschienen 1987. Dort schreibt die Autorin: »But todays challenges are far more complex than it used to be [...]. Living in an age of immense and increasingly rapid change, we are subjected to greater, more insistent, and inescapable pressures to adapt, keep up and compete – in short to survive – than at any other time.« Auf Deutsch in etwa: »Die heutigen Herausforderungen sind weitaus komplexer als früher [...]. Wir leben in einem Zeitalter des immensen und immer schneller werdenden Wandels und sind einem größeren, hartnäckigeren und unausweichlichen Druck ausgesetzt, uns anzupassen, Schritt zu halten und zu konkurrieren – kurz gesagt, zu überleben – als je zuvor.« Wir beide scherzten, dass man diese Aussage eins zu eins auch auf die heutige Zeit übertragen könnte und wir unseren Job wohl noch lange machen werden, wenn Stress und Überlastung in den Achtzigern auch schon Thema war und es noch immer keine Abhilfe gibt.

Wenn die Welt also früher auch schon wahnsinnig komplex und schnelllebig war, was ist heute dann anders? Warum wird unsere heutige Welt *besonders* belastend für die mentale Gesundheit empfunden? Dabei hilft ein Blick durch die Generationenbrille.

An vielen Ecken hören wir aktuell, die Generation Z, kurz Gen Z – also die Menschen, die zwischen 1995 und 2010 geboren sind – sei faul, nicht belastbar und unmotiviert. Die Gen Z scheint alles zu wollen und nichts zu geben: saftiges Gehalt, bitte keine Überstunden, keinen Stress und keine extra Meile. Zwar ist keine Generation in der westlichen Welt bisher mit so viel Wohlstand aufgewachsen wie die Gen Z, aber dennoch tun wir ihr Unrecht. Keine andere Generation ist mit einer so unmittelbar bevorstehenden Bedrohung wie der Klimakrise groß geworden. Keine Generation ist von Beginn an mit der Digitalisierung aufgewachsen und in keiner Generation hat Covid so starke Spuren in den beiden Lebensphasen hinterlassen, die essenziell für die persönliche Entwicklung sind: die Jugend und das frühe Erwachsenenalter. Studien belegen, dass die gesundheitsbezogene Lebensqualität dieser Generation seit der Pandemie verringert ist und psychische Belastungen wie Schlafstörungen und depressive Verstimmungen deutlich angestiegen sind.[3]

Die Gen Z zeigt einen großen Wunsch nach sogenannter Flexicurity – ein Kofferwort aus flexibility (Flexibilität) und security (Sicherheit). Dies müssen wir als *Reaktion* auf die aktuelle Weltlage begreifen. Wer mit vielen Unsicherheiten konfrontiert ist (und davon haben wir genug!), hat das Bedürfnis nach Sicherheit. Wer in einer digitalisierten Welt aufwächst, möchte selbstverständlich die Vorteile nutzen. Und dass die Gen Z deutliche Grenzen zieht und lieber pünktlich Feierabend macht, statt Überstunden zu schrubben, ist schlichtweg eins: gesund. Tatsächlich zeigen hochwertige Studien, dass die Jobzufriedenheit sowie das Arbeitsengagement sich in dieser Generation nicht wesentlich von anderen unterscheidet.[4] Die Gen Z ist insgesamt nur lauter und zeigt uns schonungslos auf, wo es in unserem System hakt: Die Arbeitswelt, wie wir sie bisher kennen, ist darauf ausgelegt, dass Menschen nicht nur arbeiten, sondern sich *über*arbeiten. Die Gen Z spiegelt uns sehr gekonnt, dass es so nicht weitergehen kann – auch wenn nicht alle von uns das sehen oder verstehen wollen. Statt also eine ganze Generation in die Kritik zu nehmen, sollten wir uns eher darum kümmern, wie Arbeit modern, gesund und nachhaltig gestaltet werden kann.

Was man von der Gen Z für seine mentale Gesundheit lernen kann.

Marisa Arat, Wirtschaftspsychologin & Studentin klinische Psychologie

»Die jungen Menschen sind viel zu empfindlich geworden, die rennen doch alle viel zu schnell zur Therapie. Früher hat man die Zähne zusammengebissen und einfach weitergemacht.« Bisher kultivierten wir eine Verdrängungskultur, wenn es um Themen rund um die mentale Gesundheit ging, wodurch Traumatisierungen und psychische Erkrankungen über viele Generationen hinweg weitergegeben wurden und unbehandelt blieben. Die Gen Z sticht mit ihrem diesbezüglich offeneren Umgang heraus und trifft damit sowohl auf Zuspruch als auch auf Ablehnung.

Mental Health auf Social Media

Der offene Umgang der Gen Z mit dem Thema Mental Health spiegelt sich insbesondere auf Social Media wider. Viele Content Creators teilen offen ihre eigenen Erfahrungen, schaffen Awareness oder klären auf. Dadurch entsteht online ein offener Austausch um das Thema mentale Gesundheit und die Möglichkeit, sich mit Gleichgesinnten zu vernetzen. Wegen einer psychischen Erkrankung oder einer Psychotherapie soll sich niemand mehr verstecken müssen, so die allgemeine Bestrebung der Generation. Es besteht jedoch die Gefahr, dass wir diesen Austausch vermehrt der Onlinewelt überlassen und offline vernachlässigen. Social Media hat nicht nur das Potenzial, Einsamkeit als eine unserer größten gesellschaftlichen Herausforderungen zu bestärken, sondern stellt auch durch viele weitere Faktoren wie ständige Erreichbarkeit, soziale Vergleiche, Fehlinformationen, Pseudoexpertisen sowie Ferndiagnosen eine große Gefahr für unsere psychische Gesundheit dar.

Die Gen Z schafft Raum für Diskussion

Die Sensibilität der Gen Z für mentale Gesundheit betrachte ich als eine Stärke. Junge Menschen haben heute ein gutes Verständnis dafür, dass psychische Probleme in Beziehungen an andere Personen weitergegeben werden können und stellen sich diesen Themen. Der Gen Z gelingt es in meiner Wahrnehmung, einen Raum zu schaffen, in dem offene Diskussionen über mentale Gesundheit stattfinden und wir uns gesellschaftlich überhaupt erst die Frage stellen, wie ein gesunder Umgang mit dem Thema im Berufs- sowie Privatleben aussehen kann. Aber auch die Gen Z macht im Umgang mit mentaler Gesundheit noch längst nicht alles richtig. Sie zeigt jedoch deutlich auf, dass wir für einen langfristig gesunden Umgang mit unserer mentalen Gesundheit die Themen weiterhin diskutieren, hinterfragen, enttabuisieren und entstigmatisieren sollten und lebt dies selbst vor.

Gehen wir geschichtlich etwas weiter zurück und schauen uns die Generation der westlichen Babyboomer (geboren 1946–1964) an, so waren auch ihre Werte schlichtweg eine Reaktion auf die damaligen Gegebenheiten. Nach dem zweiten Weltkrieg drehte sich alles um Wiederaufbau, Stabilität und Wachstum. Es ging darum, Häuser zu bauen und Familien zu versorgen. Es musste sich um grundlegende Bedürfnisse gekümmert werden wie »Dach über dem Kopf« und »Essen auf dem Teller«. Fleiß und Disziplin waren Mittel und Wege, um das zu erreichen. Diese Aspekte haben den Arbeitsethos dieser Generation weitaus stärker geprägt als die Generationen nach ihnen. Mentale Gesundheit hatte hier nicht viel Platz, weil etwas wie »Dach über dem Kopf« in der Überlebenshierarchie weiter oben stand als »Trauma aufarbeiten«. Nach vorne zu blicken und weiterzumachen waren für diese Generation schlichtweg Bewältigungsstrategien für alles, was ihnen und ihren Eltern geschehen war. Zweifelsohne gab es mentale (Un-)Gesundheit auch damals schon, nur wurde sie einfach nicht thematisiert. Denn in die Anstrengungen, Verletzungen und Wunden des Krieges zu blicken, war massiv tabuisiert. Es hätte bedeutet, dass man zurück statt nach vorne blickt. »Man funktionierte, baute auf, fragte wenig, jammerte nie, wollte vom Krieg nichts hören – und man konnte kein Brot wegwerfen.« So beschreiben es Sabine Bode und Luise Reddemann in ihrem Buch »Kriegskinder«[5]. Heute sind grundlegende Dinge wie ein Dach über dem Kopf und etwas zu Essen für viele Menschen gegeben, sodass wir uns anderen Aspekten zuwenden können. Wir fangen an, über mentale Gesundheit zu sprechen. Wir verarbeiten lang mitgeschleppte Probleme. Wir schauen in unsere Familiengeschichten und entdecken Themen, die aufgearbeitet werden wollen. Und wir blicken in die Zukunft und merken: Da kommt einiges auf uns zu, das wir bewältigen müssen.

Die Gen Z und die Babyboomer wurden durch völlig unterschiedliche geschichtliche Ereignisse geprägt – jedoch beschäftigt Gesundheit im Grunde beide Generationen. Work-Life-Balance spielt für alle Menschen eine Rolle. Das zeigt sich zum Beispiel daran, dass die gewünschte Arbeitszeit in sämtlichen Altersgruppen sinkt.[6] Die Gen Z kommuniziert dies sehr viel deutlicher, wohingegen wir es bei den Babyboomern indirekt beobachten können. In der Arbeitswelt werden aktuell viele hohe Positionen von Menschen dieser Generation bekleidet, die zunehmend an ihre Belastungsgrenze kommen. Ihre Werte haben es ihnen jahrelang verboten, Belastungssignale ernst zu nehmen und auf sich zu achten. Darauf reagieren die Babyboomer auf zweierlei Weise: entweder mit psychischen Belastungen wie Burn-out oder mit Frühberentung.

Der Anteil von Krankschreibungen wegen Burn-outs ist unter den 60- bis 64-Jährigen so hoch wie in keiner anderen Altersgruppe und mehr als doppelt so hoch wie unter den 20- bis 24-Jährigen.[7] Zwischen 2000 und 2020 hat sich der Anteil an Frühberentungen wegen psychischer Leiden von 24,2% auf 41,5% erhöht.[8] Daran wird deutlich, dass Gesundheit ein universelles Thema ist, welches wir in allen Generationen finden – sei es direkt oder indirekt. Mentale Gesundheit ist somit etwas, das uns alle betrifft und die Arbeitswelt herausfordert. Denn die Zahlen und Trends *aller* Generationen zeigen uns gnadenlos auf, wie wenig die Arbeit bisher Rücksicht auf Gesundheit genommen hat und wie viel wir daran ändern müssen.

Wie viel Mode steckt in mentaler Gesundheit?

Ein kraftvoller Katalysator für die Sichtbarkeit mentaler Gesundheit ist zweifelsohne Social Media. Menschen suchen Communitys, in denen sie sich öffnen können. Gleichzeitig erzeugt der Bruch mit der Tabuisierung ein gewisses Überraschungspotenzial, das Aufmerksamkeit mit sich bringt. Und was Aufmerksamkeit auf sich zieht, wird konsumiert. So bekommt das Tabu rund um mentale Gesundheit plötzlich etwas Attraktives.

Das hat gute wie schlechte Seiten. Ich bin in einem 1000-Seelen-Dorf groß geworden. Als ich 15 Jahre war, haben wir einen Internetanschluss bekommen – damals noch mit Modem, mit dem man sich unter rauschend-piependen Tönen einwählen musste. Das Internet war im Grunde ein Tor zu Welt, aber ich hatte es damals nicht als solches begriffen. Für mich war es nur ein weiterer Weg, um mit meinen Freund:innen über einen Chat (wer erinnert sich an ICQ?) statt nur über das Festnetztelefon und SMS in Kontakt zu sein. Was außerhalb meines lokalen Universums passierte, gab es für mich nicht. Heute ist das anders. Wenn du Probleme hast, kannst du dich mit einer Person auf einem anderen Kontinent verbundener fühlen als mit einer

Freundin, die ein paar Straßen weiter wohnt. Social Media ermöglicht es den Menschen, Gleichgesinnte zu treffen, die außerhalb der physischen Erreichbarkeit liegen. Und auch deshalb teilen Menschen inzwischen deutlich mehr über mentale Gesundheit: weil sie durch Social Media das Gefühl von Gemeinschaft und Rückhalt haben. Statt für psychische Erkrankungen ins Aus gestellt zu werden, bekommen sie plötzlich Zuspruch und Unterstützung.

Menschen auf Social Media leisten dabei unglaublich wichtige Aufklärungsarbeit. Die Masse an Personen, die niederschwellig über mentale Gesundheit sprechen, könnte durch keine Psycholog:innen-Taskforce der Welt abgedeckt werden. Eine größere Entstigmatisierungskampagne könnte man kaum haben. Das eröffnet ganz neue Möglichkeiten. Man braucht nur den Hashtag #depression einzugeben und schon holen einen Menschen mit ihren Videos und Texten dort ab, wie man sich gerade fühlt. Jedoch können sich Betroffene auf Social Media auch verlieren, was schließlich in die Untiefen von merkwürdigem Halbwissen, fraglichen Foren und unseriösen Heilversprechen führt. Das ist gefährlich. Social Media kann leider auch dazu beitragen, dass normale Phänomene wie Unsicherheiten plötzlich pathologisiert werden und Selbstdiagnosen in die Höhe schießen. »Ich glaube, ich bin hochsensibel. Ich hab da so ein Video gesehen!« habe ich inzwischen mehr als einmal in meinem Freundeskreis gehört. Zum anderen werden ernst zu nehmende Erkrankungen weichgespült, indem Mental Health Begriffe inflationär verwendet werden: »Ich hab da echt ein Trauma.« Diese Falschinformationen und Eigendiagnosen führen letztlich dazu, dass wir genau das Gegenteil von Aufklärung und Entstigmatisierung erreichen und dass viele unseriöse Hilfsangebote von Menschen ohne ausreichende Qualifikation auf den Markt gespült werden. Das ist problematisch, weil die Kund:innen dieser Angebote Menschen in psychischer Not sind. Wer beispielsweise Traumata ohne fundierte Qualifikation »behandelt«, kann sehr viel Schaden anrichten und Leidenswege unnötig verlängern, statt sie zu mildern. Leider ist das die Kehrseite der Vernetzung durch

Internet, Social Media & Co. Gleichzeitig verrät uns all das auch viel über die Lücken der Gesundheitsversorgung. Der analoge Weg zu professioneller Hilfe ist nach wie vor sehr sperrig: anrufen, Nachricht auf Anrufbeantworter hinterlassen, auf Rückruf hoffen, Warteliste, monatelang verharren. Dieser Prozess ist vollkommen nutzer:innen-unfreundlich und für Menschen mit psychischen Belastungen eine unfassbare Zumutung. Kein Wunder, dass über zwei Drittel (68%) der psychisch belasteten Menschen in Deutschland nie in ihrem Leben (!) Kontakt zum Gesundheitssystem aufnehmen.[9] Social Media hingegen ist nur eine App entfernt.

(Un-)Normalize Mental Health

Die zunehmende Prominenz mentaler Gesundheit führt zu einem Spagat, in dem wir psychische Erkrankungen einerseits normalisieren und andererseits nicht normalisieren sollten. Warum? Auf der einen Seite ist es für die Entstigmatisierung enorm wichtig, mentale Gesundheit als integralen Teil des Lebens anzuerkennen, der offen thematisiert wird. Depressionen, Ängste etc. kommen weitaus häufiger vor, als man vermuten würde: In Deutschland erkranken jedes Jahr über 5,3 Millionen Menschen an einer Depression, einige davon nicht zum ersten Mal. Das sind so viele Menschen wie die Einwohner:innen von Berlin und Mecklenburg-Vorpommern zusammen. Wir sehen nicht, wie viele Betroffene es tatsächlich gibt, obwohl sie mitten unter uns sind. Und bei diesen Zahlen sprechen wir nur über Depressionen und noch nicht über alle weiteren psychischen Belastungen und Erkrankungen, die Menschen mit sich tragen und die im Verborgenen bleiben.

Trotz all der guten Gründe, das Tabu zu brechen, hat dies auch eine Kehrseite. Psychische Erkrankungen sollten nicht zum »Normalfall« werden. Das beste Beispiel dafür ist der Burn-out: Heute berichten weitaus mehr Menschen davon, erschöpft zu sein oder sich ausgebrannt zu fühlen, als es noch vor einigen Jahren der Fall war. Sicherlich ist ein Burn-out inzwischen weniger tabuisiert, aber das birgt auch ein großes Problem. Es sollte nicht normal sein, dass Arbeit uns so stark verausgabt, dass wir nicht mehr können. Es sollte nicht normal sein, dass Menschen mit einem unschaffbaren Arbeitspensum verheizt werden. Es darf nicht normal sein, dass wir einen Burnout einfach als einen Standard unserer heutigen Arbeitswelt akzeptieren. Genau da offenbart sich der Seiltanz zwischen individueller und systemischer Verantwortung, die wir übernehmen müssen: Wir als Individuen können dafür sorgen, dass mentale Gesundheit kein Tabu mehr ist. Als System müssen wir die Bedingungen ändern, in denen mentale Gesundheit stattfindet. Nur so schaffen wir es, dass mentale Gesundheit einerseits kein Tabu mehr ist und wir andererseits Verantwortung für gesünderes Arbeiten übernehmen.

Geht es uns wirklich so schlecht?

Überall hören wir, dass Belastungen steigen und die vielen globalen Krisen unserer mentalen Gesundheit zusetzen. Insbesondere die Covid-19-Pandemie hat ihre Spuren hinterlassen. Globale Daten zeigen, dass Depressionen weltweit im Vergleich vor (2019) versus während der Pandemie (2021) um 33% gestiegen sind, Angststörungen um 26%.[10] Die Datenlage in Deutschland ist jedoch sehr gemischt. Es wird zwar relativ konsistent von einer Zunahme einzelner Belastungs*symptome* berichtet[11], jedoch bedeutet das nicht, dass dies automatisch in mehr psychischen Erkrankungen mündet. Bislang gibt es keine aussagekräftigen epidemiologischen Studien, die von einem deutlichen Anstieg berichten, auch wenn wir dies oft proklamieren. Zweifelsohne war die Covid-19-Pandemie jedoch eine ganz besondere Herausforderung, die es bislang so nicht gegeben hat. Das liegt daran, dass uns die Pandemie auf mehreren Ebenen zugleich getroffen hat. Erstens hatte sie ein weltweites Ausmaß. Zweitens hat sie sich auf mehrere Lebensbereiche zugleich ausgewirkt (z.B. gesundheitlich, beruflich, finanziell, häuslich). Drittens haben die Menschen durch Covid einen immensen Kontrollverlust und kollektive Unsicherheit erlebt. Viertens hatte die Pandemie systemische Auswirkungen auf multiple Gesellschaftsgruppen und wirtschaftliche Industrien. Und fünftens sind durch die Pandemie gesundheitsförderliche Ressourcen wie Freizeitaktivitäten und soziale Zusammenkünfte großflächig weggebrochen. Normalerweise wirken sich Krisen auf einen oder wenige dieser fünf Bereiche aus – im Falle der Pandemie haben uns alle gleichzeitig überspült wie ein Eiswassereimer. Deshalb wird in der Literatur auch häufig von einem nie dagewesenen *multidimensionalen Stressor*[12] gesprochen.

Doch warum fühlen wir uns weiterhin ausgelaugt und erschöpft? Zum einen haben wir uns kaum von Covid erholt und sind schon wieder mit neuen, teils weltweiten Krisen konfrontiert. Extreme Belastungen verschieben sich also nur, statt sich aufzulösen. Damit steigt die Vulnerabilität – die Anfälligkeit –, unter diesem Dauerfeuer schneller überlastet zu sein. Wer nach einem Marathon direkt am nächsten Tag wieder über 40 Kilometer laufen soll, hat schließlich nur einen Bruchteil seiner vollen Ressourcen zur Verfügung. So verhält es sich auch mit der Welt- und Wirtschaftslage, in der wir aktuell stecken. Zum anderen sind wir weiterhin mit psychischen Risikofaktoren wie Einsamkeit (die leider immer mehr zunimmt), Vorerkrankungen oder chronischem Stress konfrontiert. So ist es kaum verwunderlich, dass die Psyche leidet. Auch die Daten deutscher Krankenkassen spiegeln das wider. Seit Jahren gibt es einen Aufwärtstrend in psychisch bedingten Arbeitsunfähigkeiten (Krankschreibungen). Der DAK Gesundheitsreport 2023[13] berichtet, dass psychische Erkrankungen nach Atemwegserkrankungen und Muskel-Skelett-Erkrankungen mit 15,1% den drittgrößten Anteil des Krankenstandes ausmachen. Dabei verursachen sie mit Abstand die längsten Abwesenheitszeiten. Die durchschnittliche Krankschreibungsdauer aufgrund psychischer Erkrankungen betrug 2022 satte 36,6 Tage. Im Vergleich dazu liegen Atemwegserkrankungen mit 6,9 Tagen und Muskel-Skelett-Erkrankungen mit 17,2 Tagen weit dahinter. Insbesondere Frauen haben einen höheren Anteil an psychisch bedingten Krankschreibungen (17,7%) als Männer (12,9%), was jedoch angesichts des Stigmas speziell unter Männern mit Vorsicht betrachtet werden sollte – vermutlich ist die Dunkelziffer weit höher.

All das kostet Geld. Jährlich betragen die direkten und indirekten Kosten durch psychische Erkrankungen in Deutschland mehr als 147 Milliarden Euro.[14] Es wird angenommen, dass die weltweiten Kosten durch psychische Erkrankungen zwischen 2010 und 2030 um das 2,4-Fache steigen und die damit verbundenen wirtschaftlichen Verluste höher sind als für Atemwegserkrankungen, Krebs und Diabetes zusammen.[15]

Trotz all dieser wirtschaftlich relevanten Kennzahlen wird mentale Gesundheit in der Arbeitswelt immer noch als Randphänomen behandelt. Wenn man sich bei seinem Arbeitgeber einmal erkundigt, wie zum Beispiel bislang mit einem Burn-out-Fall umgegangen wurde, so bekommt man oft zu hören: »Burn-out? Nee, so was haben wir hier nicht.« Auch bei Krankheiten wie Depressionen oder Angststörungen wird so getan, als gäbe es sie nicht. Wenn man nun bedenkt, dass jährlich ca. 28% der Erwachsenen in Deutschland von einer psychischen Erkrankung betroffen sind[16], kann man sich ausmalen, dass wir es ganz und gar nicht mit einer Randerscheinung zu tun haben und fast ein Drittel der Belegschaft an psychischen Beschwerden leidet – also eine Person von drei! (Aber nein, so was haben wir hier ja

nicht ...) Leider nehmen gerade mal 19% der Betroffenen innerhalb eines Jahres Kontakt zur Gesundheitsversorgung auf[17], sodass sich Beschwerden oft unnötig verschleppen und chronifizieren. Und auch das kostet. Je schwerer der Belastungsgrad, desto höher die Krankheitskosten. Bei Menschen mit geringer Belastung steigen die Kosten um den Faktor 2,0, bei Menschen mit moderater Belastung um den Faktor 3,7 und bei jenen mit schwerer Belastung um den Faktor 7,5.[18] Dabei wäre Prävention ein einfaches Mittel, um dem entgegenzuwirken. Es ist gut belegt, dass entsprechende Maßnahmen besonders im frühen Stadium psychischer Belastungen wirksam sind.[19]

Allerhöchste Eisenbahn also, dass wir dem Thema mentale Gesundheit mehr Aufmerksamkeit schenken. Und es scheint sich bereits etwas zu tun. Das Zukunftsinstitut stuft Gesundheit als einen Megatrend ein, einschließlich der Subtrends Corporate Health (Unternehmensgesundheit) und Preventive Health (präventive Gesundheit).[20] Auch in den globalen Nachhaltigkeitszielen (Sustainable Development Goals, SDGs) der Vereinten Nationen, welche eine soziale, wirtschaftliche und ökologisch nachhaltige Weltentwicklung anstreben, nehmen sowohl Gesundheit als auch menschenwürdige Arbeit einen Platz unter den insgesamt 17 Zielen ein. Doch trotz aller Aufmerksamkeit hat das Thema es in der Arbeitswelt immer noch schwer, Fuß zu fassen. In einer YouGov-Umfrage mit über 2000 Teilnehmenden gaben gerade mal 26% der Befragten an, dass es in ihrem Unternehmen Präventionsangebote zur Förderung mentaler Gesundheit gäbe.[21] Das Problem scheint also weniger im Wissen darüber zu liegen, dass mentale Gesundheit in einer modernen Arbeitswelt einen festen Platz hat. Die eigentliche Herausforderung ist das *Handeln.*

Reflexion

- Inwiefern ist das Thema mentale Gesundheit bei dir im Unternehmen durch Covid präsenter geworden?
- Inwiefern hat die Präsenz von Mental Health Themen auf Social Media deine Haltung gegenüber mentaler Gesundheit verändert?
- Wie ist an deinem Arbeitsplatz bisher mit Burn-out-Fällen umgegangen worden?

1.3 Der Mensch als endliche Ressource

Unsere Arbeit ächzt unter aneinandergereihten Krisen, Fachkräftemangel und neuen Herausforderungen, die sich durch Digitalisierung und KI ergeben. Die Wirtschaft steht damit unter großem Zugzwang, viele Unternehmen müssen trotz weniger Ressourcen und mehr Anforderungen am Markt bestehen bleiben. Dennoch will unsere heutige Wirtschaftswelt Wachstum um jeden Preis: höher, schneller, weiter. Dabei geht es um das Maximieren: mehr Produkte, mehr Verkauf, mehr Kund:innen. So landen wir in einer Überwirtschaftung, in der wir mehr Ressourcen und Energie verbrauchen als wir eigentlich zur Verfügung haben. Unser Umgang mit Gesundheit (genau wie mit Nachhaltigkeit) zeigt hier eine große Gemeinsamkeit: Wir tun so, als gäbe es für sie keine natürlichen Grenzen. Und das geht zu Lasten der Menschen (und der Natur), die in diesem System arbeiten. Mit Blick auf kurzfristige Gewinne machen wir Überstunden, schlucken unsere Gesundheitssignale runter und geben uns keine Möglichkeit zu regenerieren. Selbst Erholung ist auf Maximierung ausgelegt. Wir führen das ganze ad absurdum und kaufen uns Ratgeber, die uns zeigen, wie wir in weniger Zeit mehr geschafft bekommen und uns verklickern, wie wir noch schneller regenerieren. So versuchen wir immer wieder, unsere natürlichen Grenzen künstlich zu verschieben. Aber wofür eigentlich? Am Ende dient es allein dazu, dass irgendjemand irgendwo auf der Welt mehr Gewinn macht – diese Person bist aber nicht du. Dadurch entsteht ein menschlicher Abrieb, der uns immer spürbarer um die Ohren fliegt. Unsere Antwort darauf ist, dass wir versuchen, Systeme zu optimieren. Wie kann ich meine Prozesse so weit verschlanken, dass ich in weniger Zeit mehr Output bekomme? Wie kann ich Mitarbeitenden ein bisschen mehr Resilienz beibringen, dass sie unter dem Stress nicht einknicken? Wie können wir den gleichen Workload auf weniger Personal verteilen?

Zwischen Optimieren und Maximieren liegt ein schmaler Grat. Es ist wichtig, Bestehendes kontinuierlich zu hinterfragen und besser zu machen. Gleichzeitig sind unsere Ressourcen endlich. Es wird immer einen Sättigungspunkt geben, an dem weniger Personal selbst bei besten Prozessen den Workload nicht mehr stemmen kann. Über die Jahre sind wir extrem gut darin geworden, diesen Punkt in Perfektion zu ignorieren. Daraus ergeben sich zwei Konsequenzen. Zum einen glauben wir konstant, es gäbe doch noch etwas rauszuholen. Wir werfen ein Stressmanagement-Training auf die Mitarbeitenden in der Hoffnung, dass sie dann doch noch etwas mehr schaffen. So quetschen wir mit aller Kraft an der Zitrone, obwohl sie bereits saftlos ist. Zum anderen übernehmen wir als Individuen fälschlicherweise die Verantwortung dafür, dass wir nicht noch mehr gewuppt bekommen. Wir glauben, es läge einzig und allein an uns, dass wir überlastet sind und nicht noch mehr To-dos erledigen können. Wir nehmen am Stressmanagement-Training teil und setzen alle Tipps gewissenhaft um – und trotzdem fühlen wir uns erschöpft. Die Schuld dafür geben wir uns selbst und denken, dass wir etwas falsch gemacht hätten. Dabei müssten wir vielmehr das System anschauen, in dem wir agieren. In einem Umfeld, in dem Überstunden normal sind, Pausen ausgelassen werden und der Stresspegel dauerhaft am Anschlag ist, ist nicht der nächste Mental Health Tipp entscheidend, sondern dass es Möglichkeiten zur Regeneration gibt. Und das System drum herum muss so umgebaut werden, dass es nicht ständig zu Überlastung kommt. Aber das würde möglicherweise kurzfristig Einbußen im Gewinn mit sich bringen, sodass wir einfach weitermachen.

Die Sprache der Psyche

Jeder Mensch hat eine individuelle Belastungsgrenze. So wie man einen körperlichen Ermüdungsbruch haben kann, kann auch die Psyche unter hoher Belastung einknicken. Der Weg dahin ist oft ein schleichender Prozess. Als ich noch Klient:innen in der Psychotherapie hatte und sie in der ersten Sitzung fragte, warum sie ausgerechnet jetzt hier sitzen, konnten sie es oft nicht genau sagen. Fragte ich dann nach, was in letzter Zeit so los war, fand ich oft ein großes Sammelsurium an Belastungen vor. Erst kam die Trennung, dann war bei der Arbeit so viel los, die Mutter erkrankte an Krebs und die Kinder haben alles nicht gut weggesteckt. Selten ist allein eine Sache der Grund, warum sich jemand Hilfe sucht. Doch irgendwann braucht es nur noch einen Tropfen, der das Fass zum Überlaufen bringt.

Wann wird aus viel zu viel?

Das sogenannte Vulnerabilitäts-Stress-Modell[22] illustriert treffend, wie wir auf Belastungen reagieren. Denn ein und dasselbe Ereignis kann einer Person stärker zu schaffen machen als einer anderen. Doch warum ist das so? Das liegt nicht daran, dass eine Person mental besonders stark ist und die andere nicht, sondern kommt durch mehrere Faktoren zustande. Diese Faktoren werden durch das Modell sehr gut erklärt.

Die Vulnerabilität, sprich die Verletzlichkeit einer Person umfasst Faktoren, die bereits vorhanden sind und die sie in das Hier und Jetzt mitbringt, beispielsweise genetische Vorbelastungen, Lernerfahrungen, Hirnprozesse, Glaubenssätze oder eingeschliffene Bewältigungsstrategien. Einige dieser Faktoren sind gegeben (z. B. Genetik), andere sind veränderbar (z. B. Glaubenssätze). Diese grundsätzliche Verletzlichkeit tragen wir alle in uns – je nach Biografie kann sie höher oder geringer ausgeprägt sein. Sie bildet eine Art Grundbelastungsfundament. Auf diesem Fundament bauen sich im Alltag Belastungen unterschiedlicher Art auf. Das können Konflikte, plötzliche Ereignisse oder eine Kündigung sein. Je größer der Stapel wird, desto höher die aktuelle Belastung.

Ab einem gewissen Punkt ist für jeden Menschen die individuelle Belastungsgrenze erreicht. Das ist der Moment, an dem sich Anzeichen psychischer Strapazierung zeigen. Wenn wir abends nicht einschlafen können, wenn wir gereizt auf unsere:n Partner:in reagieren oder wenn wir uns von Freund:innen zurückziehen. Das alles ist die Sprache der Psyche. Oftmals signalisiert uns auch unser Körper schon früh typische Überlastungsanzeichen wie Nackenschmerzen, Verdauungsprobleme oder ständige Müdigkeit. Nur haben wir uns einfach sehr gut beigebracht wegzuschauen. So stapeln sich weitere Alltagsbelastungen, ohne dass wir einlenken. Schlussendlich mündet das in psychischen Erkrankungen – unsere Psyche meldet sich, sodass wir nicht weiter weghören können.

Wenn dann noch globale Krisen hinzukommen, ist das wie eine extra Schicht, die auf dem Grundfundament obenauf liegt. Das führt unumgänglich dazu, dass es noch weniger Puffer für Alltagsbelastungen gibt. Nur wenige Stressoren reichen bereits aus, um die individuelle Belastungsgrenze zu erreichen.

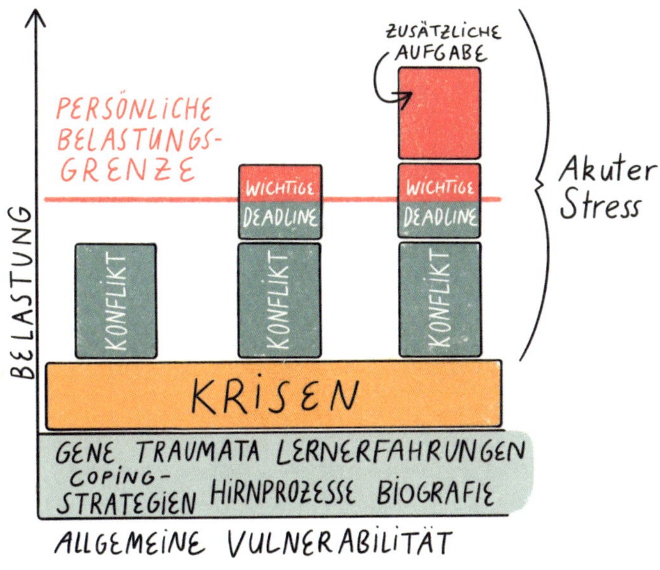

Vermutlich ist es genau das, was wir in den letzten Jahren gespürt haben. Wir scheinen von der Weltlage erschöpft zu sein und fühlen uns schneller überlastet. Die Aneinanderreihung der Krisen führt schlichtweg dazu, dass wir weniger Raum für Alltagsstress haben und schneller am Limit sind. So werfen uns plötzlich Stressoren aus der Bahn, die uns früher nichts anhaben konnten.

Von Sick Care zu Health Care

Wie in Kapitel 1.1 erwähnt, ist unser Verständnis von Gesundheit auf die Wiederherstellung von Gesundheit nach Krankheit, aber nicht auf den Erhalt von Gesundheit ausgerichtet. Somit ist das Gesundheitsmanagement vieler Unternehmen eher ein Krankheitsmanagement. Die meisten Maßnahmen zielen entweder darauf ab, jemanden in oder nach Krankheit wieder arbeitsfähig zu machen oder das Ausmaß der Arbeitsunfähigkeit gering zu halten. Es geht also im weitesten Sinne um Schadensbegrenzung, indem Krankheit durch beispielsweise Wiedereingliederungsprogramme gemanagt wird. Das Ziel der sogenannten Sick Care ist, möglichst schnell eine Verbesserung oder zumindest keine Verschlechterung zu erreichen.

Sick Care

Vorteile:
- Wir können rasche Symptome bekämpfen.
- Wir erkennen schnell, ob unsere Bemühungen fruchten.

Nachteile:
- Wir lassen Ungesundheit geschehen.
- Wir überlassen anderen die Verantwortung für die Symptombekämpfung bei anderen, beispielsweise Ärztinnen und Ärzte

- Das mangelnde Versorgungsangebot führt leichter zu einer Chronifizierung von Problemen.
- Wir sind aufgeschmissen, wenn es Engpässe gibt, wie zum Beispiel wenn das halbe Team krank ist.
- Wir gehen nicht an die zugrunde liegende Wurzel der Probleme, beispielsweise allgemeiner Personalmangel.

Health Care hingegen möchte Gesundheit erhalten und weiter ausbauen. Es bedeutet, die Gesundheit proaktiv zu beeinflussen und sich im wahrsten Sinne des Wortes um seine Gesundheit zu *kümmern*. Diesen Gedanken gibt es auch in der Traditionellen Chinesischen Medizin, in der einer gesundheitsförderlichen Lebensführung mehr Wichtigkeit zugeschrieben wird als der Therapie von Krankheiten. Health Care begreift Gesundheit als etwas, das wir selbst positiv beeinflussen können.

Health Care

Vorteile:

- Wir werfen einen holistischen Blick auf Gesundheit und beziehen sowohl unsere individuelle Lebensführung als auch die Umwelt mit ein.
- Wir übernehmen proaktiv Verantwortung für unsere Gesundheit, statt sie passiv als reine Abwesenheit von Krankheit zu verstehen.
- Wir incentivieren Gesundheit als einen erstrebenswerten Zustand.
- Wir erkennen frühzeitig Veränderungen in der Gesundheit, sodass Krankheit früher abgewendet oder abgemildert werden kann.

Nachteile:

- Veränderungen können möglicherweise länger dauern.
- Um einem Problem auf den Grund zu gehen, können potenziell größere Lebens- und Strukturveränderungen nötig sein, für die wir nicht immer bereit sind.
- Es fällt uns schwerer dranzubleiben.
- Wir versuchen Dinge abzuwenden, die noch nicht eingetreten sind, was unsere Motivation schmälern kann.

Auch die Arbeitswelt braucht einen Paradigmenwechsel von Sick Care zu Health Care. Wir müssen weg von der Frage: »Was macht uns krank?« hin zu »Was hält uns gesund?«. Genau da setzt Primärprävention an (▶ Kap. 4). Es geht darum, die Gesundheitskompetenzen der Mitarbeitenden zu stärken und ein Umfeld zu schaffen, das die Gesundheit fördert, statt sie zu belasten. Wir sollten nicht nur darauf schauen, wann sich Menschen krankmelden, sondern vor allem darauf, unter welchen Bedingungen sich Menschen gesundmelden. Und wir sollten uns gegenseitig viel Anerkennung dafür schenken, wenn wir bei Überlastung frühzeitig einlenken. Ein wunderbares Beispiel dafür sind Mental Health Days. Wir nehmen einen Tag frei, um uns um unsere mentale Gesundheit zu kümmern und kommunizieren das offen ans Team. Denn Mental Health Days sind keine Krankschreibung – wir sind schließlich nicht krank, sondern tun etwas dafür, gesund zu bleiben. Ein strengeres Beispiel kommt aus dem indischen Start-up Dream Sports. Dort droht den Angestellten eine Geldstrafe in Höhe von ca. 1200 Euro, wenn sie während ihres Urlaubs E-Mails beantworten oder ihre Kolleg:innen kontaktieren. Sicherlich sind solch radikale Ideen in Deutschland rechtlich schwer denkbar und es bleibt fraglich, inwiefern Geldstrafen ein gutes Mittel zum Abschalten sein können, aber der Gedanke dahinter zeigt: Es ist uns als Arbeitgeber:in wichtig, dass ihr Abstand von der Arbeit bekommt, um euch wirklich erholen zu können. Wir nehmen eure Erholungszeit ernst und unterstützen euch dabei, sie einzuhalten.

Wie können wir es schaffen, von Sick Care zu Health Care zu kommen? Erst einmal wird Sick Care durchaus seine Daseinsberechtigung behalten. Es wird immer wieder Krankheit geben und es wird immer wieder nötig sein, angemessen darauf zu reagieren. Jedoch müssen wir das Augenmerk von kurzfristiger Symptombekämpfung hin zu langfristiger und nachhaltiger Gesundheitsförderung lenken. Dementsprechend müssen wir auch Arbeitsstrukturen so bauen, dass langfristige (!) Gesundheit in ihnen möglich wird. Das braucht Zeit, Ressourcen und eine gute Strategie (► Kap. 10). Und es braucht den Willen jeder Person, selbst anzufangen und Verantwortung für die eigene mentale Gesundheit zu übernehmen. Je mehr wir unser ganzes Selbst mit zur Arbeit bringen und mentale Gesundheit als einen festen Baustein in unseren Alltag einbeziehen, desto normaler wird das Thema auch in Unternehmen. Je mehr Menschen genauso selbstverständlich von ihrer letzten Therapiestunde wie von ihrem Wochenende erzählen, desto besser können wir das Stigma brechen. Je mehr gesunde Grenzen wir setzen, desto weniger hartnäckig halten sich ungesunde Arbeitsmuster. Unsere Arbeitswelt braucht den Wandel – und noch viel wichtiger: Die Menschen, die in ihr arbeiten, brauchen ihn umso dringender.

»Bring your whole self to work« – Eine persönliche Geschichte.

Frank Thinnes, Leiter Studentisches Leben, studierendenWERK BERLIN

Ich bin 1967 an der Grenze von Deutschland und Frankreich geboren und aufgewachsen. Ich habe mich schon früh als »transurban« gefühlt – ein Städter gefangen im Körper eines Landeis. Ebenso früh war mir schon klar, dass ich schwul bin. In den 1970ern und frühen 1980ern war das kein Spaß. Und schon gar nicht im Arbeitermilieu, aus dem ich stamme. Meine Kindheit war geprägt vom plötzlichen Verlust sehr nahestehender Familienmitglieder. Heute hätte man mich vielleicht therapeutisch begleitet. Damals hat man einfach nicht drüber geredet. Mentale Gesundheit war für mich schon sehr früh ein Thema und ich habe Depressionen bereits als Kind entwickelt. Erst viel später, in meinen Zwanzigern, habe ich eine Therapie gemacht. Der Weg dazwischen war von allen Stadien der Verdrängung und Scham geprägt. Als Schwuler meiner Generation war ich darüber hinaus noch von der AIDS-Katastrophe geprägt. Ich hatte mein Coming-out 1982 – das Jahr, in dem AIDS »entdeckt« wurde. Ende der 1980er bis 1996 habe ich in Paris gelebt. Die Stadt der Liebe war damals ein Epizentrum der AIDS-Pandemie. Ich habe mich über Act Up aktiv im Kampf für mehr Rechte und Akzeptanz engagiert. Ich war auf zahllosen Beerdigungen und habe – wie viele meiner Generation – Freunde und Bekannte verloren. Mir ist allerdings erst in meinen Fünfzigern klar geworden, wie sehr diese Zeit mich einerseits traumatisiert und andererseits resilient gemacht hat. Beim Schreiben dieser Zeilen merke ich, dass es sich sehr traurig anhört. Aber das war es nicht. Im Angesicht des Todes (hört sich pathetisch an, war aber so) waren alle anderen Sorgen und Konflikte nachrangig. Ich habe gedacht, dass ich nicht älter als 30 werde. Mit 33 habe ich gemerkt, dass es weitergeht und versuche seither, jeden Tag als Geschenk zu sehen. Klappt nicht immer, aber ich bleibe dran.

Ich habe als Führungskraft schon immer versucht, sehr authentisch zu sein, da es mir wichtig ist, dass die Mitarbeiter:innen mich gut einschätzen können. Das bringt Klarheit und Sicherheit. Aus meinem Schwulsein habe ich kein Geheimnis gemacht. Und seit es die Ehe für alle gibt, ist es auch sehr einfach geworden, von »meinem Mann« zu reden. Ich habe das tatsächlich als großen Fortschritt empfunden. Nicht mehr um den heißen Brei, sondern ebenso selbstverständlich über den Beziehungsstatus reden wie Heteros. Dennoch habe ich ab Anfang 30 angefangen, mich sehr stark an heteronormative Erwartungen anzupassen. Keine Aufritte in Drag mehr, weniger expressiver Style, alles ein bisschen braver. Um aufsteigen zu können, darf man nicht verschrecken, so dachte ich. Damit ging ein wichtiger Teil meiner Persönlichkeit in den Sleep Mode. Erst später habe ich gemerkt, wie viel Energie das Verstecken kostet und dass es mich auslaugt.

Geändert hat sich das mit der Coronapandemie. Ich glaube, es hat Erinnerungen an AIDS geweckt und irgendwie meine rebellische »Unapologetic«-Seite aktiviert, also die kompromisslose. Mir wurde klar, dass das Leben zu kurz ist, um sich klein zu machen. Es hat eine persönliche Transformation ausgelöst. Und in diesem Prozess habe ich gemerkt, dass ich Zugang zu einer unerschöpflichen Energiequelle habe, die sich aus meiner Persönlichkeit und meinen Erfahrungen speist. Seither greife ich als Führungskraft sehr bewusst auf diese Quelle zu. Vorher passierte das eher intuitiv. Meine mentale Gesundheit ist seither so stabil wie nie zuvor. Ich merke, wie Energie frei in mir fließt und nicht irgendwo versickert oder blockiert wird.

Es macht mich empathischer und erfolgreicher in der Führung von Personen, auch wenn ich meine eigene Verletzlichkeit und persönlichen Herausforderungen sichtbarer mache. Ich habe den Eindruck, dass Kolleg:innen sich dadurch gesehen und sicher fühlen. Das klingt womöglich paradox (muss die Führungskraft nicht immer das Alphatier sein?), ist es aber nicht. Ich versuche auch klarzumachen, dass wir keine Maschinen sind, die ihre Identität an der Tür zum Büro abgeben. Das ist übrigens etwas typisch Deutsches. In Frankreich beispielsweise wird die Persönlichkeit viel mehr als Faktor für erfolgreiches Arbeiten gesehen.

Ich freue mich auf die weitere Entwicklung meines authentischen Selbst, denn ich habe das Gefühl, dass noch viele Schichten freizulegen sind. Und ich freue mich, das auch bei meinen Kolleg:innen zu sehen. Die klassische Angst vieler Führungskräfte, dass alles im Chaos versinkt, wenn alle authentisch sind, ist nach meiner Überzeugung ein Überbleibsel des militärischen Ursprungs von Unternehmensorganisation. Es zeugt eher von Angst vor Kontrollverlust. Wer aber diese Angst hat, sollte keine Führungskraft sein – denn Führen kann man nur mit Vertrauen.

Wenn Menschen ihr authentisches Selbst zeigen wollen, empfehle ich, Frieden mit allem zu schließen, was einem in der Vergangenheit passiert ist. Das Amor Fati der Stoiker[1] ist hierzu vielleicht der Schlüssel. Wir sind die Summe unserer Erfahrungen und alles ist richtig, auch wenn es vielleicht nicht angenehm war. Erst wenn man – auch als Führungskraft – ohne Angst auf alle Elemente zugreifen kann, wird man auf andere authentisch wirken. Man braucht sich auch keine Gedanken darum zu machen, ob man »zu weit« geht. Als soziale Wesen sind wir in der Lage, uns selbst zu regulieren. Ich werde daher zum Beispiel nie in Drag zur Arbeit gehen. Warum auch? Aber ich werde mich etwas kantiger kleiden als andere, weil es Teil meiner Persönlichkeit ist, daran Gefallen zu finden. Und ich werde auf meine Erfahrungen mit Depressionen zurückgreifen, wenn mir eine Mitarbeiterin von ihrer Depression erzählt. Sie wird spüren, dass meine Empathie authentisch ist und sich sicher fühlen.

1 Amor Fati bezeichnet eine Haltung aus der stoischen Philosophie, alle Ereignisse im Leben, Höhen und Tiefen eingeschlossen, vollständig und ohne Widerstand zu akzeptieren und sogar zu lieben. Es beschreibt die wohlwollende Akzeptanz des eigenen Schicksals.

Am wichtigsten ist es, Authentizität nicht zu erzwingen. Das Leben verläuft in Phasen, in denen wir weniger authentisch sind – bei mir waren es die Jahre von Mitte 30 bis Mitte 40. Und dann kommen wir mehr und mehr zu uns selbst – wie ich seit einigen Jahren. Das ist vollkommen in Ordnung, denn Authentizität soll keine Energie kosten, sondern Energie geben.

Reflexion

- Wie würdest du einen Arbeitstag gestalten, wenn du ihn ausschließlich auf Gesundheit ausrichtest statt auf Effizienz?
- Gab es in deinem Leben Phasen, in denen dir alles zu viel wurde? Was kam in dieser Zeit alles zusammen?
- Basiert dein Arbeitsumfeld eher auf Sick Care oder auf Health Care? Was könnte ein erster Schritt für mehr Health Care in deinem Unternehmen sein?

02

Verantwortung

Mentale Gesundheit kennt keine Rollenbezeichnungen und Positionen, sie ist eine kollektive Verantwortung.

2.1 Mentale Gesundheit ist keine Einbahnstraße

Wer trägt die Verantwortung für ein gesundes Arbeitsumfeld? Das Unternehmen? Die Führungskräfte? HR? Du selbst? Die Antwort ist: wir alle. Mentale Gesundheit kennt keine Rollenbezeichnungen und Positionen, sie ist eine kollektive Verantwortung. Und sie ist ansteckend: Je mehr wir sie sichtbar machen, desto selbstverständlicher wird sie.

Oft fühlt es sich leichter an, die Verantwortung für mentale Gesundheit anderen zuzuschieben: »Meine Führungskraft hat kein Verständnis für das Thema. Ich kann nichts machen. *Sie* muss sich ändern.« Darin steckt ein Funken Wahrheit. Leider ist psychische Gesundheit in vielen Führungsetagen noch ein Fremdwort und wird weiterhin viel Übung benötigen. Hier hört die Reise aber nicht auf. Auch wir selbst können mit unseren Einstellungen und unserer Haltung viel bewegen.

Fangen wir also bei dir an. Wie denkst du über mentale Gesundheit? Wie und wo thematisierst du sie im Job? Wie arbeitest du an deiner mentalen Gesundheit? Die Auseinandersetzung mit dem Thema ist ein Prozess. Wenn wir beginnen, uns mit unserer eigenen mentalen Gesundheit auseinanderzusetzen, werden wir allmählich anders über sie denken. Wir werden anders über sie sprechen. Wir werden bestimmten Aspekten wie Selbstfürsorge mehr Relevanz schenken und uns von falschen Treibern wie Anerkennung von außen lösen. Wir werden sensibler dafür, was uns guttut und was wir brauchen, um einen balancierten Alltag zu führen. Unser Umfeld wird diese Veränderungen bemerken und sich vielleicht darauf einlassen. Wir werden mehr Empathie für andere Menschen in schwierigen Situationen aufbringen können und andere werden sich in unseren eigenen Erfahrungen wiederfinden. Eines Tages werden wir vielleicht die erste Vertrauensperson für eine andere Person sein, die ein offenes Ohr braucht. Wenn wir uns unserer mentalen Gesundheit widmen, werden wir sie automatisch auch in unseren Job einbringen. Ob laut, leise, aktiv oder passiv: Wir werden zu Mental Health Ambassadors – Botschafter:innen für mentale Gesundheit.

Wir unterschätzen den Effekt massiv, mit dem wir als Rollenmodelle unsere Arbeitskultur formen können. Angenommen, du teilst dein Büro mit zwei Personen, die ständig Überstunden machen und oft bis abends um 20 Uhr noch da sind. Wirst du jeden Tag guten Gewissens pünktlich gehen oder wird dich manchmal der Impuls überkommen, auch etwas länger zu arbeiten? Nicht, weil es wirklich nötig wäre, sondern weil die impliziten sozialen Regeln dir subtil sagen: Die Mehrheit macht das hier anders. Deine Kolleg:innen mögen sich der Auswirkungen ihres Verhaltens gar nicht bewusst sein – aber trotzdem haben sie einen Einfluss darauf, wie du dich verhältst. Ihr Handeln wirkt sich zu einem gewissen Maß auf deine Entscheidungen für oder gegen deine Gesundheit aus. Und das ist kulturprägend. Genau da können wir ansetzen: Wir alle müssen eingeschliffene Verhaltensweisen überprüfen und mehr Verantwortung für gesundheitsbewusstes Handeln übernehmen. Denn Entscheidungen zugunsten unserer Gesundheit fällen wir nicht nur für uns, sondern automatisch auch für andere. So lässt sich Kultur formen.

Gesundheitsbewusstes Handeln strahlt aus und wird im besten Fall vom Umfeld unterstützt. 2017 hatte die Softwareentwicklerin Madalyn Parker dazu ein fantastisches Beispiel statuiert. Sie ließ ihr Team der Firma Olark wissen, dass sie sich zwei Mental Health Days nimmt.

Das Thema war damals noch tabuisierter als heute, deshalb fiel die Antwort des CEOs Ben Congleton umso erstaunlicher aus: Er bestärkte Madalyn in ihrer Entscheidung und dankte ihr für ihren Beitrag, das Stigma rund um mentale Gesundheit am Arbeitsplatz zu brechen.

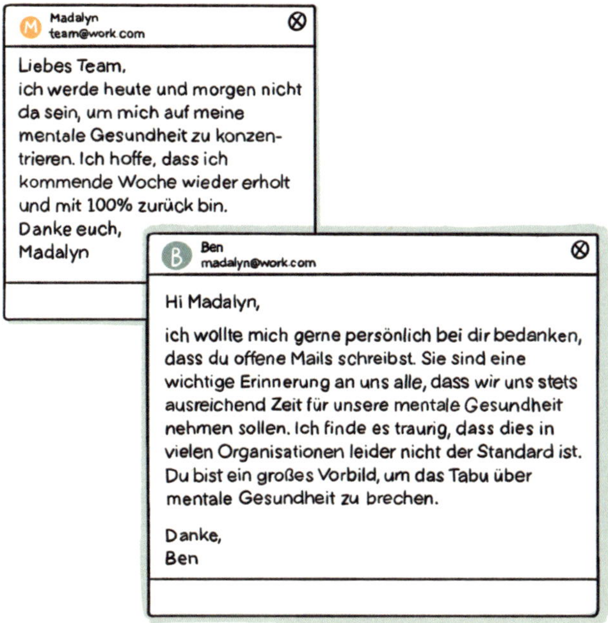

Diese Haltung zeigt uns, dass wir Gesundheit im Job schon durch kleine Dinge fördern und incentivieren können.

Wie auch im Beispiel von Madalyn Parker deutlich wurde, liegt ein großer Anteil für gesundes Arbeiten zweifelsohne bei den Führungskräften. In einer weltweiten Umfrage von UKG mit mehr als 3500 Personen gaben 69% der Teilnehmenden an, dass die Führungskraft genauso viel Auswirkung auf ihre mentale Gesundheit habe wie der:die Partner:in. Der Einfluss der Vorgesetzten ist damit höher als der von Ärzt:innen (51%) oder Therapeut:innen (41%).[23] Dieser enorme Impact muss uns bewusst sein, denn unsere mentale Gesundheit wird durch Vorgesetzte beeinflusst – negativ wie positiv.

Dabei stehen auch Führungskräfte vor Herausforderungen. Auch sie haben wie alle anderen mit Stigmata, Vorurteilen und hohen Ansprüchen (an sie und an sich selbst) zu kämpfen. Gerade beim Thema gesunde Führung scheiden sich somit die Geister. Sollte die Chefin sich offener zeigen und ihrem Team von ihrer Überlastung erzählen? Oder läuft sie damit Gefahr, dass das Team Vertrauen in sie verliert und ihr die Führungsrolle nicht mehr zutraut? Führungskräfte balancieren auf einem Drahtseil zwischen den alten Idealen einer stets starken, unkaputtbaren Alpha-Führungskraft und Vulnerable Leadership, also Führung, in der sie sich offen und verletzlich zeigen können. Sie sind zentrale Rollenmodelle und färben mit ihrem Handeln auf das Team ab. Dieses Verantwortungsspektrum zu meistern, ist eine echte Herausforderung. Deswegen habe ich dem Thema Führung ein eigenes Kapitel gewidmet (▶ Kap. 8).

HR: Tragen, ohne selbst getragen zu werden

Dem Unternehmensbereich Human Resources (HR) kommt in Organisationen eine besondere Verantwortung zu: Er ist operativer Motor, zentraler Impulsgeber und feinfühliger Kultursensor zugleich. Was immer im Unternehmen passiert, kommt kaum an HR vorbei. Viele HR-Abteilungen haben die Relevanz mentaler Gesundheit schon sehr früh entdeckt und sie immer wieder passioniert in der ersten Reihe platziert – häufig leider ohne Erfolg. Mentale Gesundheit wurde (und wird) von Entscheider:innen oft noch als »nice to have« abgetan, sodass sie genau dort bleibt, wo sie lange war: eine vermeintlich nette Dekoration am Spielfeldrand. HR mangelt es zu häufig noch an finanziellen, personellen und zeitlichen Ressourcen, um das Thema flächendeckend und strategisch anzugehen. Dabei hat gerade HR einen großen Hebel, um mentale Gesundheit in unternehmensweite Strukturen einzubinden. Sie wissen, was die Mitarbeitenden bewegt, kennen sämtliche Zahlen zur Belegschaft und lenken den Wertekompass des Unternehmens.

Wo kann mentale Gesundheit in der HR-Arbeit einen Platz finden?

- **Recruiting.** Im Recruiting-Prozess wird es immer wichtiger, Kandidat:innen nicht nur nach ihren fachlichen Fähigkeiten zu beurteilen, sondern auch danach, wie stark sie die Unternehmenskultur ergänzen (Culture Add). Gerade bei der Besetzung von Führungsrollen sollte unbedingt darauf geschaut werden, wie stark das Engagement für Mental Health freundliche Führung ist. Während des Bewerbungsgesprächs können Fragen gestellt werden, die darauf abzielen, wie Kandidat:innen mit Stress umgehen, wie sie ihre Work-Life-Balance gestalten und wie sie zu einem gesunden Miteinander beitragen. Darüber hinaus sollte auch das Unternehmen gegenüber Kandidat:innen proaktiv zeigen, inwiefern sie mentale Gesundheit fördern.
- **Benefits.** Mentale Gesundheit ist neben Flexibilität inzwischen der gefragteste Benefit für Arbeitnehmende.[24] Präventive Gesundheitsförderung sollte eine zentrale Säule jedes Arbeitgebers sein. Dafür sind Employee Assistance Programs (EAPs) ein tolles Instrument, um anonymen und kostenfreien Support für persönliche Probleme zu bieten (und Absentismus und Präsentismus zu senken[25]). Auch Achtsamkeits- oder Fitnessangebote sowie die Möglichkeit zur Weiterbildung tragen positiv zu mentaler Gesundheit bei. Je nach Bedürfnisstruktur der Belegschaft können auch weitere Angebote wie Unterstützung zur Care-Arbeit attraktiv sein.
- **Performance Reviews.** Bei Performance Reviews sollte nicht nur die quantitative Leistung oder das Erreichen von Zielen besprochen werden, sondern auch der Beitrag zu einer ausgeglichenen Work-Life-Balance. Auch Stressbewältigungsfähigkeiten, gesunde Grenzen und der Beitrag zu Gesundheit im Team können berücksichtigt werden, um mentale Gesundheit zu incentivieren und als selbstverständlichen Teil von Leistung anzuerkennen (▶ Kap 2.2, Kap. 7.3).

- **Diversity, Equity, Inclusion & Belonging (DEIB).** Ein vielfältiges und inklusives Arbeitsumfeld trägt positiv zu mentaler Gesundheit bei und reduziert Ausgrenzungserfahrungen und Mobbing. Ein aktives Engagement für Antidiskriminierung fördert die Gesundheit und ein respektvolles Miteinander (► Kap. 6.3).
- **Employer Branding.** Mentale Gesundheit darf kein Aushängeschild sein – eine starke Arbeitgebermarke macht sich authentisch nach außen wie nach innen für Gesundheit stark (► Kap. 7.3). Das wirkt sich deutlich auf die Talentbindung und Mitarbeitermotivation aus. Die interne wie externe Unternehmenskommunikation sollte Gesundheit somit stets einbeziehen. Auch Corporate Influencer:innen sollten den Umgang mit mentaler Gesundheit in ihrem Unternehmen thematisieren. Achtung: Immer ehrlich bleiben! Authentizität und Glaubwürdigkeit sind in Social Media eine starke Währung.
- **Personalentwicklung & Weiterbildung.** Weiterbildung gehört zu den unverhandelbaren Bausteinen zukunftsfähiger Unternehmen. Es können klassische Programme wie Steigerung der Stresskompetenz zum Einsatz kommen wie auch neue Weiterbildungsmöglichkeiten, die spezielle Fähigkeiten und Fertigkeiten im Umgang mit mentaler Gesundheit aus verschiedenen Rollen heraus vermitteln. Diese Mental Health Skills sind auch angesichts des Vormarschs von KI zunehmend gefragt (► Kap. 5).
- **Daten & People Analytics.** Klare Feedbacksysteme, die Erfassung von Mitarbeitendenzufriedenheit und grundlegenden Daten wie Absentismus, Fluktuation und Retention sollten im Standardrepertoire jedes Unternehmens sein. Darüber hinaus können je nach Unternehmensgröße anonyme Gesundheitsdaten von zum Beispiel Betriebskrankenkassen in Mitarbeitendenanalysen einbezogen, aber auch konkrete Mental Health Daten wie Stressbelastung in der Belegschaft erhoben werden. Außerdem ist die Gefährdungsbeurteilung

psychischer Belastungen und die Evaluation erfolgter Maßnahmen ein Muss. Der kompetente Umgang mit Daten ist für gute HR-Arbeit an der Schnittstelle zu Mental Health unerlässlich (► Kap. 9.3).

- **Change Management.** Bei Transformationsprozessen wird es unumgänglich sein, die menschliche Seite von Veränderung künftig stärker einzubeziehen (► Kap. 11.3). Angesichts des rapiden Wandels durch Digitalisierung, demografische Veränderungen und dezentrales Arbeiten kommen Themen wie Überforderung, Ängste und Sorgen vermehrt auf und müssen berücksichtigt werden (► Kap. 11). HR kann hier maßgeblich zu einer gelingenden Kommunikation beitragen und der Belegschaft unterstützende Ressourcen bieten.
- **Compliance.** Das konkrete Verfassen von Richtlinien und ethischen Standards sollte auch die Förderung mentaler Gesundheit am Arbeitsplatz abdecken. Dazu gehören Policies zum Schutz vor Belastungen, eine klare Positionierung zur Antidiskriminierung und Entstigmatisierung, der Umgang mit Krankheitsfällen und Mobbing und das Engagement für gesundheitsorientierte Führung.

Das Potenzial von HR-Kräften zur unternehmensweiten Mental Health Förderung ist enorm groß, aber ungenutzt und unterschätzt. Sie haben immer wieder mit zwei zentralen Hürden zu tun. Zum einen bringen viele HR-Kräfte zwar maximale Leidenschaft für das Thema mit, sind aber letztendlich fachfremd. Mir werden seitens HR immer wieder ähnliche Fragen gestellt: Wie können wir Gesundheit langfristig durch alle Ebenen hindurch verankern? Wie können wir das Thema auch außerhalb von Gesundheitstagen lebendig halten? Welche Strukturen braucht es, damit wir von reaktiver zur proaktiver Mental Health Care kommen? Genau dafür habe ich mit meiner Kollegin Nora Dietrich die HR Mental Health Masterclass gestartet, um mit HR-Abteilungen Antworten auf ebendiese Fragen zu erarbeiten. Denn gute Mental Health Arbeit beinhaltet mehr als nur eine Handreichung und etwas Firmenyoga. Sie braucht eine strategische Basis, einen überzeugenden Business Case in der Sprache der Entscheider:innen und die richtigen Mental Health Kompetenzen (► Kap. 5), um das Thema voranzubringen.

Die zweite Hürde ist die geringe Entscheidungsgewalt, die HR bis heute zukommt. In den wenigsten Unternehmen ist HR im C-Level vertreten. Somit ist HR im Alltag zwar hautnah an den Bedürfnissen und Themen der Mitarbeitenden dran, wird aber bei den zentralen und richtungsweisenden Entscheidungen des Unternehmens ausgeklammert und vor vollendete Tatsachen gestellt, statt zentrale strategische Vorhaben aktiv mitzugestalten. Beispielsweise in Transformationsprozessen kann das zum Verhängnis werden. Es kann einen großen Unterschied für die Motivation und das Vertrauen der Mitarbeitenden machen, wenn die menschlichen Seiten von Veränderung wie Angst, Unsicherheit und Stress in Entscheidungen nicht aufgefangen werden. HR kann genau hier maßgeblich zum Erfolg strategischer Meilensteine beitragen und somit das Zugehörigkeitsgefühl und die Unternehmensbindung von Mitarbeitenden deutlich steigern. Denn HR ist nicht nur für das Management der Human Resources da, sondern formt die *Human Relations* im Unternehmen, wie Magdalena Rogl, Diversity & Inclusion Lead bei Microsoft Deutschland, es so treffend beschreibt[26]: Letztlich seien die Beziehungen der Belegschaft untereinander und die Beziehung zum Unternehmen der zentrale Dreh- und Angelpunkt für den Fortbestand des Unternehmens. Und damit sieht es aktuell schlecht aus. Nur 14% der Arbeitnehmenden in Deutschland haben eine hohe emotionale Bindung zu ihrem Unternehmen und 19% haben bereits innerlich gekündigt.[27] Das ist ein hohes Risiko, denn ohne die Mitarbeitenden wäre ein Unternehmen nichts. Die einzig logische Konsequenz ist also, die Mitarbeitenden in den Mittelpunkt einer jeden Unternehmensstrategie zu stellen.

Was kann HR im C-Level für mentale Gesundheit tun?

Miriam Sternitzky, Chief People Officer bei Westwing

In meiner Rolle fühle ich mich persönlich dafür verantwortlich, bei Westwing eine Arbeitsumgebung zu schaffen, die das Wohlbefinden aller Mitarbeitenden fördert. Als Psychologin liegt mir dabei die mentale Gesundheit unseres Teams besonders am Herzen.

Drei Dinge, die ich in meiner Rolle im C-Level bewegen kann:
1. Prioritäten setzen. Ich setze mich aktiv dafür ein, dass mentale Gesundheit eine strategische Priorität in unserem Unternehmen ist. Die Bedürfnisse unseres Teams sind fest in unserer Unternehmensstrategie verankert.
2. Ressourcen schaffen. Wir stellen zahlreiche Ressourcen bereit, damit unser Team Zugang zu professioneller Unterstützung und Selbsthilfemöglichkeiten hat. Dazu gehören Beratungsangebote, Trainingsprogramme und flexible Arbeitsstrukturen.
3. Kultur prägen. Gemeinsam mit meinem Team arbeite ich daran, eine Kultur der Offenheit und Unterstützung zu schaffen. Wir fördern den Dialog über mentale Gesundheit und sorgen dafür, dass sich unsere Mitarbeitenden nicht davor scheuen, Hilfe zu suchen.

Ich bin fest davon überzeugt, dass diese Initiativen nicht nur dem Wohl unseres Teams dienen, sondern auch langfristig zum Erfolg unseres Unternehmens beitragen.

Unternehmen: Wer sind wir und wer wollen wir sein?

Unternehmen hören sich aktuell häufig den Vorwurf an, sie würden nichts für die mentale Gesundheit der Mitarbeitenden tun. Viele Unternehmen wehren sich dagegen und entgegnen: Wir haben einen Gesundheitstag, wir haben eine bewegte Pause, wir haben ein Employee Assistance Program (EAP)[2] und, und, und. Bevor ich dieses Statement genauer unter die Lupe nehme, verdient all das zunächst einmal Wertschätzung und Würdigung. Denn alle genannten Initiativen wurden einst von engagierten Menschen im Unternehmen angeschoben und implementiert, die Gesundheit einen hohen Wert zuschreiben. Diese Menschen stoßen an irgendeinem Punkt jedoch an Grenzen: Die Budgets sind zu knapp, es mangelt an Personal oder die Angebote werden kaum genutzt.

Zugleich werden die Rufe nach mentaler Gesundheit lauter. Entscheider:innen weisen dann auf die bestehenden Angebote hin. Und hier liegt die Krux. Alle gut gemeinten Maßnahmen verlieren ihr Wirkpotenzial, wenn die Basisarbeit nicht gemacht wird. Man kann die schönste Blume pflanzen, aber auf einem nährstoffarmen Sandboden wird sie kaum gedeihen. Eine bewegte Pause ist ein fantastisches Angebot, das aber nicht genutzt wird, wenn die Workloads so astronomisch hoch sind, dass Mitarbeitende kaum an eine Pause denken können. Die eigentliche Verantwortung von Unternehmen liegt also darin, ihre Strukturen so zu gestalten, dass gesundheitsbewusstes Arbeiten möglich wird. Dazu gehören Aspekte wie Werte, Kommunikation, Weiterentwicklung, Zugehörigkeit und Führung, die in

2 EAPs werden von externen Dienstleistern angeboten, die Mitarbeitenden anonyme und kostenfreie Unterstützung bei persönlichen Problemen bieten. Sie sind oft über eine Hotline oder ein anonymes Buchungssystem nutzbar oder beinhalten Kurse und Informationsmaterial zu spezifischen Themen wie Stress, Arbeit, Partnerschaft oder Familie. Damit bieten sie ein einfaches und niedrigschwelliges Angebot, um psychische Belastungen frühzeitig abzufedern und professionelle Unterstützung zu bekommen.

diesem Buch noch besprochen werden. Viele Unternehmen haben über Jahrzehnte eine Arbeitskultur geformt, die zu Gesundheit in Widerspruch steht. Inzwischen sind sie sich der Notwendigkeit zum Kulturwandel zwar bewusst, aber zeigen noch keine Bereitschaft, an der Wurzel zu arbeiten. Denn das kann Ängste hervorrufen: Welchen Status, welche Kontrolle und welche lieb gewonnenen Gewohnheiten verlieren wir, wenn wir Gesundheit priorisieren? Geht uns die Leistungsbereitschaft dann abhanden? Fallen wir in eine Jammerkultur hinein? Das führt zu Widerstand. Und obwohl der Veränderungs*druck* hoch ist, bleibt die Veränderungs*bereitschaft* gering.

Jedes Unternehmen sollte sich folgende Fragen stellen: Wer sind wir aktuell? Wer wollen wir sein? Wie können wir unserem Zielbild einen kleinen Schritt näherkommen? Veränderungen brauchen nicht immer einen 10-Jahres-Plan und dürfen auch erst mal im Kleinen angestoßen werden. Aber Unternehmen müssen anfangen, endlich Verantwortung für die Gestaltung ihrer Kultur zu übernehmen. Dazu gehört es zum Beispiel, den Erhalt mentaler Gesundheit in die Unternehmenswerte aufzunehmen, sodass sie von einem reaktiven zu einem proaktiven Gesundheitsverständnis kommen.

Daraus lassen sich dann konkrete Ziele und Maßnahmen ableiten, um dem Thema eine Form zu geben. Ich stelle meinen Kund:innen oft die Frage: Wenn ich am Tag meiner Keynote etwas früher vorbeikomme und ein paar Stunden bei euch verbringen würde, woran würde ich merken, dass euch mentale Gesundheit wichtig ist? Denn das misst sich in der Regel nicht daran, ob jemand vom Gesundheitstag weiß oder nicht. Es sind die Arbeitsatmosphäre, die Höhe des Workloads, die Pausengestaltung, die Flexibilität, die gegenseitige Fürsorge, die kleinen Gespräche in der Kaffeeküche und das Verhalten der Führungskräfte. Alle diese Faktoren sind wesentliche Kulturtreiber. Damit das Thema im täglichen Miteinander gelebt wird, muss mentale Gesundheit klar und deutlich in die Unternehmens-DNA eingewebt sein. Das beginnt bei der Einstellung neuer Talente, die gute Gesundheitskompetenzen mitbringen, und zieht sich bis in den Vorstand, der einen expliziten Auftrag zur Gesundheitsförderung ausspricht.

Die eigentliche Aufgabe von Unternehmen liegt darin, sich und seinen Mitarbeitenden endlich die *Erlaubnis* für mentale Gesundheit zu geben. Denn viele Mitarbeitende rufen schon ganz von selbst danach – sagenhafte 57% würden den Arbeitgeber für ein anderes Unternehmen wechseln, das mentale Gesundheit stärker fördert. Bei den Führungskräften sind es sogar 69%. Gleichzeitig zeigen beide Gruppen auch eine Bereitschaft, bei verbesserten Bedingungen zu bleiben, denn 62% der Mitarbeitenden und 82 % der Führungskräfte würden eher in ihrem Unternehmen bleiben, wenn die Organisation ihre mentale Gesundheit unterstützt.[28] Und von außen betrachtet sehe ich in diesem Veränderungsdruck ein großes Potenzial. Künftig werden diejenigen Unternehmen Talente gewinnen und halten, welche die Stimmen aus der Belegschaft ernst nehmen, statt sich immer wieder einzureden, »wir können jetzt in der Krise kein Gesundheitsförderung machen« und »so schlimm ist es bei uns nun auch wieder nicht«. Wenn Unternehmen sich endlich erlauben, mentale Gesundheit durch sämtliche Strukturen und Prozesse hindurchsickern zu lassen, dann beginnt Kulturwandel.

Reflexion

- Bei wem siehst du die meiste Verantwortung für mentale Gesundheit bei deiner Arbeit?
- Wie viele Spielraum hat HR in deinem Unternehmen, was mentale Gesundheit betrifft?
- Woran würdest du merken, dass dein Unternehmen mentale Gesundheit ernst nimmt?

2.2 Leistung trifft Gesundheit – kann das (gut) gehen?

Als ich vor einiger Zeit mit dem Geschäftsführer eines schnell wachsenden Start-ups mit ca. 350 Mitarbeitenden sprach, sagte er zu mir: »Für mich stehen Produktivität und der Erhalt meines Unternehmens im Mittelpunkt, nicht Gesundheit. Wenn ich mein Unternehmen zum Wellnesstempel machen würde, gäbe es uns nicht mehr.« Solche und ähnliche Stimmen höre ich oft, wenn ich mit Unternehmen zusammenarbeite. Doch ist es das Ziel, einen »Wellnesstempel« zu erschaffen oder geht es nicht eigentlich um etwas anderes?

Gesundheitsbewusstes Arbeiten kann sich zunächst ambivalent anfühlen. Gehe ich die extra Meile, um das hoch gesteckte Projektziel zu erreichen und nehme dafür in Kauf, dass ich erschöpft und ausgelaugt sein werde? Oder erbringe ich eine ausreichend gute, aber keine monströse Leistung, weil ich auf meine mentale und körperliche Gesundheit achte? Wir haben ständig mit solchen inneren Konflikten zu tun. Der Grund dafür sind innere Antreiber, aber auch unsere Haltung gegenüber Arbeit, die wir über das Leben hinweg verinnerlicht haben. Einerseits lassen Treiber und Mindset uns zu Höchstform auflaufen, andererseits können sie uns krank machen.

Einige typische energiefressende (negative) Antreiber möchte ich gerne nennen:

Negative Konsequenzen vermeiden. Die Angst vor negativen Konsequenzen wie der Verlust des Arbeitsplatzes, sinkendes Ansehen oder verpasste Karrierechancen können dazu führen, dass wir nur noch aus Angst heraus arbeiten. Oft merken wir das auf den ersten Blick jedoch nicht. Eine bevorstehende Karrierechance kann zunächst wie ein sogenanntes Annäherungsziel aussehen, also wie etwas, was uns anzieht und mit positiven Konsequenzen verbunden ist. Auf den zweiten Blick wird jedoch deutlich, dass uns die neue Position gar nicht zusagt und wir ihr nur hinterherjagen, um unser Umfeld und die Erwartungen nach Status nicht zu enttäuschen. Dann haben wir es im Kern mit einem Vermeidungsziel zu tun, weshalb wir uns schließlich aus Angst vor der Reaktion anderer überarbeiten.

Super(wo)man sein und bleiben. Wenn wir lange viel geleistet haben, fällt es uns schwer, aus dieser Rolle herauszukommen. Sowohl wir selbst als auch unser Umfeld sind an Topleistungen und eine hohe Qualität unserer Arbeit gewöhnt. Unbewusst wollen wir unsere Geschichte aus Gewohnheit weiterführen und auch unser Umfeld rechnet gewissermaßen damit. Oft spüren wir jedoch unterschwellig ein Bedürfnis danach, uns anzulehnen und nichts leisten zu müssen. Wenn wir dem allerdings nachgeben würden, bekäme unser Selbstbild einen Bruch, was mit viel Schmerz und einem Identitätsverlust verbunden wäre.

Ein Goldstück sein. Manche von uns motivieren sich besonders stark durch die Anerkennung und Wertschätzung unserer Leistungen durch Vorgesetzte, Kolleg:innen oder Kund:innen. Lob und Anerkennung sind für uns das Schmiermittel unseres Selbstwertgefühls. Dabei ist mehr gleich mehr. Die Kehrseite: Erfolg kann auch ein Suchtfaktor sein. Wir sehnen uns nach immer mehr, aber mehr ist eigentlich nie genug.

Die innere Messlatte. Du musst perfekt sein. Du musst von allen gemocht werden. Du musst die Kontrolle behalten. Stopp! Gerade

Perfektionismus kann uns dazu veranlassen, immer höhere Standards zu setzen. Diese Standards sind jedoch ein Teufelskreis. Indem wir sie enorm hoch stecken, sorgen wir dafür, dass wir uns verausgaben und sie am Ende kaum erreichen. Wir bleiben in einem Teufelskreis hängen, in dem wir immer wieder versuchen, alles perfekt zu machen und beweisen wollen, dass wir es können. Letztendlich schaffen wir es aber selten oder nie, unserem Perfektionismus gerecht zu werden – und wenn, dann ist das Hochgefühl nur von flüchtiger Dauer.

Sozialisierung. Schon in der Schule lernen wir, dass Leistung mit guten Noten und (erst dann) mit Anerkennung belohnt wird. Leistung erscheint uns lange linear: Je mehr du gibst, desto weiter kommst du. Dass diese Annahme eine gläserne Decke erreicht und wir mit immer mehr Leistung auch ins genaue Gegenteil kippen können, bringt uns aber in der Schule niemand bei.

Wie kannst du mit inneren Antreibern umgehen, die dir nicht guttun? Fünf praktische Tipps.

Christine Münch, Self-Leadership Coach & Gründerin der We Love Mondays Akademie

1. Erkenne, dass du nicht deine inneren Antreiber bist. Die Stimmen unserer inneren Antreiber – »Beeil dich« oder »So macht man das nicht« – stammen meist von unseren Eltern und setzen uns noch heute unter Druck. Erkenne und distanziere dich von diesen Botschaften, die nicht deine eigenen sind, indem du sie als separate Anteile Dritter wahrnimmst.

2. Entwickle eine gütige innere Stimme. Stell dir vor, du sendest deinem jüngeren Selbst die Botschaften, die es damals gebraucht hätte: »Ich sehe dich.« »Ich verstehe dich.« Entwickle Mitgefühl für den Anteil in dir, der dich unter Druck setzt, und schenke ihm das Verständnis, das er sich sehnlichst wünscht.

3. Beantworte die Frage: Wie willst du dich wirklich fühlen? Viele unserer inneren Antreiber führen zu Stress und ungesunden Entscheidungen. Visualisiere, wie du dich in deinem Alltag, bei der Arbeit oder zu Hause wirklich fühlen willst. Setze dir morgens eine Intention für deinen Tag, die dich daran erinnert.

4. Nutze die Methode Stop Doing/Start Doing. Denke an die gewünschte Vorstellung deines Alltags. Welche aktuellen Verhaltensweisen passen nicht dazu? Schreibe diese in die linke Spalte eines gefalteten Blattes (Stop Doing) und in die rechte Spalte neue Verhaltensweisen, mit denen du dich besser fühlst (Start Doing). Übe eine neue Verhaltensweise 30 Tage lang.

5. Komme zurück in deinen Körper. Bei Stress ist unser Nervensystem im Fight-or-Flight-Modus. Schließe deine Augen und atme für drei Minuten tief in deinen Bauch ein, um dein parasympathisches Nervensystem zu aktivieren und einen ruhigen Zustand zu erreichen. Übe das mehrmals am Tag.

Es gibt zwei Grundbedürfnisse von Menschen, die Leistung manchmal aussehen lassen, als sei sie etwas ganz Natürliches, obwohl sie es eigentlich nicht ist. Das eine Bedürfnis ist der Wunsch nach Wachstum, Weiterentwicklung und Lernen. Unsere Gehirne sind so verdrahtet, dass sie sich entwickeln wollen. Wir tragen von Grund auf Neugier und den Willen zum Lernen in uns, weil unser Gehirn zum einen auf emotionale Inhalte reagiert und zum anderen plastisch ist, sich also ständig an neue Informationen und Erfahrungen anpasst. Das zweite Bedürfnis ist das Bedürfnis nach Anerkennung. Wir wollen schon früh von unseren Bezugspersonen geliebt und mit unseren Fähigkeiten gesehen werden. Positive und anerkennende Worte tragen zur Beziehungsbildung bei. Evolutionär betrachtet sind wir Herdentiere und starke Beziehungen ein Überlebensvorteil.

Wenn man diese zwei Grundbedürfnisse Wachsen/Lernen und Anerkennung zusammennimmt, ist es ein Leichtes, Leistungserbringung als etwas vermeintlich Menschliches zu deklarieren: Lerne fleißig und zeig mir, was du kannst, dann bekommst du Anerkennung und Lob. Zwei eigentlich unabhängige Bedürfnisdimensionen wurden von der Gesellschaft verknüpft und von der Wirtschaft übernommen: Nur wenn du das eine machst, bekommst du das andere. Damit wurde das Leistungskonzept geboren. Wir sollten uns dieser feinen Unterscheidung bewusst sein. Menschen wollen sich zwar gerne weiterentwickeln und lernen, was aber nicht zwingend heißt, dass sie von Natur aus (so viel) leisten wollen, wie es häufig gefordert wird.

Leistung? Können wir. Pause? Können wir nicht.

Solange wir Leistung und Gesundheit als zwei gegensätzliche Pole betrachten, wird sich in der Arbeitswelt wenig ändern. Was wir aber begreifen müssen: Starke Leistung braucht Nicht-Leistung. Das gilt bei der Arbeit ebenso wie beim Sport. Wir können nur eine herausragende Leistung erbringen, wenn wir ausreichend Erholungsphasen haben. Deshalb misst sich eine starke körperliche und psychische Gesundheit auch daran, dass wir *nicht* leisten. Nur wer seinem Körper und Geist regelmäßig Regeneration schenkt und den richtigen Rhythmus aus beidem hat, kann nachhaltig zu Höchstform auflaufen. Wir alle wissen, wie es sich anfühlt, mit zu wenig Schlaf, hohem Druck oder straffen Deadlines in den Tag zu starten. Es mag unsere Grenzen kurzfristig verschieben und eine gute Leistung trotzdem möglich sein (Grüße gehen raus an die Prokrastinierer:innen unter uns, die sich kurz vor Abgabefristen noch Nachtschichten um die Ohren hauen), jedoch kann kein Mensch der Welt ein ununterbrochenes Leistungslevel für einen längeren Zeitraum ohne Erholung halten. Dementsprechend muss auch unsere Arbeit so gestaltet sein, dass Erholung möglich ist. Noch einen Schritt weitergedacht: Wenn Unternehmen dauerhaft die bestmögliche

Leistung ihrer Mitarbeitenden wollen, müssen sie Erholung ausdrücklich fördern und incentivieren. Bisher werden wir überwiegend für Leistung, aber nicht für Erholung belohnt. Pausen werden als Verlust an Arbeitszeit gesehen statt als Gewinn. So zwacken wir Pausen, Schlaf und mentale Ruhezeiten von unseren 24 Stunden am Tag ab, um vermeintlich noch mehr Leistung erbringen zu können. Das Problematische ist, dass wir dafür sogar noch mehr Anerkennung einsammeln.

Es gibt gute Gründe, warum wir Pausen brauchen:

- **Neuronale Erholung.** Durch Pausen kann das Nervensystem runterfahren. Das fördert den Stressabbau, die Konzentration und lebenswichtige parasympathische Körperfunktionen[3] wie die Verdauung und die Senkung des Blutdrucks.
- **Raum für Neues.** Pausen fördern die Kreativität[29] und die Motivation[30]. Je stärker wir aus unserem gewohnten Umfeld rausgehen, desto kreativer sind wir. Nicht umsonst gibt es künstlerische Pausen, um neue Impulse zu finden und frische Ideen zu generieren. Außerdem wirken sich Pausen positiv auf die Motivation aus, weil sie ein Taktgeber für kleine Meilensteine sind: Indem wir uns feste Zeiten für Arbeit und Pause setzen, unterteilen wir unsere Arbeit automatisch in kleinere, bewältigbare Einheiten.
- **Verbindung schaffen.** Pausen schenken uns Zeit für soziale Kontakte, die ein elementarer Bestandteil für Zufriedenheit, mentales Wohlbefinden und Resilienz sind. Wer die Beziehung zu seinem

3 Unser vegetatives Nervensystem wird durch zwei Gegenspieler, nämlich den Sympathikus und den Parasympathikus, gesteuert. Diese zwei Systeme moderieren sämtliche Körperfunktionen wie Herzschlag, Atmung, Stoffwechsel, Verdauung, Körpertemperatur etc. Der aktivierende Sympathikus sorgt für eine rasche Bereitstellung von Ressourcen und Energien. Dabei wird zum Beispiel der Herzschlag schneller und die Sauerstoffversorgung höher. Der Parasympathikus ist das beruhigende System: Wenn er aktiv ist, wird die Verdauung angeregt, der Blutdruck gesenkt, der Herzschlag langsamer. Oftmals ist der Parasympathikus aufgrund von Dauerstress heutzutage deutlich seltener aktiv, sodass der Körper zu wenig Ruhe und Erholungsphasen bekommt.

Umfeld stärkt, ist nachweislich glücklicher, gesünder und fühlt sich stärker an den Arbeitsplatz gebunden.[31] Unsere sozialen Muskeln werden während gemeinsamer Pausen trainiert und schützen uns vor emotionalen Tiefpunkten, Rückschlägen und Stress.

- **Mentale Distanz.** Um uns wirklich zu erholen, müssen wir nicht nur nicht arbeiten, sondern uns mental von der Arbeit distanzieren. Diese Kompetenz ist besonders in Zeiten verschwimmender Grenzen durch Digitalisierung, ständige Erreichbarkeit und Remote Work besonders gefragt. Für erholsame Pausen müssen wir die Fähigkeit trainieren, uns mental von der Arbeit zu distanzieren.

Eine gesunde Pausenkultur ist in Unternehmen unerlässlich. Studien belegen, dass regelmäßige Pausen die Vitalität, das Wohlbefinden und die Leistung steigern sowie die Müdigkeit senken.[32,33,34] Für den Grad unserer Erholung ist dabei nicht nur ausschlaggebend, *dass* wir regelmäßig Pausen machen, sondern *wie* wir sie gestalten. Wer seine Pause direkt am Arbeitsplatz verbringt, kann deutlich schlechter abschalten. Dennoch tun dies laut einer Umfrage der Bundesanstalt für Arbeitsschutz und Arbeitsmedizin 43 % der Arbeitnehmenden und nur 17 % können am Arbeitsplatz gut von der Arbeit abschalten. Wenn die Menschen außerhalb des Betriebsgeländes Pause machen, können dies immerhin 33 %.[35] Das heißt, der Pausenort hat einen maßgeblichen Einfluss darauf, ob wir den Kopf buchstäblich frei bekommen.

Die Fähigkeit zum Abschalten und zur mentalen Erholung hat deutliche Folgen. Immerhin 38 % der Mitarbeitenden, die schlecht abschalten können, haben im letzten Jahr ernsthaft über eine Kündigung nachgedacht und gingen deutlich häufiger krank arbeiten. Bei denjenigen, die gut abschalten können, haben nur 19 % über eine Kündigung nachgedacht.[36] Erholung zu fördern ist also mehr als ein netter Gesundheitstipp. Regeneration nimmt echten Einfluss auf das Fortbestehen von Unternehmen. Eine gesunde Erholungskultur ist daher eine unternehmensweite Verantwortung.

Wie kann eine gesunde Pausenkultur gefördert werden?

- **Pausen offen kommunizieren und respektieren.** Mitarbeitende sollten ermutigt werden, Pausen offen zu kommunizieren, beispielsweise indem auf Kommunikationsplattformen wie Slack der Status aktiv gekennzeichnet wird. Eine unternehmensweite meetingfreie Zeit zwischen 12 und 14 Uhr kann außerdem dazu anregen, Pausenzeiten einzuhalten und flexible Mittagspausen zu ermöglichen. Viele Mitarbeitende klagen darüber, dass ihnen ständig Meetings in die Mittagszeit gelegt werden – das darf keine Normalität sein.
- **Vorbild sein.** Das Verhalten von Führungskräften hat eine große Auswirkung darauf, wann und wie Mitarbeitende Pause machen. Führungskräfte sollten ihre eigenen Pausengewohnheiten daher überdenken und ihre Teammitglieder aktiv für deren Pausengestaltung loben (»Danke, dass du uns daran erinnerst, dass wir schon über die Zeit sind und eine Pause machen sollten«). Aber auch untereinander können Mitarbeitende sich gegenseitig ein Vorbild sein, indem sie mit gutem Beispiel vorangehen und konsequent Pause machen. Wie in Kapitel 2.1 beschrieben, können wir alle Einfluss darauf nehmen, wie wir unsere Arbeitskultur gestalten.
- **Mentalen und physischen Raum schaffen.** Ausgewiesene Räume oder Flächen für Pausen sind für das Ausmaß unserer Erholung enorm wichtig. Stell dir vor, du würdest in einem Supermarkt arbeiten und deine Pause auf der Ladenfläche machen: Wärst du wirklich erholt? Für eine effektive Pause ist es wichtig, einen Ortswechsel vorzunehmen und einen Rückzugsort zu haben, um runterzufahren. Einige US-Unternehmen wie Meta oder Google haben ausgewiesene »Nap Pods« – kleine Kabinen, in denen man ein Nickerchen halten kann. Das indische Unternehmen Wakefit hat die Zeit von 14 bis 14:30 Uhr als offizielle Nickerchenzeit geblockt, Schlafen ist dann ausdrücklich erlaubt. In Deutschland ist Schlafen während der Arbeitszeit zwar nicht erlaubt, jedoch darf

man seine Pausen nach Belieben gestalten, sodass auch ein kleiner Powernap möglich wäre. Beim Chemiekonzern BASF gab es sogar einst Kurse, mit denen das Powernapping erlernt werden konnte.

- **Pause heißt Pause.** In manchen Unternehmen wird die Mittagszeit für unternehmensweite Ankündigungen oder Formate wie »Lunch & Learn« genutzt. Das schießt leider am Ziel vorbei. Gehirn und Körper können so nicht runterfahren, sondern müssen sogar zwei Sachen gleichzeitig machen. Pausen sind arbeits*freie* Zeit. Punkt. Außerdem sollten Unternehmen signalisieren, dass Mitarbeitende in Pausenzeiten nicht erreichbar sein müssen. Das unterstützt unseren Geist darin, zur Ruhe zu kommen. Nur wenige Anliegen sind tatsächlich so dringend, dass Pausen unterbrochen werden müssten.

Fest steht: Gesunde Leistung braucht Pausen. Exzellente Leistung braucht Pausen. Denn gute oder herausragende Ergebnisse können wir nur erbringen, wenn wir gesund sind. Statt Gesundheit als reines Mittel zum Zweck für Leistung zu sehen, müssen wir wieder zurück zu dem, wo wir ursprünglich herkamen: Gesundheit steht an erster Stelle und ist eine Voraussetzung, bevor – neben weiteren Lebensbereichen – an gesunde Performance zu denken ist.

Wir brauchen einen neuen Blick auf Leistung.

Nele Groeger, Co-Founder von SHITSHOW – Agentur für psychische Gesundheit

Ich beginne diesen Text an einem meiner gefühlt unproduktivsten Tage seit Langem. Schon morgens habe ich gemerkt, wie erschöpft ich von der Woche bin. Aber anstelle Lichtflecken an der Wand zu beobachten, habe ich versucht weiterzumachen – mit mäßigem Erfolg. Unbedingtes Leisten-Wollen, wenn doch alles nach einer Pause ruft: Damit bin ich nicht allein. Viele Menschen neigen dazu, Erholung auf ihrer Prioritätenliste ganz nach unten zu schieben. Dabei zeigt die Forschung, dass Regeneration für nachhaltige Leistung zentral ist – sie steht nicht außerhalb, sondern ist Teil von ihr.[37]

Warum fallen uns Pausen dann so schwer? Was treibt uns so an? Zum einen ist da die individuelle Veranlagung: Verinnerlichte Glaubenssätze wie »Nur wenn ich immer alles gebe, werde ich gemocht« öffnen der Überarbeitung Tür und Tor. Diese inneren Antreiber brauchen aber einen guten Nährboden, um zu ihrer vollen Blüte zu gelangen. Und den finden sie in Unternehmen, in denen das unbedingte Leistungsmantra unwidersprochen bleibt. Als »Hustle Culture« betitelt wird diese Art von Leistungskultur in sozialen Medien mittlerweile zu Recht vehement kritisiert. Schließlich geht diese mit erhöhten Burn-out-Raten, Ausfallzeiten und Krankenständen einher.

Schon allein im eigenen Interesse sollten Organisationen also Platz für Regeneration machen. Dafür braucht es Führungskräfte, die Selbstfürsorge statt Selbstaufopferung vorleben. Und die klare Haltung, dass gesunde Leistung eine Gemeinschaftsaufgabe ist. Sie braucht immer wieder Rückendeckung und Ermunterung aus dem Team und der Organisation. Doch wir sollten noch weitergehen. Denn ob wir gesund arbeiten können, ist auch eine Frage dessen, was wir als Leistung definieren. Unser vorherrschendes Leistungsideal rechnet zum Beispiel nicht mit ein, dass Menschen erkranken, ihre Kinder betreuen oder Angehörige pflegen. Oder dass wir unsere Leistung alle mit unterschiedlichen Startbedingungen erbringen, zum Beispiel aufgrund struktureller Benachteiligung. Hier braucht es neue Bewertungsmodelle, die unterschiedliche Lebensrealitäten abbilden. Damit wir alle ab und zu Lichtflecken beobachten dürfen, ohne uns dabei schlecht zu fühlen.

Reflexion

- Wann hast du schon mal deine Gesundheit schleifen lassen, um Leistung zu erbringen? Was war dein innerer Antreiber dafür?
- Wie müsstest du deine Arbeitszeiten und Pausen gestalten, um auf eine für dich gesunde Weise leistungsfähig zu sein?
- Werden Leistung und Pausen in deinem Unternehmen gleichermaßen gefördert?

2.3 Hier & heute – wie wir loslegen können

Mentale Gesundheit ist aus der Arbeitswelt nicht mehr wegzudenken. Sie wird ein unumgängliches Thema sein, wenn wir unsere Arbeit und unser Leben modern gestalten wollen. Mentale Gesundheit wird mehr und mehr zu einer Kompetenz werden, die wir bewusst erlernen und fördern können (▶ Kap. 5). Damit wir am richtigen Punkt anfangen, diese Kompetenz auszubauen, müssen wir zunächst verorten, wo wir aktuell stehen.

Für diese Standortbestimmung hilft es, wenn wir uns anschauen, wie unbewusst beziehungsweise bewusst uns die Wichtigkeit mentaler Gesundheit ist und wie inkompetent beziehungsweise kompetent wir im Thema sind. In einem Phasenmodell von Bandura, Ross & Ross werden diese zwei Aspekte sehr treffend beschrieben.[38]

Unbewusste Inkompetenz: Ich weiß nicht, dass ich etwas nicht kann. In der unbewussten Inkompetenz ist uns nicht bewusst, dass wir ein Defizit haben, uns eine Kompetenz fehlt oder wir etwas ändern müssen. In dieser Phase passiert es häufig, dass wir negative Kritik oder negatives Feedback für ungesunde Verhaltensmuster bekommen. Beispielweise sagt uns unser:e Partner:in, dass wir schon wieder völlig ausgelaugt ins Wochenende gehen. Oder im Unternehmen mehren sich die Rückmeldungen über unschaffbare Workloads und Dauerstress in den Teams. Das Feedback von außen ist in dieser Phase eine wertvolle Ressource, durch die wir blinde Flecken aufdecken können und realisieren, was uns selbst (noch) nicht bewusst ist.

Bewusste Inkompetenz: Ich weiß, dass ich etwas nicht kann. In dieser Phase ist uns bewusst, dass es uns an bestimmten Fähigkeiten mangelt. Auch wenn das oft eine unangenehme Erkenntnis ist, liegt hier der größte Hebel: Wir merken, dass wir lernen und uns weiterentwickeln müssen. Daraufhin fangen wir an, neue Impulse zu suchen, Dinge auszuprobieren oder uns an anderen Menschen oder Unternehmen zu orientieren, die womöglich schon etwas weiter sind. Dies ist die Phase, in der sich die meisten von uns bezüglich mentaler Gesundheit befinden. Wir selber merken, dass wir unser Leben anders gestalten müssen, um den Dauerstress zu senken. Unternehmen realisieren, dass sie ihre Arbeitsstrukturen und -kulturen dringend ändern müssen, um langfristig bestehen zu bleiben. Hier fangen die ersten Experimente an: Wie kann ich mich anders verhalten? Was möchte ich mal ausprobieren? Wo finde ich wirksame Best Practices, an denen ich mich orientieren kann? In dieser Phase stellen wir uns viele Fragen und experimentieren mit den Antworten – und werden Erfolge wie auch Frustrationen erleben. Am wichtigsten ist es in dieser Phase dranzubleiben. Oftmals sind wir entmutigt, wenn etwas nicht sofort klappt oder keine direkte Wirkung zeigt. Deshalb sollten wir unsere Bemühungen aber nicht sofort aufgeben, sondern erst recht weitermachen, weiterlernen und wiederholen. Ich beobachte aktuell, dass viele Unternehmen euphorisch angefangen haben, Gesundheitsinitiativen und -konzepte einzuführen und schnell enttäuscht sind, wenn durch ihren Gesundheitstag die Krankschreibungszahlen nicht rapide fallen. Verhaltens- und Kulturwandel braucht sehr viel Zeit und ist nicht sofort messbar. Das verhält sich genau wie mit einer Sprache, die wir neu lernen: Bis wir alle Vokabeln im richtigen Moment parat haben und differenziert sagen können, was wir wollen, dauert es eine Weile. Das heißt aber nicht, dass wir schweigen sollen, wenn uns in einer Unterhaltung mal die Worte fehlen.

Bewusste Kompetenz: Ich weiß, dass ich etwas kann. Wenn uns etwas flüssig von der Hand geht, sind wir in der bewussten Kompetenz angekommen. Wir sind in der Lage, genau zu differenzieren, was wir können und was wir nicht können. In dieser Phase geht es darum, Kompetenzen zu verinnerlichen und zu automatisieren, damit sie auf Dauer weniger Ressourcen schlucken und wir uns auf den Erwerb anderer Kompetenzen konzentrieren können. In dieser Phase realisieren Unternehmen oft, welche Initiativen sich bewährt haben und welche sie weiterführen möchten. Von hier aus ist es wichtig, bestehende Verhaltensweisen und Angebote in der Fläche auszubauen und regelmäßig auf den Prüfstand zu stellen. Denn manchmal kann sich der Kontext so stark ändern, dass Bewährtes nicht mehr greift. Die Coronapandemie hat uns vor solch ein Dilemma gestellt. Zum Beispiel war ein Yogakurs auf der Firmenterrasse nicht mehr möglich, es musste umdisponiert und auf ein Onlineangebot umgestellt werden.

In dieser Phase sollten wir auf erworbene Kompetenzen und Strukturen vertrauen sowie aufmerksam für neue Anforderungen sein, um maximal wirksam zu bleiben.

Unbewusste Kompetenz: Ich mache etwas automatisch. In der unbewussten Kompetenz sind wir in der vollständigen Gewöhnung angekommen. Dinge gehen uns automatisch von der Hand und fügen sich natürlich in unser Handeln ein. Das hat viele Vorteile, kann aber auch problematisch werden, wenn Bestehendes für selbstverständlich effektiv gehalten wird. Besonders bei Unternehmen mit seit Jahren bestehenden Angeboten im betrieblichen Gesundheitsmanagement fällt mir das häufig auf. Sie haben einen starren Modus Operandi etabliert, weshalb sie ihre Angebote nicht mehr kritisch hinterfragen oder kein Feedback mehr einsammeln. Daher ist es in dieser Phase wichtig, unbewusste Kompetenzen zwar zu würdigen, aber auch regelmäßig zu evaluieren.

Je nachdem, in welcher Phase wir stecken, kann das unterschiedliche Konsequenzen auf unser Handeln haben. Beispielsweise dreht es sich in der unbewussten Inkompetenz vorrangig darum, ein Bewusstsein (Awareness) für die Relevanz mentaler Gesundheit zu schaffen (▶ Kap 3.3). In der bewussten Inkompetenz geht es eher darum, dass wir uns spezifische Kompetenzen (Skills) aneignen (▶ Kap. 5). Was es aber in jeder Stufe braucht, sind Mut und Geduld. Mut ist deshalb so essenziell, weil an mentaler Gesundheit nach wie vor ein großes Stigma klebt. Es kostet viel Überwindung, um der oder die erste zu sein, etwas offen anzusprechen, was zuvor unter stiller Einigkeit verschwiegen wurde. Geduld ist essenziell, weil die Geschwindigkeit, in der Unternehmen sich verändern, eher einem langsam fahrenden Tanker als einem schnell beweglichen Cityfahrrad gleicht. Deshalb ist es unerlässlich, sich mit seinen Erwartungen auseinanderzusetzen. Wenn unsere Arbeit mental gesünder gestaltet sein soll, welches Tempo kann ich von einem so großen und komplexen Ökosystem wie einem Unternehmen erwarten? Frederic Laloux beschreibt in seinem Buch »Reinventing Organizations«[39] in diesem Zusammenhang sehr treffend, dass es einen Unterschied zwischen komplizierten und komplexen Systemen gebe. Komplizierte Systeme seien wie ein Flugzeug: groß, aber auf klare Art und Weise organisiert. Wir könnten sie jederzeit in ihre Einzelteile zerlegen und wieder zusammenbauen. Wenn etwas fehle oder kaputt sei, ersetzten wir es. Auf der anderen Seite gebe es komplexe Systeme, die wie ein Teller Spaghetti seien. Wenn man an einer Nudel ziehe, könne man nie genau vorhersagen, welche anderen Spaghetti sich mitbewegten. Veränderungen in Unternehmen verhalten sich wie solch ein Teller Spaghetti: Wenn wir an einem Thema arbeiten, kann das eine Reihe von Effekten anstoßen, die nur schwer vorherzusehen sind, aber trotzdem gemanagt werden müssen. Deshalb ist es sinnvoll, einen Schritt nach dem anderen zu gehen und bereits kleine Veränderungen anzuerkennen, auch wenn wir noch nicht in der gewünschten gesunden Arbeitswelt angekommen sind.

Reflexion

- In welcher Phase stehst du gerade? In welcher steht dein Unternehmen? Gibt es eine Diskrepanz?
- Wenn dein Unternehmen ein Fahrzeug hinsichtlich Kulturveränderungen wäre, welches wäre es und wie schnell fährt es?
- Welches Veränderungstempo kannst du von deinem Arbeitsumfeld hinsichtlich mentaler Gesundheit erwarten?

03

Aufklärung

Psychische Erkrankungen sind kein Randphänomen.

3.1 Mythos Psyche

Noch immer kursieren viele Mythen rund um mentale Gesundheit. Einige von ihnen möchte ich gerne aufgreifen und genauer unter die Lupe nehmen.

»Arbeit macht krank.«
Ein typischer Mythos, dem wir oft Glauben schenken. Für viele Menschen ist Arbeit jedoch ein Schutzfaktor und wirkt sich positiv auf die Psyche aus. Arbeit hilft uns dabei, eine stabile Tagesstruktur zu haben, in ein soziales Umfeld eingebunden zu sein und unsere persönlichen Stärken einzusetzen. Trotzdem kann Arbeit auch mit viel Stress und Überlastung einhergehen und sich negativ auf unsere mentale Gesundheit auswirken. Dabei macht aber nicht Arbeit *per se* krank, sondern die Bedingungen, unter denen wir arbeiten und ihre Auswirkungen auf uns. Stress ist definitiv ein treibender Faktor für eine psychische Erkrankung und sowohl für die Entstehung als auch die Aufrechterhaltung von psychischen Störungen mitverantwortlich. Insgesamt tragen immer – wie wir es in der Psychologie nennen – bio-psycho-soziale Einflüsse dazu bei. Unsere Gene, unser Erleben und Verhalten und unser Umfeld haben einen Einfluss darauf, ob und wie stark sich psychische Erkrankungen entwickeln.

»Wer depressiv ist, kann nicht arbeiten.«
Zwar sind psychische Erkrankungen eine der häufigsten Ursachen für Krankschreibungen und mögen daher den Anschein erwecken, als könne man mit psychischen Beschwerden nicht arbeiten. Die Realität sieht allerdings anders aus. Ca. 60 bis 80% der Menschen mit einer Depression gehen weiter arbeiten. Und das hat einen guten Grund: Für viele Betroffene ist ihre Arbeit eine wichtige Säule, die ihnen Struktur und Ziele im Alltag gibt. Eine Depression erkennt man also nicht daran, ob jemand arbeitet oder nicht. Was vielen Menschen in akuten psychischen Belastungen allerdings hilft, ist, die Arbeitsbedingungen anzupassen. Zum Beispiel indem jemand weniger in den Kundenkontakt muss oder statt im Großraumbüro in einer reizärmeren Umgebung arbeiten kann. Das trägt dazu bei, die Arbeitsfähigkeit zu erhalten, sodass eine Krankschreibung gar nicht nötig wird.

»Jede:r braucht eine Therapie.«
Eine Psychotherapie ist für Menschen, die an einer psychischen Erkrankung leiden. Das ist ähnlich wie in der somatischen Medizin. Es werden nur die Personen operiert, bei denen es einen klaren Anlass gibt. Genau wie nicht jede:r eine Operation braucht, braucht auch nicht jede:r eine vollwertige Psychotherapie. Aber: Für viele Menschen kann es sehr hilfreich sein, sich zusammen mit einer unabhängigen Person über die persönliche Biografie, eingebrannte Glaubenssätze und die kleinen und großen Baustellen im Alltag auseinanderzusetzen. Dafür sind Coaching oder psychologische Beratung gute Wege. Psychotherapie sollte vor allem von Menschen in Anspruch genommen werden, die ein klinisches, psychisches Leiden haben wie eine Depression, eine Angststörung oder eine Suchterkrankung. Wenn man sich unsicher ist, ob das auf einen selbst zutrifft, sollte man ärztlichen oder psychotherapeutischen Rat einholen, um eine Einschätzung zu bekommen.

»Wir alle haben Vorurteile.«
Leider ist an dieser Aussage viel dran. Die Stigmatisierung rund um mentale Gesundheit ist immer noch sehr hoch. Unsere sozialen und gesellschaftlichen Erwartungen machen es uns nach wie vor schwer, offen über mentale Gesundheit zu sprechen. Die Betroffenen leiden unter dieser Stigmatisierung besonders stark, weil sie sich neben der Diskriminierung durch die Gesellschaft zusätzlich selbst Vorwürfe machen. Besonders häufig ist das bei Männern der Fall. Diese Selbststigmatisierung ist wie eine zweite Erkrankung, die zusätzliche Last und Leiden verursacht.

»Einmal krank, immer krank.«
Das ist falsch. Psychische Erkrankungen sind nicht zwingend von langer Dauer. Sie verlaufen vor allem dann chronisch, wenn sie unbehandelt (!) bleiben. Das ist ein hausgemachtes Problem von Stigmatisierung und mangelnder Versorgung. Außerdem können wir uns von vielen psychischen Erkrankungen wie Depressionen oder Angststörungen wieder vollständig erholen. Eine Psychotherapie ist bei diesen Erkrankungen meist sehr erfolgreich, besonders dann, wenn wir schon früh professionelle Hilfe bekommen (umso wichtiger ist es, die Signale früh zu erkennen!). Es gibt allerdings einige Erkrankungen, die einen das ganze Leben lang begleiten, zum Beispiel eine bipolare Störung oder eine Schizophrenie. Aber selbst bei diesen Erkrankungen sind die Beschwerden nicht dauerhaft präsent, sondern es gibt viele Phasen, in denen Betroffene keine Symptome haben. Dies bedeutet im Umkehrschluss: Viele Menschen, die ein psychisches Leiden haben oder hatten, können ihren Alltag sehr gut bewältigen und ihrer Arbeit nachgehen.

»Psychische Erkrankungen können jede:n treffen.«
Fast ein Drittel der Bevölkerung in Deutschland ist jedes Jahr von einer psychischen Erkrankung betroffen. Diese sind damit genauso weit verbreitet wie beispielsweise Bluthochdruck. Jeder Mensch kann potenziell irgendwann einmal betroffen sein. Aber es gibt auch sehr

viele Faktoren, die sich schützend auf unsere mentale Gesundheit auswirken. Zum Beispiel ein festes soziales Netz, eine gute körperliche Gesundheit, ein stabiler Arbeitsplatz. Arbeitslose Menschen leiden deutlich mehr an psychischen Belastungen, sodass auch hier die Rolle von Arbeit in der psychischen Gesundheit noch einmal deutlich wird.

Was du im Umgang mit Betroffenen tun kannst.

Julia Kounlavong, Geschäftsführerin von unwind your mind GmbH

»Also, ich musste da doch auch durch, so schwer ist das doch nicht!« – »Echt jetzt, schon wieder? Aber ich hab das doch schon mehrfach erklärt.«

Na, erkennst du dich in einer dieser Gedankengänge wieder? Hast du auch schon mehrfach solche oder ähnliche Gedanken gehabt? Du bist damit nicht allein. Gerade jene unter uns, die tagtäglich powern ohne Ende und vielleicht mit ein paar mehr Ressourcen gesegnet sind oder hart an der eigenen Resilienz gearbeitet haben, ertappen sich öfter bei solchen Sichtweisen.

Was kannst du im Gespräch mit Betroffenen tun, um ihnen wertfreier zu begegnen?

Grundsatz Nr. 1: Hinterfrage dich und deine Annahmen. Ist es hilfreich, von dir auf andere zu schließen? Hast du wirklich alles klar erklärt oder hast du vielleicht Annahmen getroffen und so eine andere Version in deiner Wahrnehmung kreiert?

Grundsatz Nr. 2: Lerne zuzuhören, um zu verstehen und nicht, um zu lösen. Unser Gehirn will uns am Leben halten und tut alles dafür. Es scannt Situationen, versucht Annahmen zu treffen, zu verallgemeinern und geht so oft wie möglich in den

Autopiloten, um Energie zu sparen. Es versucht, effizient zu sein, ist dabei aber nicht immer effektiv, da sich unsere Umgebung grundlegend geändert hat. Höre der anderen Person zu und versuche, keine Lösung zu finden, sondern lerne, Fragen zu stellen, um mehr zu verstehen.
Grundsatz Nr. 3: Voller Fokus auf Empathie! Auch wenn du es dir schwer vorstellen kannst, aber was würdest du machen, wenn alles schwarz und sinnlos um dich herum erscheint? Fühle dich in die Welt deines Gegenübers ein.

Wie wäre es, sich gemeinsam auf die Reise zu begeben, voneinander zu lernen und gemeinsam zu wachsen? Dafür braucht es mehr Offenheit, Neugierde und Selbstreflexion. Wir alle können einen Beitrag leisten, indem wir Beziehungen mehr Raum geben, lernen, besser zu kommunizieren und uns neugierig neuen Situationen stellen, anstelle alles nur schnell abhaken zu wollen.

Fest steht: Arbeit und mentale Gesundheit hängen sehr eng zusammen und können sich positiv wie negativ beeinflussen. Wann immer uns hartnäckige Mythen über mentale Gesundheit begegnen, sollten wir mit ihnen aufräumen und Stellung beziehen. Psychische Erkrankungen sind ein Volksleiden und keine Randerscheinung – deshalb spielt unsere Mental Health Literacy, also unsere mentale Gesundheitskompetenz (▶ Kap. 5.2), eine entscheidende Rolle für gelingende Entstigmatisierung und Prävention.

Reflexion

- Welchem Mythos über mentale Gesundheit bist du schon mal begegnet? Hast du ihn auf den Prüfstand gestellt?
- Wie kannst du in deinem Umfeld zur Auflösung dieser Mythen beitragen?
- Gibt es ein Gespräch aus der Vergangenheit, in dem du etwas über psychische Gesundheit gesagt hast, das du heute besser weißt? Wenn ja, wie könntest du es im Nachhinein richtigstellen?

3.2 Raus aus der Scham-Ecke

Unsere inneren Bilder haben eine ungeheure Macht darüber, wie wir psychische Erkrankungen wahrnehmen und wie nah an uns wir sie empfinden. Wenn du dir einen Alkoholiker vorstellst, kommt dir wahrscheinlich das Bild eines älteren, etwas zottelig aussehenden Mannes in den Sinn, der auf seinem Sofa sitzt, Bier trinkt und Fernsehen schaut. Wie sieht es wirklich aus? Tatsächlich ist schädlicher Alkoholkonsum in Deutschland sehr verbreitet und betrifft alle Bevölkerungsschichten. 17,6% der 18- bis 64-Jährigen in Deutschland haben einen problematischen Alkoholkonsum.[40] Die Betroffenen sind also mitten unter uns. Es könnte dein Kollege im hellblauen Hemd, deine aufgeschlossene Teamleiterin oder der neue Mitarbeiter sein. Psychische Erkrankungen sind kein Randphänomen. Leider sind unsere Vorstellungen davon, wie das aussieht, vollkommen verzerrt und entsprechen nicht der Realität. Vor unserem inneren Auge sehen wir ausschließlich überspitzte Darstellungen, die sich durch jahrzehntelange misslungene Mediendarstellungen und starre gesellschaftliche Normen geformt haben. Noch dazu bewerten wir psychische Beschwerden nach wie vor völlig anders als körperliche Beschwerden. Wenn ein Kollege bei der Arbeit einen Beinbruch hat, bekommt er Blumen, Genesungswünsche und regelmäßige Nachrichten. Wenn er eine Depression hat, muss er um seine Stelle bangen.

Bis heute messen wir mit zweierlei Maß, obwohl wir, egal in welcher schweren Lebenssituation, auf die Unterstützung unseres Umfelds angewiesen sind.

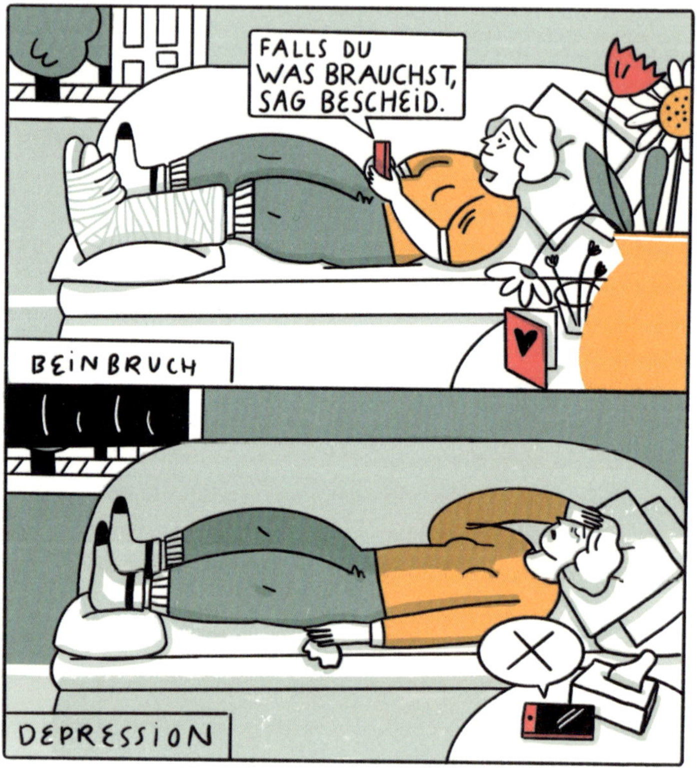

Ein anderes schambehaftetes Feld ist das Thema Psychotherapie. Überlege einmal, wie viele Menschen du in deinem Umfeld kennst, die eine Psychotherapie machen. Vermutlich nur wenige. Dabei waren, um ein Jahr herauszupicken, 2021 ganze 2,7 Millionen Menschen in psychotherapeutischer Behandlung – das ist mehr als die Einwohnerzahl von München und Frankfurt zusammen. Viele von ihnen bleiben völlig unter dem Radar und verwenden viel Kraft auf ihr Versteckspiel. Ich hatte einst einen Patienten, der sich eineinhalb Jahre lang jede Woche in kreativen Meisterleistungen neue Gründe überlegt hat, warum er donnerstags um 14 Uhr eine Stunde bei der Arbeit fehlt. Irgendwie schaffte er es, dass niemand misstrauisch wurde. Es ist völlig absurd, wie viel Energie für dieses Versteckspiel draufgeht, wenn man bedenkt, dass diese Energie anderswo so viel besser investiert wäre, nämlich in der Genesung. Es kann nicht sein, dass Menschen sich dafür schämen, sich Hilfe geholt zu haben. Das ist so, als würden wir jemanden dafür anprangern, dass er wegen Diabetes ärztlichen Rat sucht. In einer schwierigen Lage Hilfe zu suchen und anzunehmen, ist kein Zeichen von Schwäche, sondern von Mut und Haltung. Die ZEIT veröffentlichte in diesem Zusammenhang 2021 einen großen Artikel »Wir sind zur Therapie«[41], in dem 38 bekannte Persönlichkeiten wie Tim Raue, Madeleine Alizadeh oder Ottmar Hitzfeld von ihren Therapieerfahrungen berichten. Die Resonanz war enorm positiv.

Die Patient:innen, die ich durch ihre Psychotherapie begleitet habe, sind einige der stärksten und klügsten Personen, die ich kenne. Viele von ihnen haben sich ihren tiefsten Ängsten gestellt und sind mit viel Mut, Willenskraft und Ausdauer über sich hinausgewachsen. Und wir legen es immer noch als vermeintliche Schwäche aus, wenn sich jemand Hilfe holt. Das kann nicht sein. Den Mut zu haben, von einer psychischen Erkrankung zu erzählen oder Therapie zu machen, verdient Anerkennung und Support. Wir brauchen kein Therapy Shaming, sondern Therapy Cheerleading. Wir sollten endlich einen ehrlichen Blick auf die Tatsachen werfen. Jemand kann zur Therapie gehen und trotzdem herausragende Arbeit machen. Jemand mit Ängsten kann auch ausgelassen und spontan sein. Jemand mit einem Trauma kann ein sehr erfülltes Leben führen. Das alles sind keine Gegensätze, sondern Teil des Menschseins.

Wie können wir psychische Gesundheit normalisieren?

Indem wir psychische Gesundheit in unseren Gesprächen und unserem Handeln normalisieren. Wir sollten anerkennen, dass wir nicht jeden Tag in derselben Verfassung zur Arbeit kommen und nicht täglich dieselbe Leistung erbringen. Es sollte okay sein, wenn Menschen gerade eine schwierige Phase haben. Ein Beispiel: Knapp 40% der Ehen in Deutschland werden geschieden. Dies betrifft also viele verheiratete Menschen in ihrem Leben irgendwann einmal. Es ist vollkommen normal, dass uns so große Lebensereignisse belasten und bedrücken. Die meisten Menschen geben in solchen Phasen trotzdem alles –und sind umso dankbarer, wenn das Team Verständnis für die persönliche Situation zeigt. Mehr wollen viele Menschen gar nicht. Es geht weder darum, dass das Team die persönlichen Probleme lösen soll, noch dass wir uns auf Kosten anderer plötzlich bequem zurücklehnen möchten. Die größte Erleichterung entsteht meist dadurch, offen über die persönliche Situation sprechen zu können. Dabei müssen wir nicht den ganzen Rosenkrieg auf den Tisch legen, sondern häufig reicht schon ein kleiner Kontext. Das gibt auch den Teammitgliedern die Möglichkeit, das Verhalten der Person besser einzuordnen.

Dazu möchte ich gerne ein persönliches Beispiel teilen: Bei einem früheren Arbeitgeber habe ich meinem Team irgendwann mitgeteilt, dass ich jede Woche zu einer bestimmten Uhrzeit zur Therapie gehe. Zunächst einmal hat mein Team das sehr respektvoll aufgenommen, wofür ich sehr dankbar war. Ich habe mich sicher gefühlt. Was mich aber besonders positiv überrascht hatte, war etwas anderes. Sie haben sich fortan immer bemüht, mir an dem Nachmittag nach meiner Therapiestunde keine Termine mit externen Personen einzustellen – und das, obwohl ich sie nicht explizit darum gebeten hatte. »Wir wissen, wie anstrengend Therapie manchmal sein kann« waren ihre Worte dazu. Dieser Rückhalt war für mich von immensem Wert und ich bin diesem empathischen, unterstützenden Team bis heute dankbar. Mir ist bewusst, dass meine Geschichte ein sehr positives Beispiel ist und es in unserer Arbeitswelt leider oft noch ganz anders zugeht. Was ich aber betonen möchte: Schon kleine Schritte in Richtung Offenheit können etwas in Bewegung setzen und unerwartete Unterstützung hervorbringen.

Wann immer ich mit Betroffenen aus Unternehmen spreche, die den Kolleg:innen ihre Belastungen offen mitgeteilt haben, erzählen sie, dass anschließend weitere Mitarbeitende auf sie zukamen und sich mit ihnen über mentale Gesundheit ausgetauscht haben. Wenn wir also anfangen, über mentale Gesundheit zu sprechen, fällt es anderen Menschen leichter, daran anzuknüpfen. Schon Mikroöffnungen machen etwas aus, beispielsweise indem wir uns mit einer Kollegin über Selbstzweifel vor einem wichtigen Kundentermin austauschen oder einem Kollegen einen Mental Health Artikel weiterleiten, den wir hilfreich fanden. Wir müssen nicht gleich 100% unserer Lebensgeschichte teilen, schon 5% können ein Anfang sein. In der Psychologie nennen wir das selektive Vulnerabilität, also ausgewählte Verletzlichkeit.

Generell liegt hier ein großes Missverständnis vor: Über mentale Gesundheit zu sprechen heißt nicht, ungefiltert alles offenzulegen, was in den dunkelsten Ecken unseres Daseins los ist. Es bedeutet, dass wir unserem Handeln einen aufrichtigen und ungeschminkten Kontext geben. Wenn wir schlecht drauf sind und deshalb unsere Zündschnur etwas kürzer ist als sonst, können wir unseren Kolleg:innen ehrlich sagen, »du, bei mir zu Hause ist gerade viel los – das hat nichts mit dir zu tun, aber ich möchte trotzdem, dass du Bescheid weißt«, statt uns eine fadenscheinige Ausrede zu überlegen. Für unser individuelles Ausmaß an Offenheit gibt es keine strikten Regeln – wir müssen unseren eigenen Weg finden, der sich gut anfühlt. Ich selbst habe lange nur meinem engsten Kreis erzählt, dass ich eine Therapie mache. Mit der Zeit wurden es immer mehr Menschen bis hin zu meinen Kolleg:innen. Ich wollte mich nicht überfordern und es hat sich Schritt für Schritt besser angefühlt. Natürlich waren auch mal überraschte und unverständliche Reaktionen dabei, aber ich fühle mich inzwischen um so viele Tonnen leichter als vorher. Das ist das, was schlussendlich zählt.

Stigmatisierung vor 15 Jahren versus heute: Eine Zeitreise.

Felix Mann, Head of Communications and Marketing Canada, Hitachi Energy

Felix, du hattest einen Burn-out. Was waren die Umstände?

Es war im Jahr 2009, als ich meine erste Führungsposition als Teamleiter Marketing bei einer Berliner Bank antrat. Es war eine spannende Aufgabe mit viel Verantwortung und ambitionierten Zielen. Ich arbeitete oft unzählige Stunden und es gab neben kulturellen Differenzen mit meinem Team auch einige inhaltliche Missverständnisse mit meiner Vorgesetzten, die in Frankfurt arbeitete und alle zwei Wochen für ein paar Tage vorbeikam. Insgesamt war es ein anspruchsvolles und eher konservativ geprägtes Arbeitsumfeld, was den Druck zusätzlich verstärkte. Diese Belastung, immer erreichbar zu sein, 100 % zu geben und meine erste Führungsverantwortung zu übernehmen, führte letztendlich zu meinem Burn-out.

Das Thema war vor 15 Jahren noch deutlich stigmatisierter als heute und besonders für Männer ein Tabu. Was hat dir geholfen, um dir deine Situation offen einzugestehen?

Es war schwierig, mir die Situation einzugestehen, besonders in einem Umfeld, das damals noch stark dazu tendierte, vermeintliche Schwächen als Mangel an Professionalität anzusehen. Man(n) hatte stark zu sein und zu funktionieren. Zu dieser Zeit waren Privat- und Berufsleben noch viel stärker voneinander abgegrenzt – wobei das Berufliche klar im Vordergrund stand. Was mir geholfen hat, war das Gespräch mit einem Kollegen, der mich eines Morgens ganz direkt fragte, ob es mir gut gehe, da ich übermüdet und blass wirke. Dieser externe Impuls war die Initialzündung. Ich habe in dem Moment gedacht, stimmt, mir geht es wirklich seit einigen Wochen nicht gut, und wenn es so offensichtlich ist, dann muss ich jetzt etwas unternehmen. Mir das selbst einzugestehen, dass ich überfordert und in gewissem Maße hilflos war, war der entscheidende Faktor, um voranzukommen.

Was hast du gemacht, als du erkannt hast, dass es so nicht weitergeht?
Als mir klar wurde, dass ich ein Problem hatte, wusste ich, dass ich Unterstützung benötige. Ich hatte plötzlich wieder die Klarheit zu wissen, was zu tun ist. Hier ist ein Problem – wie löse ich das jetzt? Ich wandte mich erst an den zuständigen Vorstand in Berlin und bat um Unterstützung für einen Teamworkshop, um sicherzustellen, dass wir unsere Jahresziele erreichen. Dann suchte ich gemeinsam mit der Personalabteilung einen Coach, mit dem ich offen über meine berufliche Situation (den kulturellen Konflikt mit meinem Team und die kommunikativen Missverständnisse mit meiner Vorgesetzten) sprechen konnte. Gemeinsam skizzierten wir Lösungen, wie die Probleme, die zu meinem Burn-out geführt hatten, gelöst werden können. In diesen Gesprächen gingen wir auch gezielt auf meine mentale Situation ein und wie diese verbessert werden kann.

Wie viel deiner persönlichen Situation hast du damals offen geteilt und warum?
Ich sprach sehr offen und ehrlich mit Freunden, Familie und auch mit einigen vertrauten Kolleg:innen darüber. Das war am Anfang nicht einfach, aber ich merkte schnell, dass es mir guttat. Ich war plötzlich nicht mehr allein mit meinem Problem. In den Gesprächen merkte ich außerdem, dass ich nicht der

Einzige war, der solch eine Erfahrung gemacht hatte. Im Verlauf meines Coachings fiel es mir immer leichter, darüber zu reden – ich fühlte mich gestärkt und setzte mir das Ziel, als Führungskraft dafür zu sorgen, dass keiner meiner Mitarbeitenden jemals einen Burn-out erleidet.

Wie erlebst du die Stigmatisierung heute im Gegensatz zu damals? Hat sich etwas verändert?
Heute wird das Thema viel besser an- und ernst genommen, was sicherlich zu einem großen Teil an der Covid-Pandemie lag. Ich beobachte, dass sich die gesellschaftliche Akzeptanz merklich verbessert hat. Es gibt zwar immer noch Menschen, die das Thema bagatellisieren oder kleinreden, aber insgesamt sind das Bewusstsein und die Akzeptanz für mentale Gesundheit am Arbeitsplatz deutlich gestiegen. Es ist ermutigend zu sehen, dass mehr Menschen offen darüber sprechen und Unterstützung suchen. Daher freue ich mich sehr über dieses Buch und bin froh, mit meinem Erlebnisbericht einen kleinen Beitrag leisten zu können.

Reflexion

- Wenn es dir in der Vergangenheit psychisch mal nicht gut ging, hast du das bei der Arbeit thematisiert? Wenn ja, warst du ehrlich oder hast du »Migräne« oder »schlecht geschlafen« vorgeschoben?
- Wie denkst du über Menschen, die zur Psychotherapie gehen? Welche Assoziationen kommen dir sofort in den Sinn?
- Was wäre eine erste Information, mit der du dich wohlfühlen würdest, sie mit deinen Kolleg:innen zu teilen? Und was traust du dich noch nicht offen zu erzählen?

3.3 Awareness schaffen

Mental Health Awareness bedeutet, ein Bewusstsein für die Relevanz mentaler Gesundheit zu schaffen. Es geht darum, Vorurteile abzubauen, die Kommunikation über mentale Gesundheit zu erleichtern und die entsprechende Sensibilität dafür zu steigern.

Mit Awareness steht und fällt alles. Wir brauchen ein Bewusstsein, um überhaupt ins Handeln zu kommen. Denn was uns nicht bewusst ist, werden wir allenfalls einfach geschehen lassen, können wir aber kaum ändern (► Kap 2.3). Daher gebe ich in den folgenden Kapiteln Impulse aus verschiedenen Bereichen, um mentaler Gesundheit bei der Arbeit endlich einen festen Platz einzuräumen. Zuvor möchte ich kurz auf drei Ebenen eingehen, auf denen wir ein Bewusstsein für mentale Gesundheit aufbauen können: die Mikroebene – wir selbst –, die Mesoebene – unser Zusammensein im Team – und die Makroebene – die Organisation als großes Ganzes.

Mikroebene: deine persönliche Mental Health Awareness. Im vorherigen Abschnitt habe ich unsere Vorurteile und inneren Bilder angesprochen. Du kannst diese Bilder einmal kritisch für dich hinterfragen und überlegen: Wie kann ich ein:e Botschafter:in für mentale Gesundheit werden? Ganz wichtig: Die Auseinandersetzung mit mentaler Gesundheit kann auch leise passieren, denn es gibt verschiedene Formen von Ambassadorship (► Kap. 9.2). Nicht alle Menschen müssen sich laut für mentale Gesundheit einsetzen und das ist okay!

Ich plädiere in diesem Buch zwar häufig dafür, dass wir offener über das Thema sprechen sollten, aber zunächst beginnt Veränderung bei uns, bei dir selbst, ohne dass jemand zuschaut oder zuhört. Du kannst anfangen, dich zu beobachten und erkunden, welche Arbeitstage sich gut und gesund anfühlen und welche echte Energievampire sind. Du kannst experimentieren und schauen, wie sich kleine Veränderungen, zum Beispiel deine Pausengestaltung, auf dein Wohlbefinden auswirken. Du kannst deinen Leistungsanspruch an dich unter die Lupe nehmen, denn du kannst nicht immer 100% geben. All das trägt dazu bei, dass deine Sensoren für mentale Gesundheit geschärft werden.

Mesoebene: Mental Health Awareness im Team. Um direkt mit einem Mythos aufzuräumen: Mental Health Awareness im Team muss nicht übermäßig komplex sein. Schon einfache Methoden, beispielsweise zu Beginn eines Teammeetings ein Check-in mit Ampelsystem, wie es allen Beteiligten an dem Tag geht, können wunderbare Türöffner sein. Denn ihr Befinden sichtbar zu machen, stellt für viele eine Herausforderung dar. Nur wenige können sofort formulieren, wie es ihnen geht. Dem Großteil fehlt entweder die Introspektionsfähigkeit, das Vokabular und/oder der Mut. Deshalb bin ich ein großer Fan von Metaphern. Das Ampelsystem, ein Batterieladestand oder die innere Wetterlage können sehr gute, weil bildliche Check-in-Methoden sein, um die aktuelle (Emotions-)Lage spielerisch in den Arbeitsalltag einzustricken. Ein weiteres schönes Beispiel liefert das britische Unternehmen YuLife, das vor einiger Zeit den Slack-Status »not feeling 100%« eingeführt hat. Ich halte das für eine tolle Möglichkeit, dem Team transparent zu signalisieren: Ich bin da, wenn auch nicht mit vollen Batterien. Schließlich hat jeder Mensch solche Tage. Und vielleicht inspiriert das weitere Personen, ihr Befinden ebenfalls offen zu zeigen. Da dieser sehr große Hebel aber oft noch ungenutzt bleibt, gehe ich auf mentale Gesundheit im Team und weitere Methoden in Kapitel 6.1 näher ein.

Makroebene: Mental Health Awareness im Unternehmen. Genau wie einzelne Mitarbeitende ein stärkeres Bewusstsein für mentale

Gesundheit haben können, kann auch eine ganze Organisation psychische Gesundheit in ihren Werten, Handlungen und strategischen Planungen berücksichtigen. Sichtbarkeit ist dabei alles. Nur was klar sichtbar, hörbar und erlebbar ist, kann sich auch nachhaltig in der Unternehmenskultur verankern. Dazu gehört zum Beispiel, dass Führungskräfte über Gesundheit sprechen (▶ Kap. 8), dass Ressourcen leicht aufzufinden sind (▶ Kap. 7 und 9) und dass Gesundheit sich in allen Phasen des Employee Life Cycle wiederfindet (▶ Kap. 7.3). Der schwierigste Teil ist anzufangen und mutig die ersten Schritte zu gehen. Manchmal sind es passionierte Mitarbeitende, die selbst einen Bezug zum Thema haben. Manchmal erwachsen die ersten Initiativen aus dem Employer Branding, um die Mitarbeitendenbindung und Unternehmensattraktivität zu erhöhen. Manchmal ist es eine engagierte neue Führungskraft, die Dinge anders machen will – alles ist möglich. Besonders in den Kapiteln 7 bis 10 gibt es dazu viele Anregungen.

In den bisherigen Kapiteln gab es viele Impulse, in welchen Bereichen wir mehr Bewusstsein für mentale Gesundheit etablieren müssen. Aber: Für eine gesundheitsorientierte Arbeitskultur reicht Awareness allein nicht aus. Dafür müssen wir ins Handeln kommen. Oft ist nämlich Awareness gar nicht das, was in Unternehmen fehlt, sondern Action. Darauf gehen die folgenden Kapitel ein.

Reflexion

- Welcher Typ Mental Health Botschafter:in bist du? Leise, laut, Neuling oder alter Hase?
- Wo in deinem Team gibt es schon erste oder sogar etablierte Routinen für mentale Gesundheit?
- Wenn du eine Sache in deinem Unternehmen zugunsten deiner mentalen Gesundheit ändern könntest, was wäre das?

04 Prävention

Ein kurzer Check-in zu Beginn eines Meetings oder ein offenes Ohr für eine:n Kolleg:in wirken kleine Wunder – und sie sind kostenlos.

4.1 Verhältnisse schaffen Verhalten

Einer der größten Fehler, den Unternehmen begehen, ist der Versuch, Einfluss auf die Mitarbeitenden zu nehmen statt auf die Bedingungen, unter denen gearbeitet wird. Frei nach dem fälschlichen Motto: »Change the worker, not the workplace.« So kommt es zu einem Resilienztraining hier, einem Yogakurs da – und letztendlich wundern sich alle, warum sie sich nicht besser fühlen. Genau da liegt der Knackpunkt: Verhältnisse schaffen Verhalten. Jemand kann nur gesundheitsbewusst arbeiten, wenn die Rahmenbedingungen dafür gegeben sind. Wenn die Arbeitsbelastung astronomisch hoch ist, wird niemand das durch einen wöchentlichen Yogakurs wegatmen können. Keine Frage, diese Angebote haben ihre Daseinsberechtigung, aber um eine langfristig gesundheitsförderliche Kultur zu entwickeln, müssen wir für gesundheitsbewusstes Verhalten und auf Gesundheit ausgerichtete Verhältnisse sorgen. Das Zusammenspiel aus Verhaltens- und Verhältnisprävention können wir uns wie ein Haus vorstellen: Verhältnisprävention ist das Grundgerüst mitsamt Grundriss, Fenstern und Türen. Verhaltensprävention hingegen ist alles, was wir in dieses Haus reinstellen und wie wir uns darin bewegen können. Wenn die Räume großzügig gestaltet sind und viel Licht einfällt, können wir uns darin besser bewegen als in kleinen, dunklen Zimmern.

Übertragen auf die Arbeitswelt bedeutet das:

- **Verhaltensprävention.** Verhaltenspräventive Maßnahmen zielen auf die Veränderung des individuellen Verhaltens und die persönlichen Entscheidungen einer Person ab. Verhaltensprävention möchte gesundheitsfördernde Verhaltensweisen steigern und gesundheitsschädigende Verhaltensweisen reduzieren. Typischerweise werden dafür Workshops, Aufklärungsprogramme oder Beratung eingesetzt. Das können beispielsweise Yogakurse, Stressmanagementtrainings oder Apps sein, bei denen Mitarbeitende sich individuell aussuchen können, was sie nutzen möchten.
- **Verhältnisprävention.** Verhältnisprävention konzentriert sich darauf, das Arbeitsumfeld und die Arbeitsbedingungen so zu verändern, dass gesundheitsförderliches Verhalten möglich(er) wird. Hier sprechen wir in Unternehmen vor allem über die Führungskultur (z. B.: Unterstützt die Führungskraft mich, wenn ich gesunde Grenzen setze?), die gelebten Werte (z. B.: Heißt krank wirklich krank?), Flexibilität (z. B.: Habe ich Freiräume in der Gestaltung meiner Arbeitszeit?) und strukturelle Unterstützung in Bezug auf Gesundheit (z. B.: Bekomme ich nach langer Erkrankung Support, um mich langsam wieder einzufinden?).

So weit, so gut. Nun sieht die Praxis aber häufig anders aus als die Theorie. Daher werfen wir einen Blick in den Alltag. Oft kommen unglaublich engagierte Mitarbeitende auf mich zu, meist aus der HR-Abteilung oder dem Betrieblichen Gesundheitsmanagement. Sie haben bereits eine Vielzahl an verhaltenspräventiven Initiativen mit Herzblut umgesetzt und halten ihre Motivation trotz knapper Ressourcen hoch. Wenn wir ins Gespräch kommen, fällt immer wieder auf, dass es nicht an Angeboten oder Maßnahmen hapert, sondern beispielsweise daran, dass die Teilnahmequote gering ist. Für folgende typische Probleme möchte ich zugleich Lösungsvorschläge anbieten:

Es nehmen nur diejenigen an den Angeboten teil, die ohnehin ein großes Interesse an Gesundheit haben. Ein Großteil der Teilnehmenden bei Initiativen wie Gesundheitstagen oder speziellen Trainings sind oft »Mental Health Lovers«, also Menschen, die von sich aus am Thema interessiert sind und Vorerfahrungen mit dem Thema haben. Um auch weniger engagierte Mitarbeitende zu erreichen, gibt es zwei Ansatzpunkte. Zum einen lohnt es sich durchaus, die Kommunikationswege entsprechender Initiativen anzuschauen und kritisch zu überprüfen, ob zum Beispiel Veranstaltungsankündigungen auch wirklich alle erreichen. Eine Ankündigungs-E-Mail geht schnell mal im übervollen Postfach unter, sodass es manchmal andere Kanäle braucht. Ein Kunde von mir hatte ganz klassisch im gesamten Firmengebäude Ankündigungsposter meiner Keynote aufgehängt. Das Ergebnis war, dass wir viel mehr Teilnehmende hatten, als es sonst für ihre Veranstaltungen üblich war. Die zweite, etwas rabiatere Lösung ist, entsprechende Veranstaltungen zur Pflicht zu machen. Insbesondere bei Führungskräftetrainings empfehle ich das unbedingt (► Kap. 8.3). Was darüber hinaus häufig unterschätzt wird, ist die Wirkung der Teilnehmenden als Multiplikator:innen. Jede Person, die an solchen Veranstaltungen teilnimmt und sich mit mentaler Gesundheit auseinandersetzt, wird entsprechende Impulse in ihre Arbeit einfließen lassen und damit perspektivisch die Kolleg:innen beeinflussen. Diejenigen, die ohnehin ein großes Interesse haben und ihre Rolle sehr engagiert ausfüllen, fungieren also immer als Leuchttürme, die man insbesondere für formelle Multiplikator:innenprogramme wie Mental Health First Aid gewinnen kann (► Kap. 9.2).

Es fehlt der Rückenwind durch das C-Level, den Vorstand oder andere Entscheider:innen. Dies ist ein typisches Problem, weil mentaler Gesundheit gemessen an anderen Businessthemen wenig Priorität eingeräumt wird. Hier sind zwei Dinge wichtig. Zum einen, dass man dranbleibt. Nur weil ein Vorschlag einmal abgelehnt wurde, muss das Thema nicht für immer vom Tisch sein – der stete Tropfen höhlt den Stein. Zum anderen ist eine Stakeholderanalyse nützlich. Welche Person im Unternehmen ist vielleicht nicht im C-Level, hat aber dennoch einen hohen Einfluss und potenziell Interesse am Thema? Wer stellt die Weichen für Ressourcen wie Zeit, Geld und Personal und wie können wir diese Person überzeugen? Welche Quick Wins müssten wir vorweisen, um bei relevanten Stakeholdern Interesse zu wecken? Gerade Führungskräfte unterschätzen ihr Potenzial, das Thema aktiv in den höheren Etagen einzufordern (► Kap 8.2).

Es werden allerlei Programme angeboten, aber sie werden nicht genutzt. Hier müssen wir definitiv auf Spurensuche gehen, um die Gründe besser zu verstehen. In den meisten Fällen ist es so, dass nur wenige Mitarbeitende überhaupt von den Angeboten wissen, weil die Informationen irgendwo in den Untiefen des Intranets verbuddelt liegen, wo man Zugang beispielsweise zu psychologischem Support durch EAP-Systeme bekommt und wie man Arbeitsmediziner:innen oder -psycholog:innen erreicht. Andere Gründe können die Qualität des Angebots sein, eine fehlende Passung zwischen den Angeboten und den Bedürfnissen der Mitarbeitenden oder Zweifel bezüglich Anonymität und Vertraulichkeit des Angebots. Letzteres ist vor allem bei internen arbeitspsychologischen Beratungsangeboten der Fall. Diese Bedenken sollten unbedingt gut sichtbar adressiert werden, damit Vertrauen aufgebaut werden kann. Außerdem lohnt es sich, Multiplikator:innen zu gewinnen, denn Menschen folgen Menschen. Wenn eine Führungskraft davon erzählt, dass sie zum Gesundheitstag geht oder ein Angebot genutzt hat, hat das einen weitaus größeren Wert als sämtliche E-Mails.

Die wirtschaftliche Lage erlaubt es kaum, in Prävention zu investieren. Geld ist in Unternehmen immer ein Thema und stellt wesentliche Weichen. Jedoch braucht Prävention nicht immer große Geldtöpfe und riesige Gesundheitsmanagement-Teams. Sehr viel lässt sich schon durch die strukturelle Gestaltung erreichen. Beispielsweise wirken sich Flexibilität, Selbstbestimmung, feste Arbeitsverträge oder die Möglichkeit zur persönlichen Weiterentwicklung viel stärker auf das Wohlbefinden aus als große angelegte Trainings.[42] Was nicht heißt, dass Trainings oder Workshops überflüssig sind, sondern dass die strukturellen Arbeitsbedingungen stimmen müssen, bevor andere Maßnahmen vollumfänglich wirksam sein können – denn Verhältnisse schaffen Verhalten. Darüber hinaus können wir uns jederzeit auch im kleineren Rahmen für informelle Prävention engagieren. Ein kurzer Check-in zu Beginn eines Meetings oder ein offenes Ohr für eine:n Kolleg:in wirken kleine Wunder – und sie sind kostenlos.

Von reaktiver zu proaktiver Gesundheitsförderung

Es gibt drei verschiedene Formen von Prävention mit unterschiedlichen Kernaktivitäten und Zielen.

- **Primärprävention: Mentale Gesundheit schützen & fördern.** Primärprävention zielt auf den Erhalt und die proaktive Förderung mentaler Gesundheit ab. Sie richtet sich an alle Mitarbeitenden und möchte der Entstehung psychischer Belastungen vorbeugen. Typische Mittel sind Stressmanagement-Trainings, Meditationsapps und Angebote aus der körperlichen Gesundheitsförderung wie Rückenschule oder Ernährungsberatung.
- **Sekundärprävention: Früherkennung & schnelle Hilfe.** Sekundärprävention setzt im frühen Stadium von Belastungen an, oftmals bevor wir uns selbst eingestehen, dass wir psychisch belastet sind. Hier ist das Ziel, einer Überstrapazierung frühzeitig entgegenzuwirken und die vollumfängliche Entstehung einer psychischen Erkrankung zu verhindern. Das kann zum Beispiel umgesetzt werden, indem Führungskräfte für mentale Gesundheit trainiert oder hoch belastete Kolleg:innen oder Teams durch Umfragen gezielt identifiziert werden.
- **Tertiärprävention: Krankheitsfolgen mildern & Rückfälle verhindern.** Tertiärprävention richtet sich an die Mitarbeitenden, die bereits psychisch erkrankt sind. Hier ist das Ziel, eine gute Passung zwischen der Erkrankung und den Arbeitsbedingungen zu

finden und potenzielle Rückfälle zu verhindern. In Unternehmen gibt es hierfür oft strukturierte Programme zur Wiedereingliederung wie das Hamburger Modell oder die Gestaltung eines erkrankungsgerechten Arbeitsplatzes.

Bis heute habe Unternehmen traditionellerweise ein eher reaktives Gesundheitsverständnis und setzen damit erst in der Tertiärprävention an. Sie reagieren, wenn jemand bereits krank ist, beispielsweise indem sie mit Betroffenen die Rückkehr an den Arbeitsplatz besprechen. Was proaktive Gesundheitsförderung im Rahmen von Primärprävention angeht, tut sich erfreulicherweise inzwischen auch einiges. Viele Unternehmen bieten Ressourcen wie Apps an. Die größte Baustelle liegt meiner Ansicht nach in der Sekundärprävention, die noch viel zu stiefmütterlich behandelt wird. Angesichts des Dienstleistungswachstums werden Unternehmen zwar immer umtriebiger im Bereich der Primärprävention, aber in der Früherkennung klafft noch eine große Lücke. Hier sehe ich den größten Aufholbedarf, wenn wir gesunde und zukunftsfähige Unternehmen schaffen wollen.

Denn psychische Belastungen wird es immer wieder geben – die Frage ist nur, wie schnell wir sie erkennen und wie gut wir gegensteuern können. Deloitte UK hat 2022 in einem Bericht dazu sehr deutlich auf die finanziellen Vorteile früher Maßnahmen hingewiesen.[43] Während primärpräventive Maßnahmen einen durchschnittlichen Return on Invest (ROI)[4] von 5,7 Pfund je investierten Pfund bringen und auch sekundärpräventive Maßnahmen einen hohen ROI von 5,2 Pfund aufweisen, liegt der ROI bei reaktiven Maßnahmen aus der Tertiärprävention nur noch bei durchschnittlich 3,4 Pfund. Der ROI sinkt also, je fortgeschrittener psychische Belastungen sind. Daraus lassen sich zwei Botschaften ableiten. Zum einen ist der Einfluss von Vorsorge und Früherkennung weitaus höher als der von reaktiver Gesundheitsförderung. Zum anderen lohnt sich Prävention immer, egal in welchem Belastungsstadium wir ansetzen wollen. Selbst wenn wir »nur« Tertiärprävention machen, erzielen wir damit immer noch einen positiven ROI.

Unser Gesundheitsverständnis am Arbeitsplatz braucht also einen Paradigmenwechsel. Statt erst dann anzusetzen, wenn wir krank sind, müssen wir uns vielmehr darum bemühen, gesund zu bleiben. Gute Mental Health Arbeit in Unternehmen deckt alle drei Präventionsformen ab, insbesondere (!) den Bereich der Früherkennung. Es kann einen großen Unterschied machen, wenn eine Führungskraft einem belasteten Teammitglied schnell zur Seite steht und frühzeitig die richtigen Ressourcen zur Hand hat. Davon profitiert nicht nur das Unternehmen, sondern in erster Linie die Menschen. Niemand sollte Beschwerden unnötig lange für sich behalten und verschleppen müssen. Bei jedem körperlichen Problem würden wir das genauso sehen – dieses Selbstverständnis dürfen wir endlich auch für mentale Gesundheit entwickeln.

---

4 Der Return on Investment (ROI) misst die Rentabilität einer Investition. Ein positiver ROI bedeutet, dass die Investition sich bezahlt gemacht hat, sprich profitabel ist.

Checkliste: Welche Präventionsformen gibt es in unserem Unternehmen?

Primärprävention: Mentale Gesundheit schützen & fördern

- ☐ Onlineressourcen wie Lernprogramme, Videos und andere Medien
- ☐ Apps (z. B. Meditation, Gewohnheiten)
- ☐ Yogakurse und Fitnessangebote
- ☐ Gesundheitsevents oder -tage
- ☐ Gesundheitsförderliche Arbeitsbedingungen wie Flexibilität

Sekundärprävention: Früherkennung & schnelle Hilfe

- ☐ Onlineressourcen wie Lernprogramme, Videos und andere Medien
- ☐ Strukturierte Führungskräfteprogramme zur Entwicklung von Mental Health Skills
- ☐ Strukturierte HR-Programme zur Entwicklung von Mental Health Skills
- ☐ Regelmäßige Umfragen und Screenings zur Früherkennung von Stress und Belastungen
- ☐ Interne Hilfe durch Mental Health First Aiders, Gesundheitsbeauftragte, Arbeitspsycholog:innen, Arbeitsmediziner:innen etc.
- ☐ Externe niedrigschwellige und anonyme Beratungsangebote wie Employee Assistance Programs

Tertiärprävention: Krankheitsfolgen mildern & Rückfälle verhindern

- ☐ Strukturierte Wiedereingliederungsprogramme
- ☐ Vernetzung mit lokalen externen Hilfestellen
- ☐ Möglichkeiten zu erkrankungsgerechtem Arbeiten und flexible Regelungen

- ☐ Peersupport durch interne Netzwerke
- ☐ Externe niedrigschwellige und anonyme Beratungsangebote wie Employee Assistance Programs

Insgesamt gelten für Prävention drei Regeln:
Einfach. Prävention muss niederschwellig zugänglich sein und anonymen Zugang ermöglichen, weil mentale Gesundheitsthemen immer noch sehr schambehaftet sind.
Sichtbar. Angebote müssen transparent platziert und kommuniziert werden. Je mehr unterschiedliche Kanäle wir nutzen und je deutlicher wir auf Angebote hinweisen, desto eher werden sie akzeptiert.
Strukturell. Die beste Prävention ist und bleibt eine positive, menschenzentrierte und wertschätzende Arbeitskultur, in der strukturelle Faktoren wie Flexibilität, Arbeitsplatzsicherheit, Selbstbestimmung oder persönliche Weiterentwicklung einen festen Platz haben.

Reflexion

- Was würde deinen Arbeitsalltag wirklich gesünder machen? Ist es ein spezielles Angebot oder sind es eher strukturelle Bedingungen wie Flexibilität oder der Führungsstil deiner Führungskraft?
- Kennst du die Gesundheitsangebote deines Unternehmens?
- Nutzt du Gesundheitsangebote deines Unternehmens? Wenn nein, hast du den zuständigen Personen Feedback gegeben, warum du es nicht tust?

4.2 Self Care & Common Care – Katalysatoren für Gesundheit

Mentale Gesundheit fängt bei uns selbst an – aber hört dort nicht auf. In unserer westlichen, individualistisch geprägten Kultur glauben wir, die Verantwortung für unsere mentale Gesundheit läge allein in unserer Hand. Dabei hat auch unser Umfeld einen großen Einfluss darauf, wie gesund wir arbeiten können. Unsere Kolleg:innen spielen eine entscheidende Rolle für unser Wohlbefinden – sie können uns tief runterziehen oder fest stützen. Mentale Gesundheit besteht nicht nur aus guter Self Care, sondern braucht unbedingt auch Common Care: das Gefühl, von der Gemeinschaft durch Stress und Krisen getragen zu werden, auf offene Ohren zu stoßen, wenn man Dampf ablassen muss oder sich auf das kollektive Frühwarnsystem verlassen zu können, wenn wir in To-dos versinken und eine Pause brauchen.

Frage dich einmal: Was ist das, was dich bei deinem Arbeitgeber hält – oder vor deiner Kündigung gehalten hat? Häufig sind es nicht das Gehalt oder die Aufgaben, sondern die Menschen, die eine Person an ein Unternehmen binden. Feste und tragfähige Beziehungen sind ein echter Gamechanger für unsere mentale Gesundheit. Wir verbringen oft mehr Zeit mit unseren Kolleg:innen als mit unserem Partner oder unserer Partnerin. Deshalb müssen wir neben guter Selbstfürsorge auch ein gemeinsames Fürsorgeverständnis entwickeln.

Self Care

Schauen wir erst einmal uns selbst an. Wie können wir unsere mentale Gesundheit im Arbeitsalltag stärken? Damit das wirklich gelingt, müssen wir mentale Gesundheit gnadenlos langfristig denken. Was brauche ich, um gesund arbeiten zu können? Oft wollen wir auf vermeintlich schnelle Abhilfe setzen, dabei liegt der Schlüssel woanders.

Quick Fixes, die keine sind:

- **Mach doch mal wieder Urlaub!** Erholungsurlaub ist wichtig, keine Frage. Aber Urlaub heilt keine psychischen Belastungen, geschweige denn psychische Erkrankungen. Es kann zwar Fälle geben, in denen es sinnvoll ist, zeitweise Abstand von der Arbeit zu bekommen. Nur sollte niemals etwas als Urlaub deklariert werden, wenn es eigentlich um die Genesung einer psychische Erkrankung geht. Wer wegen einer psychischen Erkrankung nicht arbeiten kann, braucht professionelle Behandlung und keinen Urlaub.
- **Wenn das Projekt vorbei ist, dann wird es wieder ruhiger.** Ein Klassiker: Wir schrubben Wochen um Wochen Überstunden, verausgaben uns und hoffen auf den erlösenden Tag X. Nach Projektabschluss wird es dann zwar ein paar Tage ruhiger, aber dann flattern bereits die nächstes To-dos oder das nächste Großprojekt herein. Unser Stress hat dabei in der Regel nicht nur mit den von außen auferlegten Aufgaben zu tun, sondern vor allem mit unserer inneren Neigung zu Verausgabung. Ein Satz, den ich während meiner psychotherapeutischen Arbeit immer wieder hörte: »Ich gebe jetzt in meinen Dreißigern Gas, damit ich mich später zurücklehnen kann.« Das ist eine Illusion – Menschen, die heute ständig über ihre Energieressourcen gehen, werden das mit hoher Wahrscheinlichkeit auch in Zukunft tun. Denn vor allem ihnen schenkt Arbeit Anerkennung, Geltung und Erfolg und zahlt damit auf unbewusste Glaubenssätze und Bedürfnisse ein, die gefüttert werden wollen (▶ Kap. 2.2). Die Lösung liegt also nicht

darin, dass wir immer wieder auf die nächsten ruhigen Tage warten, sondern darin, ein Muster zu erkennen, das auf ungesunden Antreibern beruht – und diese dann durch gesunde zu ersetzen.

Long Fixes, die wirksam sind:

- **Du bist mehr als deine Arbeit.** Viele Menschen identifizieren sich sehr stark mit ihrer Arbeit. Wenn man sich die laufende Purpose-Debatte anschaut, könnte man auch glauben, es müsse so sein: Arbeit braucht stets einen Sinn, damit wir sie intrinsisch motiviert machen. Tatsächlich ist es ein großes Geschenk, Sinn in unserer Arbeit zu sehen. Das birgt aber auch eine Gefahr. Wir überidentifizieren uns mit unserer Arbeit, weil sie uns so dermaßen sinnhaft und wertvoll erscheint, dass wir sie kaum noch sein lassen können. Das erzeugt ein Spannungsfeld, weil unsere Werte so eng mit unserer Tätigkeit verbunden sind, dass es sich wie Verrat anfühlen würde, Arbeit auch mal Arbeit sein zu lassen. Insbesondere in der Nachhaltigkeitsbranche oder dem Gesundheitssektor ist das oft der Fall. Wenn wir dann liebevoll fragen, »Wer bist du, wenn du nicht arbeitest?«, bleibt oft nicht viel übrig.

Deshalb sollte Arbeit immer nur einer von vielen Aspekten im Leben sein, die uns tragen. Nach dem Lebens-Balance-Modell von Nossrat Peseschkian[44] haben wir vier Säulen im Leben: Leistung & Beruf, Beziehungen & Familie, Körper & Gesundheit, Sinn & Werte. Um gesund zu arbeiten, müssen wir all diese Bereiche gleichmäßig nähren.

- **Echte Erholung.** Wann hast du dich das letzte Mal so richtig erholt gefühlt? Echte Erholung darf nicht nur im Urlaub aufkommen, sondern muss im Alltag einen festen Platz haben. Die Fähigkeit runterzufahren und zu regenerieren, ist in unserer schnelllebigen Welt zu einem echten Luxusgut geworden. Als es noch keine Handys und Internet gab, haben wir – einfach oder notgedrungen – eine Pause gemacht. Mittags war nichts los und die Ablenkungen deutlich geringer. Inzwischen sieht das anders aus. Viele Dinge fordern unsere ständige Aufmerksamkeit und wir müssen selbst dafür sorgen, eine wirksame Pause zu machen: Handy weglegen, Computer ausmachen, Reizüberflutung stoppen und dem Geist Zeit zum Durchatmen geben. Das müssen wir trainieren wie einen Muskel.
- **Unser Körper ist für uns, nicht gegen uns.** Wann immer ich Workshops zum Thema Stressmanagement gebe, nenne ich ein Thema: Unser Körper sendet uns schon sehr früh Signale, wenn er gestresst, ausgelaugt oder überfordert ist. Typische psychosomatische Symptome sind zum Beispiel Schmerzen, Schlafprobleme, Verdauungsprobleme oder Veränderungen der Haut. Dabei ist nicht jedes Signal Grund zu großer Sorge. Aber je stärker, belastender und lang anhaltender die Symptome, desto hellhöriger sollten wir sein. Leider sind wir mit der Zeit sehr gut darin geworden, diese Signale zu ignorieren. Dabei ist unser Körper immer für uns, nicht gegen uns. Um langfristig gesund zu arbeiten, dürfen wir die Anzeichen unseres Körpers (wieder) erkennen und ernst nehmen. Unser Körper ist das beste und akkurateste Frühwarnsystem, das wir haben. Also sollten wir es nutzen, nicht ignorieren.

- **Dirty Thirty.** Kennst du diese Tage mit perfekt geplantem Kalender – und dann passieren lauter ungeplante Sachen, die alles zerschießen? Einer der häufigsten Fehler, dem ich beim Thema Zeitmanagement begegne, ist, die fehlende Pufferzeit für »Frisselfrassel« einzuplanen. Damit meine ich all die Dinge, die uns tagtäglich überraschen, obwohl – oder gerade weil – sie nicht im Kalender stehen. Der Drucker ist kaputt, ein unerwarteter Anruf kommt rein, eine Mail muss doch schon heute raus und all die anderen plötzlichen kleinen Feuer, die gelöscht werden wollen. Die Dirty-Thirty-Regel: Wir sollten jeden Tag ca. 30% Pufferzeit für genau diese Tätigkeiten reservieren. Ja, richtig gelesen, 30%! Denn das ist die Zeit, die uns fehlt und rotieren lässt, weil wir sie nicht eingeplant haben. Es ist die Zeit, die wir von unserer Pause abzwacken, weil wir uns unerwartet um etwas kümmern müssen. Und es ist die Zeit, von der wir uns am Ende des Tages wünschen, sie gehabt zu haben. Ohne diesen Puffer haben wir am Ende des Tages unsere Vorhaben nicht geschafft. Es entsteht viel innerer Druck, alles Liegengebliebene am nächsten Tag erledigen zu wollen – und schwupp, schon hängen wir in einer Endlosschleife.

Gesunde Grenzen: Wie können wir Arbeit einfach Arbeit sein lassen?

Dr. Neşe Oktay-Gür, Psychologin

Die moderne Arbeitswelt bietet zweifellos zahlreiche Vorzüge, die unseren Arbeitsalltag erleichtern. Technologische Fortschritte, die Globalisierung und flexible Arbeitsmodelle tragen dazu bei, unsere Effizienz zu steigern. Doch diese Aspekte haben auch eine Kehrseite: Sie verleiten uns dazu, in der Hektik des modernen Lebens unsere eigenen Grenzen zu überschreiten.

Um Arbeit einfach Arbeit sein zu lassen, sind folgende fünf Schritte hilfreich:

1. **Stellenwert der Arbeit.** Reflektiere über deine Werte im Leben. Welchen Stellenwert hat Arbeit? Welche weiteren Lebensbereiche sind dir wichtig? Diese Klarheit hilft dir, eine gute Balance zu finden.
2. **Realitätscheck.** Sei ehrlich zu dir selbst und überlege, welche Auswirkungen es hat, wenn du immer nur an die Arbeit denkst, dich nicht ausruhen kannst, möglicherweise schlecht schläfst, deine sozialen Kontakte vernachlässigst, deinen Hobbys nicht mehr nachgehst und nicht zur Ruhe kommst.
3. **Klarheit schaffen.** Lege zeitliche und örtliche Grenzen fest – ganz gleich ob du acht Stunden am Stück oder drei am Vormittag, zwei am Nachmittag und drei weitere am Abend arbeitest, ob du ins Büro fährst, zum Co-Working-Space gehst oder im Homeoffice bist.
4. **Hilfsmittel nutzen.** Schalte außerhalb der Arbeitszeiten Benachrichtigungen aus und nutze Tools, um deine Erreichbarkeit einzuschränken.
5. **Rituale etablieren.** Führe feste Antritts- und Abschiedsrituale ein, um den Übergang zwischen Arbeit und Freizeit zu erleichtern und sicherzustellen, dass du abschalten kannst. Damit ist eine relativ feste Abfolge an Tätigkeiten gemeint, die den Übergang markieren. Ein Antrittsritual kann sein, dass du deinen Laptop hochfährst, dir währenddessen einen Kaffee machst und als erstes deinen Kalender für den Tag checkst. Als Abschiedsritual könntest du den Laptop herunterfahren, die letzten To-Dos aufschreiben und deinen Arbeitsplatz aufräumen.

Grenzen sind ein wunderbares Mittel, um uns zu schützen.

Manchmal haben wir einfach keine Lust

Für unsere mentale Gesundheit zu sorgen, kann manchmal verdammt anstrengend sein. Besonders dann, wenn wir eine nicht endende To-do-Liste vor uns haben, der innere Druck hoch ist und wir uns einfach nicht davon freimachen können, alles schaffen zu wollen. Und das verstehe ich. Manchmal grätscht trotz der gesündesten Routine und besten Planung das Leben rein. Dann noch »obendrauf« für unsere mentale Gesundheit zu sorgen, erscheint uns in dem Moment lästig. An manchen Tagen sind wir einfach nur froh, irgendwie durchgekommen zu sein. Dann sind wir erleichtert, dass wir *nicht* gefragt wurden, wie es uns gerade geht, sondern wir schlicht unser Zeug erledigen konnten. Es ist okay, dass wir gelegentlich weggucken und uns stoisch durch unseren Aufgabenberg wursteln. Aber: Wenn sich viele solcher Tage zu einer Phase zusammentun, muss uns das ein Warnsignal sein und wir sollten etwas ändern oder uns Unterstützung holen. Gesundheit kann sich zwar anfühlen wie ein zusätzlicher Teilzeitjob, der aufwendig ist, aber insgeheim wissen wir, dass wir ihn brauchen. Es ist manchmal anstrengend, aber es zahlt sich aus.

Common Care

Wir verstecken unser Seelenleben ständig in der Hoffnung, nicht entdeckt zu werden. Wir glauben, unsere psychische Gesundheit sei etwas, womit wir ganz allein klarkommen sollten. Das ist absurd. Und es verstärkt die Stigmatisierung und unser Leid. Aus der Wissenschaft wissen wir schon lange, dass Einsamkeit bis heute ein toxischer Treiber für psychische Erkrankungen ist[45] und Menschen ohne soziales Netz eine schlechtere Gesundheitsprognose haben[46]. Dabei sind wir Herdentiere, auch bei der Arbeit. Ellenbogen, Rückzug und Isolation sind Gift für uns. Gemeinschaft und Zugehörigkeit hingegen sind echte Katalysatoren für Zufriedenheit und auch für Unternehmenserfolg. Eine gesunde Belegschaft braucht Verbindung, nicht Isolation.

Mentale Gesundheit muss eine kollektive Aufgabe werden und ein fester Bestandteil unseres Miteinanders sein. Die Gemeinschaft ist das, was am Ende den Unterschied machen kann: Gesundheit findet da statt, wo wir füreinander da sind, uns unterstützen und uns verstanden und gehört fühlen. Gemeinsame Fürsorge – Common Care – wird in Zeiten von Unsicherheit und Krisen immer mehr zum Airbag für unsere mentale Gesundheit werden. Drei Formen sozialer Unterstützung können wir für uns nutzen:

- **Emotionale Unterstützung.** Dies meint alles, was uns dabei hilft, mit unseren Gefühlen umzugehen. Das kann zum Beispiel unser Kollege mit einem offenen Ohr sein, der Verständnis für eine Situation zeigt.
- **Instrumentelle Unterstützung.** Das sind all die praktischen Hilfen, die wir im Alltag brauchen. Sei es das Reparieren des kaputten

Druckers, die Einarbeitung in ein neues Programm oder die Kollegin, die uns bei den letzten Feinschliffen für eine Präsentation zur Hand geht.
- **Informationelle Unterstützung.** Hiermit sind gute Ratschläge und unterstützende Informationen gemeint, beispielsweise die Perspektive eines Kollegen, wenn es um eine große Entscheidung geht.

Wenn wir von einsamer Self Care zu gemeinsamer Common Care kommen, entfalten sich völlig neue Potenziale. Im Team hat kollektive Fürsorge einige entscheidende Vorteile:
- **Spotting the signs.** Manchmal erkennen andere Menschen schneller als wir selbst, dass wir gerade in die totale Überlastung schlittern. Eine Kollegin darauf anzusprechen, kann viele Tage Leid ersparen.
- **Einen gesunden Mikrokosmos schaffen.** Die eigene Geschichte zu teilen, Gefühle zu zeigen oder gesunde Grenzen zu ziehen, strahlt auf andere aus. Auch wenn ein Unternehmen noch nicht viel im Bereich mentale Gesundheit tut, haben wir in unserem Team-Mikrokosmos die Chance, unsere Haltung gegenüber mentaler Gesundheit mitzugestalten. Damit übernehmen wir Verantwortung für die Arbeitskultur, in der wir tagtäglich arbeiten.
- **Grenzen-Cheerleading:** Gesunde Selbstfürsorge beinhaltet immer, dass wir Grenzen setzen. Diese Grenzen können aber nur fruchten, wenn sie vom Umfeld respektiert werden. Wenn sich jemand bei uns bedankt, weil wir unsere Belastungsgrenzen frühzeitig kommuniziert haben oder bestärkende Worte dafür bekommen, während der Arbeitszeit den Yogakurs des Unternehmens besucht zu haben, bestärken wir gemeinsam unsere Mental Health Bemühungen und damit ein gesundes Miteinander.
- **Verbindung stärken.** Wir identifizieren uns mit Menschen, die Ähnliches erlebt haben wie wir. Wir merken sofort, wenn jemand sich ehrlich und ungeschminkt zeigt und schätzen das. Durch

Offenheit und Authentizität verbinden wir uns gegenseitig immer wieder mit unserer menschlichen Seite, statt nur mit der beruflichen Seite zu interagieren. So entsteht ein Gefühl von Gemeinschaft und echter Verbundenheit.

Machen wir jetzt etwa Gruppentherapie?

Manche Themen können zwar bei der Arbeit platziert (»Bei mir ist privat gerade viel los«), aber dort nicht bearbeitet werden. Ein offener Austausch im Team und eine empathische Führungskraft kann keine Therapie ersetzen und soll es auch nicht. Viele sind grundsätzlich der Ansicht, dass persönliche Themen bei der Arbeit nichts zu suchen hätten. Einige fürchten, dass Meetings durch die Thematisierung des persönlichen Wohlbefindens plötzlich zu einer Entgleisung in Richtung Gruppentherapie werden könnten. In der Realität geht es aber viel mehr um eine Sensibilisierung dafür, dass wir alle eine Psyche haben und dafür einen adäquaten Rahmen schaffen sollten, zum Beispiel in Form von Check-ins (▶ Kap. 6.1). Solche Formate haben einen klaren Anfang und ein klares Ende, was vielen Teams den Einstieg in das Thema mentale Gesundheit erleichtert.

Es gibt dennoch immer Menschen, die sagen, sie wollen sich bei der Arbeit nicht mit Mental Health auseinandersetzen. Sie ziehen deutliche Grenzen und möchten im Berufskontext nichts Persönliches teilen. Auch das ist okay. Dennoch möchte ich an dieser Stelle mit einem weiteren Mythos aufzuräumen: Persönliches muss nicht gleich Privates sein. Persönliche Geschichten geben Menschen mehr Kontur, sie zeigen uns mehr vom Charakter, den Interessen und der Lebensrealität einer Person. Wir können zum Beispiel davon erzählen, wie gut Sport uns tut und warum uns das durch den Alltag trägt (= persönlich), während Berichte über intime Beziehungsangelegenheiten das Team schnell überfordern können (= privat). Wie viel Persönliches wir teilen, ist uns selbst überlassen. Die Grenzen anderer zu respektieren, gehört jedoch unbedingt dazu. Wenn eine Kollegin sagt, sie möchte keine persönlichen Informationen teilen, ist das in

Ordnung. Nicht in Ordnung ist, über die Aussagen anderer herzuziehen, stigmatisierende Kommentare von sich zu geben oder andere mit nonverbalen Signalen wie Augenrollen abzuwerten. Das kann ein fürsorgliches Miteinander schnell torpedieren.

Auch wenn einige Menschen sich nicht zu Themen außerhalb des Arbeitskontextes äußern möchten, sollten wir diesen Austausch nicht kategorisch aus unseren Gesprächen streichen. Vielmehr geht es darum, wohlwollend dabeizubleiben und Interesse an anderen Personen zu zeigen (▶ Kap. 3.2). Später kann das zu einem echten Türöffner werden: Der soziale Airbag, in den wir uns fallen lassen können, wenn doch irgendwann der Schuh drückt, ist unersetzbar. Gerade die Menschen, die immer leise waren und sich kaum mit mentaler Gesundheit bei der Arbeit beschäftigt haben, brauchen diesen sicheren Raum dann erst recht. Common Care heißt, eine Kultur der gegenseitigen Fürsorge und Unterstützung zu schaffen. Es ist wunderbar, wenn wir sie nicht in Anspruch nehmen müssen – aber sie ist unendlich kostbar, wenn wir sie brauchen.

Reflexion

- Wer bist du, wenn du nicht arbeitest?
- Wie viel Halt geben dir welche Säulen im Leben? Welche sind dünner, welche sind dicker?
- Von wem in deinem Arbeitsumfeld bekommst du emotionale, instrumentelle und informationelle Unterstützung? Hast du für alle drei jemanden an deiner Seite?
- Hast du das Gefühl, dass ihr im Team gut füreinander sorgt? Wenn nein, was fehlt euch dafür?

4.3 Resilienz – Was uns wirklich schützt

»Eva, können wir deinen Vortrag nicht irgendwie anders nennen? Irgendwas mit Resilienz?« Kaum ein Wort ist zu so einem sexy Deckmantelbegriff geworden. Er ist damit einer meiner Favoriten für die Trophäe der Modewörter unserer Zeit. Trotz aller inflationärer Nutzung ist an dem Begriff etwas dran. Angesichts der großen Herausforderungen, vor denen wir in der Arbeitswelt stehen, brauchen wir sie, die seelische Widerstandskraft, die uns hilft, mit unerwarteten Ereignissen, schnellen Veränderungen und schwer vorhersehbaren Entwicklungen umzugehen. Resilienz wird allerdings häufig mit individueller Stärke gleichgesetzt. Es geht dann nur darum, die Zähne zusammenzubeißen und etwas durchzuziehen – das ist jedoch zu kurz gedacht.

Der Begriff Resilienz (lat. »resilire« = »abprallen«) stammt ursprünglich aus der Physik. Er beschreibt die Eigenschaft von Materialien, nach hoher Belastung in ihren Ursprungszustand zurückzukehren, so wie ein Schwamm nach dem Zusammendrücken. Nachdem das Phänomen in den 1960er-Jahren durch die Forscherin Emmy Werner Einzug in die Psychologie fand, gewann es zunehmend an Popularität. Statt nur das zu erforschen, was Menschen krank macht, wuchs das Interesse an der Frage: Was hält uns Menschen trotz Stress, Krisen und Belastungen gesund? Denn was sich in Untersuchungen immer wieder zeigt, ist, dass ca. 50 bis 60% der Menschen selbst nach großen Belastungen wie dem Tod eines nahen Angehörigen oder nach kollektiven Traumata wie Terroranschlägen psychisch gesund bleiben.[47,48] Selbst während COVID-19 konnte dieses Muster nachgewiesen werden:[49,50] Resilienz bedeutet also, trotz Widrigkeiten gesund zu bleiben oder sich rasch von ihnen erholen zu können.

Inzwischen weiß man aus der Wissenschaft auch, dass Resilienz eine erlernbare Fähigkeit ist. Das ist eine fantastische Sache: Wir alle können proaktiv unsere Resilienz steigern. Und hier kommen die Interessen von Unternehmen ins Spiel. Natürlich ist es erstrebenswert, widerstandsfähige und stressresistente Mitarbeitende zu haben. Manchmal kommt bei mir dabei jedoch ein anderer Eindruck auf: Lass uns unsere Mitarbeitenden einfach etwas krisenfester machen, dann können wir ihnen auch mehr zumuten. Das ist ein gefährliches Narrativ, denn es signalisiert: Ihr müsst euch einfach eine dickere Jacke anziehen, dann kommt ihr besser zurecht. Diese toxische Resilienz enttäuscht mich, weil sie die Verantwortung für hochkomplexe Dynamiken allein auf die Mitarbeitenden schiebt. Dabei können auch Systeme resilient sein, dafür muss man nur einen Blick in die Natur werfen. Nicht ein einzelnes Tier oder eine einzelne Pflanzenart ist für den Erhalt eines funktionierenden Ökosystems verantwortlich, sondern das Zusammenspiel vieler. Da Unternehmen aber häufig delegieren und auf Einzelne fokussieren, statt die gesamte Organisation widerstandsfähiger zu machen, schöpfen sie nur einen Bruchteil ihres Potenzials aus. Das führt zu Enttäuschungen, denn kein Resilienztraining der Welt kann eine Burn-out-Kultur schöntrainieren. Dr. Donya Gilan und Dr. Isabella Helmreich beschreiben es sehr treffend: »Das Ziel sollte nicht sein, Menschen resilienter zu machen, sondern resiliente Konstellationen zu ermöglichen.«[51] Mit resilienten Konstellationen ist das Zusammenspiel aus individuellen und Kontextfaktoren gemeint.

Individuelle Resilienzfaktoren sind unter anderem:

- **Realistischer Optimismus:** die Fähigkeit, eine optimistische Haltung einzunehmen und dabei den Kontext einzubeziehen, statt die Welt nur durch eine rosarote Brille zu betrachten.
- **Selbstwirksamkeit:** das Vertrauen in uns selbst, handlungsfähig zu sein und unsere Situation aktiv beeinflussen zu können, statt in einer Opferrolle zu verharren.
- **Kognitive Flexibilität und Problemlösefähigkeit:** die Fähigkeit, unerwarteten Ereignissen oder Problemen flexibel begegnen zu können und Lösungen zu finden.
- **Aktives Coping:** die proaktive Bewältigung herausfordernder Situationen oder intensiver Gefühle.

Systemische Resilienzfaktoren sind unter anderem:

- **Stabiles soziales Netz:** Feste und tiefe soziale Beziehungen sind einer der größten Resilienzfaktoren. Verschiedene Formen sozialer Unterstützung (▶ Kap 4.2) fördern unsere Stressresistenz, Bindung und Gesundheit und steigern unsere Lebenserwartung.
- **Sinnerleben:** das Gefühl, unser Leben und unsere Tätigkeiten bedeutsam und übereinstimmend mit unseren Werten zu erleben.
- **Spiritualität:** das Gefühl, Teil von etwas zu sein, das größer ist als wir selbst. Auch gemeinsame Routinen und Zugehörigkeitsgefühl spielen hier eine Rolle (▶ Kap. 6.3).

Wenn Unternehmen also Resilienz nachhaltig entwickeln möchten, sollten sie diese als Zusammenspiel der genannten Bausteine begreifen. Resiliente Arbeitsumgebungen entstehen erst durch das agile Ineinandergreifen dieser Faktoren. Das wappnet uns für große Einschläge, plötzliche Veränderungen und ständigen Wandel. Aber Achtung: Auch Resilienzentwicklung geht weder in übermenschlichem Tempo noch unter Arbeitsbedingungen, in denen die besten Resilienzfähigkeiten nicht fruchten können. Dabei haben Resilienztrainings durchaus ihre Daseinsberechtigung, weil sie konkrete Methoden und

Fähigkeiten vermitteln und damit unser Kompetenzspektrum erweitern. Besonders zwischenmenschliche Skills werden für die Zukunft immer bedeutsamer werden (▶ Kap. 5.2) und einen entscheidenden Beitrag zu einer starken kollektiven Resilienz leisten.

Wie lässt sich organisationale Resilienz stärken?

Dr. Donya Gilan, Resilienz-Expertin

In der modernen Arbeitswelt tanzen wir auf einem sich stetig wandelnden Parkett, geprägt von technologischen Durchbrüchen, globalen Verschiebungen und dem rasanten Tempo demografischer Transformationen. Die Digitalisierung hat nicht nur die Spielregeln neu geschrieben, sondern auch eine Ära eingeläutet, in der Remote-Arbeit und flexible Arbeitsmodelle zur Norm geworden sind – beschleunigt durch die jüngste Bewährungsprobe namens COVID-19. Doch jenseits der technologischen Innovationen und organisatorischen Umwälzungen liegt der wahre Schlüssel zum Erfolg in der Betonung von Sinnhaftigkeit, Flexibilität und der sorgsamen Balance zwischen Beruf und Privatleben. Unternehmen, die ihre Werte klar definieren und mit Leidenschaft kommunizieren, schaffen eine tiefere Bindung und steigern damit nicht nur das Engagement, sondern auch die Produktivität ihrer Mitarbeitenden. Diese innere Verbundenheit ist das Fundament organisationaler Resilienz. Um langfristig robust und anpassungsfähig zu bleiben, müssen Unternehmen strategische Netzwerke aufbauen – nicht nur innerhalb ihrer Branche, sondern auch mit Lieferanten, Partner:innen und sogar Wettbewerbern. Eine Unternehmenskultur, die kontinuierliches Lernen fördert und gleichzeitig psychologische Sicherheit gewährleistet, ist der

Schlüssel zur Förderung von Innovation und Anpassungsfähigkeit in Zeiten des Wandels. Agilität ist in dieser dynamischen Umgebung unverzichtbar. Flache Hierarchien und selbst organisierte Teams ermöglichen schnelle Entscheidungen und flexible Anpassungen an neue Herausforderungen. Führungspersonen, die Vertrauen schaffen und eine klare Vision vorgeben, sind die Architekt:innen einer robusten und dynamischen Anpassungsfähigkeit.

Jedoch dürfen wir nicht die menschliche Neigung zu Sicherheit übersehen, die uns oft daran hindert, mit Unsicherheit umzugehen – eine zentrale Herausforderung auf dem Weg zur organisationalen Resilienz. Technologische Fortschritte wie künstliche Intelligenz und die Ausbreitung neuer Arbeitsformen wie Remote Working und die Gig Economy stellen zusätzliche Prüfsteine dar, die wir jedoch als Plattformen für Wachstum und Innovation nutzen können. Die neuesten Erkenntnisse aus der Forschung betonen die Bedeutung von Leadership Resilience und systemischen Schutzfaktoren. Organisationsleiter:innen mit hoher Resilienz zeigen eine bemerkenswerte Fähigkeit, mit Druck und Veränderungen umzugehen, indem sie sowohl emotionale Intelligenz als auch Stressbewältigungsstrategien gezielt einsetzen. Sie schaffen ein positives Arbeitsumfeld, in dem Mitarbeitende nicht nur überleben, sondern gedeihen können. Eine resiliente Organisationskultur erkennt Fehler als Lerngelegenheiten an und fördert Flexibilität sowie Anpassungsfähigkeit als zentrale Unternehmenswerte. Resiliente Führungspersonen verstehen, dass die kontinuierliche Weiterentwicklung ihrer Teams und die Förderung einer proaktiven Lernkultur entscheidend sind, um langfristigen Erfolg in einer sich rasch wandelnden Welt zu sichern. Die zukünftige Arbeitswelt verlangt von Unternehmen nicht nur, auf Veränderungen zu reagieren, sondern diese aktiv mitzugestalten. Dies erfordert eine grundlegende Neuausrichtung von Führung und Unternehmenskultur hin zu mehr Flexibilität, Innovationsfreude und psychologischer Sicherheit. Indem Unternehmen und Individuen ihre Resilienz stärken, legen sie den Grundstein für langfristigen Erfolg und Zufriedenheit in einer dynamischen und oft unvorhersehbaren Arbeitswelt.

Reflexion

- Welche schwierigen Momente gab es in deinem Leben, die sich auch auf deine Arbeit ausgewirkt haben? Was hat dir in diesen Momenten bei der Arbeit geholfen?
- Welche systemischen Resilienzfaktoren kannst du in deinem Unternehmen finden?
- Was hat in deinem Unternehmen dazu beigetragen, resilient mit COVID-19 umzugehen?

05

Gesundheit als Skill

Wir alle müssen über mentale Gesundheit genauso selbstverständlich Bescheid wissen wie darüber, dass wir uns nicht nur von Pommes und Cola ernähren sollten, Rauchen der Gesundheit schadet und Sport wichtig für unsere Herzgesundheit ist.

5.1 Verlockung Ungesundheit – von High Performance und Selbstoptimierung

Unsere Arbeitswelt ist voll mit süßen Versuchungen, die uns unsere mentale Gesundheit kosten. Extrameile? Klar, laufe ich! Überstunden? Gehören zum guten Ton. Abends noch mal an den Computer? Anders geht's halt nicht. Keine Frage, manchmal gibt es stressige Phasen, in denen wir (mehr als) alles geben. Und wenn ich mich in der Arbeitswelt umschaue, scheinen High Performance[5] und Hustle Culture[6] zur Norm geworden zu sein und sogar belohnt zu werden. Wir bekommen Lob und Anerkennung dafür, über alle Maßen zu leisten – aber keine positiven Signale dafür, pünktlich Feierabend zu machen. Unser Wert scheint sich daran zu messen, wie viel Energien wir in unsere Arbeit stecken.

5 Unter High Performern versteht man Leistungsträger:innen, die stets Spitzenleistungen bringen. Sie sind überdurchschnittlich motiviert, haben viele Kompetenzen und setzen sich stark für ihre Aufgaben im Unternehmen ein. Sie erbringen exzellente Leistungen und übertreffen damit häufig die Erwartungen.

6 Hustle Culture beschreibt einen Arbeitsstil, der von unermüdlichem Einsatz, Überarbeitung, ständiger Beschäftigung und dem Streben nach Erfolg um jeden Preis geprägt ist.

High Performance

In der Arbeitswelt sind High Performer die begehrtesten Juwelen unter den Mitarbeitenden. Einmal gefunden, will man sie nicht wieder gehen lassen. High Performer findet man häufig in Unternehmen, die ohnehin schon stark leistungsgetrieben sind. Das lässt sich mit dem Phänomen der Kollusion erklären, das seine Wurzeln in der systemischen Psychologie hat.

Kollusion beschreibt das ungesunde Zusammenwirken zwischen Personen oder Systemen, die sich gegenseitig unbewusste Bedürfnisse erfüllen. Damit gehen sie eine feste Verbindung ein, weil vom jeweils anderen Teil etwas erfüllt wird, wonach man sich selbst sehnt.

Bei High Performern bedeutet das im Kontext der Arbeitswelt: Unternehmen haben Angst, nicht überleben zu können, sodass sie sich herausragende Leistungsträger:innen suchen, die alles dafür tun, das Unternehmen am Laufen zu halten. High Performer wiederum haben oft unbewusst das Gefühl, nicht genug zu sein und kompensieren dies durch exzellente Leistung. Leistung ist für sie eine Form der Selbstverwirklichung, aber auch ein Weg, unbewusste Ängste in Schach zu halten. In ihrer Arbeit finden sie Anerkennung und einen Weg, auf gesellschaftlich akzeptierte Weise ihrem unbewussten Gefühl des Mangels entgegenzuwirken. In Unternehmen trifft das auf fruchtbaren Boden. High Performer werden mit Kusshand angestellt und bringen ganze Teams und Projekte zu Höchstleistungen. So entsteht Kollusion: Das System, in dem Leistungsträger:innen häufig arbeiten, möchte sein Überleben sichern und seine Angst vor dem Untergehen bewältigen. High Performer sind das Mittel, diese Ängste zu mindern. High Performer wiederum suchen nach einem Umfeld, das ihrer Angst des Nicht-genug-Seins entgegenwirkt. So ziehen sich beide an wie ein Magnet und befeuern – unbewusst – gegenseitig ungesunde Muster.

Wenn das Gute schlecht ist: High Performance.

Klaus Eidenschink, Coachausbilder, Executive Coach und Publizist

Ambitionierte Menschen, sogenannte High Performer, sind in Unternehmen ein gefragtes Gut. Sie wollen Großes erreichen: meist für sich, bisweilen für andere oder das Unternehmen. Ambition, Ehrgeiz und Erfolgswille gelten vielen als ausschließlich positiv und werden als förderungswürdige Charakterzüge gesehen. Die Frage, ob die seelische Dynamik der Ambition auch Schattenseiten hat, bleibt deshalb weitgehend ungestellt. Bestenfalls werden »Auswüchse« im Konkurrenzverhalten als problematisch angesehen oder vermeintlich »narzisstischen Zügen« angekreidet.

Für den High Performer selbst gilt es zu prüfen, ob der Leistungswille – »go for the extra mile!« – wirklich ein *freier* Wille ist oder ob man leisten *muss*, um Selbstwertzweifel zu übertünchen. Das Phänomen hat als »Unsecure Overarchiever« auch einen Namen gefunden. Der Begriff verharmlost allerdings die inneren Nöte und bagatellisiert oft die Folgen. Unsicherheit ist ja nicht weiter schlimm! Jedoch sind solche psychischen Muster die Grundlage dafür, nach geraumer Zeit massive Sinnlosigkeitsgefühle (= Depression) oder chronische Erschöpfungs- oder Überreizungszustände (Burn-out- oder Burn-on-Syndrome) auszubilden. Die Jagd nach immer neuen Reizen, nach immer mehr Besitz und nach immer mehr Bewunderung führt zu einem schleichenden Seelenverlust. Die Betroffenen verlieren die Fähigkeit, tiefe Befriedigung zu empfinden und verlieren sich im oberflächlichen Genuss. Weil auch Empathie- und Bindungsfähigkeit leiden und im Fokus auf das Leistungsverhalten verkümmern, werden Beziehungen emotional sinnentleert. Scheitern dann die Partnerschaften oder werden die Beziehungen zu den Kindern schwierig, verschärfen sich die Probleme. Weil das Prinzip Leistung das Prinzip »Forever young« nach sich zieht, wird Altern zum Problem – und damit eskalieren die Versuche, durch exzessives körperliches Training (siehe Bezos, Musk, Zuckerberg), Aufputschdrogen und andere Stimulantien den Schein der Jugend und unbegrenzter Leistungsfähigkeit aufrechtzuerhalten. Der seelische Zusammenbruch bleibt eine ständig lauernde Option.

Schlimm ist das auch für die Organisationen. High Performern geht es letztlich nie um die Organisation, sondern immer um Selbstoptimierung. Die Karriere dient nicht dem Unternehmen, sondern nur dem Leistungsträger. Damit basieren Entscheidungen stets auf einem ungünstigen Hauptkriterium – »Nützt es mir?« – und werden damit nicht im Sinne des Ganzen getroffen. Zudem ist die oft vorhandene Egozentrik der Boden, auf dem dysfunktionale Konkurrenz und schädliche Konflikte gedeihen. Das Bilden von abgeschotteten Seilschaften droht darüber hinaus die Organisation mit negativen Effekten zu infizieren. Diese negativen Auswirkungen der Übermotivierten auf die Motivation »normaler« Performer werden ebenfalls häufig nicht gesehen. Wer selbst 200 % leistet und zehn andere Mitarbeitende auf 80 % Leistung absenkt, hat für das Unternehmen 100 %Verlust erwirtschaftet.

Mit diesem Muster bilden wir fröhlich eine ungesunde Arbeitskultur aus, die unseren Wert an Leistung, aber nicht an Gesundheit misst. Dabei zeichnet High Performer neben viel Tatendrang oft auch ein innerer Anteil aus, der unter dem Druck leidet. Leider können viele das nicht zum Ausdruck bringen. Sie haben hohe Erwartungen an sich selbst und wollen keinen Riss in das Bild bringen, das sie nach außen verkörpern. Denn dann könnte ihre größte Angst wahr werden: dass sie doch nicht so gut und wertvoll sind, wie sie es sich durch ihre

Arbeit beweisen wollen. Es resultieren hochfunktionale Persönlichkeiten, die alles schaffen und Höchstleistungen erbringen, aber hinter der Fassade mit Zweifeln und dem Gefühl des Getriebenseins zu kämpfen haben. Und deshalb fällt uns oft zunächst nicht auf, dass sie psychisch belastet sind. High Performer haben ein hohes Risiko, dass psychische Erkrankungen wie Depressionen oder Ängste bei ihnen unerkannt bleiben. Menschen mit einer sogenannten High Functioning Depression oder High Functioning Anxiety[7] wirken nach außen ausgesprochen fleißig und zielorientiert – und tun häufig das, was der Begriff schon sagt: funktionieren. Routinen wie Meetings oder Sport werden mechanisch abgeklappert und die nächste Aufgabe oder das nächste To-do gibt ihnen Halt, um weiterzumachen. Sie äußern Sätze wie »Ist anstrengend, aber passt schon!«. Oftmals können sie sich ihre Lage nur schwer eingestehen, weil sie davon ausgehen, dass niemand ihnen ihre »Schwäche« glauben würde. Schließlich bewältigen sie ihren Arbeitsalltag doch bisher so gut. Aber nur weil jemand anwesend ist und fleißig arbeitet – gerade bei Menschen aus dem High-Functioning-Spektrum –, heißt das nicht, dass die Person gesund und glücklich ist.

Großartige Leistungen braucht großartige Gesundheit, wie ich es bereits in Kapitel 2.2 beschrieben habe. Genau deshalb sollten wir gerade bei den »Leistungstieren« unter uns beachten, dass stets Selbstzweifel und Gefühle von Unzulänglichkeit im Spiel sein können – das Impostor-Syndrom lässt grüßen. Statt dieses Problem aber nur bei Einzelpersonen lösen zu wollen, müssen wir uns vielmehr um Rahmenbedingungen bemühen, die die ungesunden Seiten von High Performance reduzieren. Dazu gehört, realistische Zielvorgaben zu setzen, gute Leistungen als solche zu deklarieren, statt nur die Extrameile zu honorieren, und uns gegenseitig darin zu bestärken, Dinge maßvoll zu tun – weder zu viel noch zu wenig.

---

7 High Functioning Depression und High Functioning Anxiety sind nach ICD-10 keine offiziellen Diagnosen. Die Phänomene sind dennoch klinisch beobachtbar.

Die Gefahren von Selbstoptimierung

Ein weiteres, oft als gesund getarntes Phänomen ist Selbstoptimierung. Morgenroutine einhalten, täglich meditieren, Social-Media-Gurus folgen, Me-Time planen: In mentaler Gesundheit steckt eine Menge höher–schneller–weiter. Der zunehmende Trend, uns proaktiv um unsere mentale Gesundheit zu kümmern, ist erst einmal etwas sehr Positives, das viele Vorteile hat. Apps, Onlineprogramme etc. liefern schließlich viele konkrete Methoden und bieten uns einen einfachen Einstieg. Das steigert unsere Gesundheitskompetenz und unsere Selbstwirksamkeit. Allerdings hat das auch eine Kehrseite. Mit wachsenden Angeboten steigen die Risiken und Nebenwirkungen. Früher oder später schauen wir mehr auf unseren Habit Tracker als in unsere Innenwelt und vernachlässigen, wie es uns wirklich geht. Ich habe es selbst erlebt. Vor einigen Monaten fing ich an, täglich zu meditieren. Anfangs fand ich es fantastisch. Dann gab es plötzlich Tage, an denen ich mir morgens einen Wahnsinnsstress gemacht habe, früher aufzustehen, um noch meditieren zu können. Es sei ja schließlich gut für meinen Fokus und meine Ausgeglichenheit. So wurde etwas, das mir ursprünglich guttat, schleichend zu einem To-do, das ich in meinen Kalender hineinjonglierte, ohne ehrlich zu überlegen, ob ich wirklich Lust darauf habe. Gleichzeitig wollte ich einen täglichen Rhythmus beibehalten, weil ich ja wusste, dass es mit dem Aufbau neuer Gewohnheiten eine Weile braucht. Das Ende vom Lied war, dass ich an manchen Tagen mechanisch und teilnahmslos in meiner Morgenmeditation saß und mir danach vorgeworfen habe, dass ich scheinbar nicht für Meditation geeignet bin. Heute meditiere ich, wenn mir danach ist, manchmal mehrere Tage in Folge, manchmal einige Wochen gar nicht. Wir dürfen nicht unterschätzen, dass die vielen Mental Health Angebote da draußen auch viel Druck und Stress erzeugen können. Je stärker wir vom Tun-Wollen ins Tun-Müssen kommen, desto toxischer wird dieser Teufelskreis. Anstatt wohlwollend mit unserer mentalen Gesundheit in Verbindung zu kommen, bleiben

Anstrengung, Scham und Selbstvorwürfe. Und damit bewirken wir genau das Gegenteil von einem gesunden Leben. Deshalb sollten wir mentale Gesundheit nicht zu einem To-do instrumentalisieren, das lediglich der Leistungssteigerung dient, sondern sie als fürsorgliche Geste an uns selbst sehen, die wir uns jederzeit schenken dürfen, aber nicht müssen.

Ungesundheit erkennen

In Unternehmen lassen sich mehrere Phänomene beobachten, die in unterschiedlicher Weise auf Ungesundheit hindeuten:

- **Absentismus** beschreibt die Abwesenheit von Arbeitnehmenden von der Arbeit und wird damit oft synonym zu Krankmeldungen verstanden. Dies ist wohl die offensichtlichste Form von Ungesundheit, wenngleich man zwischen Absentismus aus unfreiwilligen Gründen (= Krankheit) und aus freiwilligen Gründen (= blaumachen) unterscheiden kann. In der Realität lässt sich das kaum zuverlässig aufdröseln. Durch Absentismus aufgrund psychischer Erkrankungen entsteht pro Mitarbeiter:in jährlich ein Produktivitätsverlust von 10,7%.[52]
- **Präsentismus** liegt vor, wenn Mitarbeitende zur Arbeit kommen, obwohl sie krank sind. Nüchtern betrachtet ist das hierzulande ein merkwürdiges Verhalten, denn Arbeitnehmende erhalten auch bei Krankheit eine Lohnfortzahlung. Umso deutlicher zeigt dieses Phänomen, dass Arbeit für die Menschen weitaus mehr bedeutet als nur finanzielle Sicherheit, sondern auch eng mit sozialen Erwartungen und persönlichen Motiven verknüpft ist. Durch Präsentismus aufgrund psychischer Erkrankungen entsteht pro Mitarbeiter:in jährlich mit 15,3% ein noch höherer Produktivitätsverlust als durch Absentismus.[53]
- **Fluktuation:** Wenn es in einem Unternehmen häufige Kündigungen in der Belegschaft gibt, spricht man von Fluktuation. Neben persönlichen Gründen der Mitarbeitenden kann das auch an befristeten Verträgen, Berentung, Elternzeit etc. liegen. Dennoch hat Fluktuation häufig etwas mit Gesundheit zu tun. Besonders prägnant können wir das an der Wechselbereitschaft erkennen: 60% der Arbeitnehmenden und 75% aus dem C-Level würden einen Job für einen anderen Arbeitgeber verlassen, der sich stärker um die mentale Gesundheit kümmert.[54] Das sollte uns zu denken geben, denn mentale Gesundheit ist längst mehr als nur ein netter Benefit.

- **Leaveism** bezeichnet das Verhalten, wenn Mitarbeitende in ihrer Freizeit oder im Urlaub arbeiten, obwohl sie »on leave« sind. Und das ist gar nicht mal so selten. 26% der Beschäftigten lesen im Urlaub berufliche E-Mails, 65% sind per Kurznachricht erreichbar.[55] Dabei ist es für gute Erholung essenziell, dass wir uns mental von der Arbeit distanzieren können. Wer jedoch mit halbem Kopf bei der Arbeit hängt oder auf Abruf ist, kann schlechter abschalten. Das kostet uns sowohl unseren Urlaub als auch unsere Gesundheit.
- **Quiet Quitting** beschreibt das Phänomen, wenn Mitarbeitende ihre Aufgaben nur noch mit minimalem Aufwand erledigen und die Leistungsbereitschaft sinkt. Diese stille Kündigung resultiert oft darin, dass die Personen Dienst nach Vorschrift machen – in Deutschland geben dies immerhin 67% der Arbeitnehmenden an.[56] Die Aufgaben werden erledigt, nur ohne Extrameile und Überstunden. Man könnte meinen, eine klare Abgrenzung zur Arbeit und der Verzicht auf übermäßige Verausgabung sei erst mal etwas Gesundes. Das Tückische daran ist jedoch, dass Quiet Quitting meist eine Reaktion auf ungesunde Arbeitskulturen ist, in denen Menschen nicht wertgeschätzt und Ideen nicht gehört werden und keine persönliche Entwicklung stattfinden kann. Quiet Quitting hat also nicht direkt etwas mit Kündigung zu tun, sondern damit, sich selbst vor Ungesundheit zu schützen.

All diese Phänomene haben vielseitige Gründe und sollten nie für sich allein betrachtet werden. Was wir aber immer beachten sollten: Ungesundheit gibt es in jedem Unternehmen und findet immer einen Weg an die Oberfläche. Mal in Form von offensichtlichen Verhalten wie Absentismus, mal in Form von subtileren Mechanismen wie Hustle Culture oder Unternehmensleitsprüchen (»Work hard, play hard!«). Was wir tun können, ist aufzuklären: über die Phänomene an sich, über den Umgang mit ihnen und dass sie selten das Problem an sich sind, sondern das Ergebnis ungesunder Verhältnisse in einem Unternehmen.

Reflexion

- Inwiefern ist deine Arbeit eine Plattform, um unbewusste Ängste zu kompensieren? Hast du beispielsweise Angst, nicht genug zu tun oder nicht gesehen zu werden?
- Bist du schon mal arbeiten gegangen, obwohl du krank warst? Wenn ja, warum wirklich?
- Wo in deinem Unternehmen kannst du Ungesundheit beobachten – beispielsweise bei Personen, in Bereichen, Projekten, Prozessen oder in der Zusammenarbeit?

5.2 Mental Health Literacy – den Werkzeugkoffer füllen

Das englische Wort »literacy« bedeutet »Bildung«, »Lese- und Schreibkompetenz« oder »Belesenheit«. Unter Mental Health Literacy versteht man das Wissen, die Fähigkeiten und Einstellungen in Bezug auf psychische Gesundheit. Sie ist quasi das ABC mentaler Gesundheit und damit eine essenzielle Säule zur Entstigmatisierung. Je mehr korrektes Wissen und Handlungskompetenzen wir bezüglich mentaler Gesundheit haben, desto besser können wir Stigmata bekämpfen und vorbeugen.

Einfach Schokolade essen!?

In einer groß angelegten deutschen Studie mit fast 3000 Menschen wurden den Teilnehmenden verschiedene Fallbeschreibungen von Menschen mit psychischen Erkrankungen vorgelegt.[57] Anschließend wurden sie nach verschiedenen Einstellungen und Empfehlungen gefragt, die sie den beschriebenen Menschen geben würden. Bei einer Person mit einer Depression würden 18% der Befragten nicht mit ihr zusammenarbeiten wollen, 45% würden die Person nicht für einen Job empfehlen. Auf die Frage, wen die Teilnehmenden der Person als Anlaufstelle empfehlen würden, gaben 15% einen Priester an und

52%, dass sie der Person Entspannungstechniken als Behandlungsmethode empfehlen würden. 19% waren der Meinung, Akkupunktur sei das Mittel der Wahl. Eine repräsentative Befragung der Deutschen Depressionshilfe fand heraus, dass fast ein Fünftel der Deutschen glaubt, dass man gegen Depressionen Schokolade essen solle (18%) oder sich einfach zusammenreißen müsse (19%).[58] Es gibt viele Untersuchungen dieser Art, die zeigen: Das Wissen über mentale Gesundheit in der Bevölkerung ist – diplomatisch gesagt – durchaus verbesserungswürdig.

Handwerkszeug statt Halbwissen

Wer Mental Health Literate ist, also über eine grundlegende Bildung in psychischer Gesundheit verfügt, hat ein fundiertes Verständnis über das Spektrum mentaler Gesundheit (► Kap. 1), kennt typische mentale Belastungen mit ihren entsprechenden Anzeichen und Ursachen, hat die Fähigkeit, adäquat darauf reagieren zu können, entsprechende Unterstützung zu bieten und kennt präventive Ressourcen zur Förderung psychischer Gesundheit. Somit ist Mental Health Literacy für eine gesunde Arbeitswelt unerlässlich und muss gerade unter Führungskräften zur Voraussetzung werden, um Menschen gesund führen zu können. Da bis heute viel Halbwissen über mentale Gesundheit existiert, wird es künftig elementar, dieses Handwerkszeug zu erlernen. Wir alle müssen über mentale Gesundheit genauso selbstverständlich Bescheid wissen wie darüber, dass wir uns nicht nur von Pommes und Cola ernähren sollten, Rauchen der Gesundheit schadet und Sport wichtig für unsere Herzgesundheit ist. So wie wir in der Schule schreiben lernen und irgendwann automatisch einen Buchstaben an den anderen reihen, können wir auch Gesundheitskompetenz lernen. Wenn man weiß, wie es geht, lässt es sich wesentlich besser durch das Leben navigieren.

Mental Health Literacy umfasst nach Anthony Jorm (2012) fünf Bereiche[59]:

1. Das Wissen über Risikofaktoren und Prävention. Hier geht es darum zu verstehen, welche Risiko- und Schutzfaktoren es für psychische Gesundheit gibt und wie wir sie proaktiv erhöhen beziehungsweise reduzieren können. Dazu gehört zum Beispiel das Wissen, dass Arbeit in persönlichen Krisen stützend und strukturgebend, aber auch überfordernd und zusätzlich belastend sein kann. Auch soziale Unterstützung und der Rückhalt durch die Führungskraft sind große Einflussfaktoren, die in bestimmten Situationen ausschlaggebend für die weitere Entwicklung psychischer Belastungen sein können.

2. Die Fähigkeit zum Erkennen spezifischer psychischer Belastungen. Dies beinhaltet zunächst die Haltung, dass mentale Gesundheit uns alle betrifft und wir sie proaktiv fördern können. Außerdem geht es um die Fähigkeit, dass wir psychischen Stress, Frühwarnsignale und Symptome gängiger psychischer Störungen wie Depressionen, Ängste, Suchterkrankungen oder Psychosen bei uns selbst oder bei anderen erkennen können. Beispielsweise kann es bei der Arbeit immer wieder Fälle geben, in denen Menschen sich aufgrund von Depressionen zurückziehen, plötzliche Panikattacken auftreten oder wir unsicher sind, ob jemand ein Suchtproblem hat. Das sollten wir in den Grundzügen erkennen und einschätzen können.

3. Das Wissen über den Zugang zu adäquater Hilfe. Dies umfasst das Wissen über die richtige Unterstützung für Menschen mit psychischen Belastungen und die Fähigkeit, sie adäquat zu kommunizieren und zu mobilisieren. Am Arbeitsplatz bedeutet das, genau zu wissen, welche internen Möglichkeiten (z.B. Support durch Arbeitsplatzanpassungen) und externen Unterstützungsangebote (z.B. EAPs) es gibt, wo wir sie finden können und wann sie für Betroffene überhaupt Sinn machen.

Und es beinhaltet, dass wir wissen, wo wir als unterstützende Person selbst Hilfe oder Supervision bekommen und welche Grenzen es in unserer Rolle gibt.

4. Das Wissen über effektive Selbsthilfestrategien bei gering ausgeprägten Belastungen. Je früher Belastungen erkannt werden, desto besser können wir gegensteuern. Die Fähigkeit zur Ressourcenaktivierung ist insbesondere im frühen Stadium von Belastungen essenziell, weil hier unser Handlungsspielraum noch vergleichsweise hoch ist. Bei der Arbeit können das zum Beispiel niedrigschwellige Unterstützungsangebote wie ein Buddy-System oder psychologische Gespräche mit externen Dienstleistern sein, aber auch informeller Support wie ein offenes Ohr eines Kollegen oder die gemeinsame Umschichtung von Arbeitsaufgaben im Team. Darüber hinaus ist es hilfreich, wenn wir über die Effektivität bestimmter Selbsthilfestrategien Bescheid wissen und Betroffenen nicht im Gießkannenprinzip irgendwelche Techniken an die Hand geben, die möglicherweise gar nicht passend sind oder sogar Schaden anrichten können. Beispielsweise können einige Strategien wie Achtsamkeit und Meditation den psychischen Zustand einer Person in manchen Fällen sogar verschlechtern. Deshalb sollten wir stets eine fundierte Wahl treffen können.

5. Die Anwendung von Erste-Hilfe-Methoden bei Menschen, die eine psychische Erkrankung haben oder in einer akuten psychischen Krise sind. Dies umfasst konkrete Hilfestellungen beim Vorliegen einer psychischen Störung sowie der Umgang mit akuten psychischen Krisen und Suizidalität. Gerade in akuten Krisen müssen wir die richtigen Schritte kennen, weil sie im Zweifel lebensrettend sein können. Besonders Suizidalität ist ein enorm tabuisiertes Thema, das viel Überforderung mit sich bringt. Entsprechende Äußerungen ernst zu nehmen und im Arbeitsumfeld verantwortungsbewusst zu handeln, ist eine essenzielle Mental Health Kompetenz.

Ich persönlich mache insbesondere für Führungskräfte viele Trainings zur Förderung der genannten fünf Bereiche. Ich bin immer wieder erstaunt, wie stark die Gruppen vor allem von Gesprächsführungskompetenzen und ressourcenorientierten Handlungskompetenzen profitieren. Obwohl mentale Gesundheit bei der Arbeit immer mehr an die Oberfläche steigt, bringen die wenigsten Fach- und Führungskräfte für ihre Rolle ein Psychologiestudium oder Ähnliches mit. Die gute Nachricht: Das braucht es auch nicht, um die wesentlichen Mental Health Skills zu lernen, denn was in diesen Rollen an Kompetenzen erforderlich ist, kann man gezielt lernen. Ich bin überzeugt davon, dass entsprechende Trainingsprogramme in Zukunft immer mehr an Bedeutung gewinnen werden, insbesondere weil auch Studien zeigen, dass sich eine gesteigerte Mental Health Literacy positiv auf die Mental Health Kompetenzen und das Unterstützungsverhalten gegenüber Mitarbeitenden auswirkt.[60, 61, 62] Bei einigen Arbeitgebern sind diese Trainings inzwischen sogar voll finanziert. Ein sehr prominentes Beispiel zur Förderung der Mental Health Literacy ist das Mental Health First Aid Programm (► Kap. 9.2), in dem einige der oben genannten Kompetenzen geschult werden.

Wo wir Mental Health Literacy finden – und wo nicht

Meist bauen vor allem diejenigen Menschen ihre Mental Health Literacy aus, die aus persönlichen Gründen schon mit dem Thema zu tun hatten. Das hat etwas Gutes, weil Mental Health Kompetenzen so überhaupt erst in die Breite getragen werden. Jedoch sehe ich das auch kritisch, denn leider erreichen wir oft diejenigen nicht, die es eigentlich am meisten bräuchten: Menschen in der Produktion, in der ein hohes Stigma herrscht, Menschen, die keine verschnörkelten Social-Media-Inhalte konsumieren und ganz besonders Führungskräfte, die jenseits der 60 Stunden arbeiten. Genau aus diesem Grund bin ich der Meinung, dass Führungskräftetrainings zu Mental Health Skills verpflichtend sein sollten, denn mentale Gesundheit geht uns alle etwas an. Das würde auch ein klares Commitment des

Unternehmens zu mentaler Gesundheit signalisieren: Wir wollen, dass es den Mitarbeitenden gut geht und dazu gehört ganz selbstverständlich, dass wir entsprechende Kompetenzen in der Führungsetage dafür ausbilden.

Was können kleine Gesten sein, die die Mental Health Literacy am Arbeitsplatz stärken?

Dominique de Marné, CEO Mental Health Crowd GmbH

Für mich ist ein wichtiger Faktor von Mental Health Literacy im Arbeitskontext die Sichtbarkeit des Themas und dass es normal wird, darüber zu reden. Wenn mentale Gesundheit alltäglich behandelt und besprochen wird und nicht erst dann zur Sprache kommt, wenn ein Problem, eine Diagnose oder Ähnliches im Raum steht, können wir viel bewegen. Drei Gedanken und Tools dazu:

- **Akku-Checks einführen.** Als Metapher für unseren mentalen Zustand funktioniert der Vergleich mit einem Smartphone wunderbar. So können wir zum Beispiel Meetings mit einem Akku-Check starten oder in der Kaffeeküche ein Flipchart aufhängen, an dem jede:r den eigenen Akkustand visualisieren kann. Wir bekommen unkompliziert eine Idee, wie es uns und den Kolleg:innen geht und können unser Verhalten anpassen.
- **Ansprechpersonen.** Es gibt diverse Ausbildungen rund um mentale Gesundheit, ob Ersthelfer:in oder Mental Health Guides. Diese können dabei helfen, langfristig und nachhaltig Sichtbarkeit zu steigern, beispielsweise durch kleinere Mental Health Events oder Aktionen im Team, und gleichzeitig verringern sie Unsicherheit, da klar ist, an wen

man sich bei Fragen rund um das Thema wenden kann, darf, soll.

- **Rollen einführen.** Jeden Monat übernimmt eine andere Person im Team die Aufgabe, beispielsweise an Pausen zu erinnern oder Wertschätzung zu verteilen. Gemeint sind all die Themen, die wichtig für unsere mentale Gesundheit sind, die aber im Arbeitsalltag oft genug untergehen. Das erfolgt allerdings nicht 24/7, sondern zwei- bis dreimal pro Tag. »Die Präsentation, die du gestern gehalten hast, das hast du richtig gut gemacht!«

Zu einer guten Mental Health Literacy gehört auch, unsere Grenzen als Hilfsperson zu kennen. Gerade Menschen mit starken sozialen Werten oder einer Neigung zu Altruismus und Verausgabung können bei allem Engagement schnell sich selbst vergessen. Oftmals ist das in helfenden Berufen oder in stark wertegetriebenen Unternehmen, zum Beispiel in der Nachhaltigkeitsbranche, der Fall. Bei allem Einsatz für mentale Gesundheit müssen wir deshalb auch lernen, inwieweit wir etwas bewirken können und wo unser Einsatz aufhören sollte – sowohl mit Blick auf uns selbst, zum Beispiel indem wir unsere eigenen Grenzen respektvoll formulieren, als auch in Bezug auf Hilfesuchende, damit deutlich wird, welche Unterstützung wir gegebenenfalls nicht leisten können (und sollten). Grenzen können drei verschiedene Formen haben. Erstens können wir selbst Grenzen haben, zum Beispiel weil uns das Thema unseres Gegenübers unverhältnismäßig stark mitnimmt oder weil wir selbst so leere Batterien haben, dass wir keine erste Hilfe leisten können. Zweitens kann es situative Grenzen geben, zum Beispiel weil der Arbeitskontext eine bestimmte Form von Hilfe nicht zulässt. Wir sollten uns klar darüber sein, dass wir bestimmte Formen von Unterstützung, wie etwa private Angelegenheiten zu organisieren, nicht leisten können, auch wenn wir einen Impuls dazu haben. Drittens gibt es Grenzen unseres Gegenübers, zum Beispiel wenn die Person kein ausreichendes Vertrauen in uns hat.

Grenzen sind ein sehr unterschätztes Thema, denn viele Menschen werfen sich hoch motiviert in ihr Mental Health Engagement hinein (was erst einmal gut ist), wissen aber nicht, wo ihre Kompetenzen aufhören. Gute Mental Health Arbeit kennt und wahrt eine gesunde Distanz und hinterfragt regelmäßig, was leistbar ist und was nicht.

Reflexion

- In welchen Situationen fühlst du dich im Umgang mit belasteten Menschen sicher? In welchen unsicher?
- Wie übernimmst du Verantwortung für mehr Mental Health Literacy in deiner täglichen Arbeit? Korrigierst du zum Beispiel stigmatisierende Aussagen von Kolleg:innen?
- Hast du schon mal eine akute psychische Krise im Arbeitsumfeld erlebt und damit umgehen können? Oder was hat dich blockiert?

5.3 Und was ist mit KI?

Laut einer Untersuchung des Instituts für Arbeitsmarkt- und Berufsforschung (IAB) ist der Anteil der Berufe mit einem hohen Substituierbarkeitspotenzial[8] von 25% im Jahr 2019 auf 34% im Jahr 2021 gestiegen.[63] Dies schließt insbesondere Fertigungsberufe ein, während Berufe im sozialen und kulturellen Bereich weniger betroffen sind. Über den Job-Futuromat des IAB[64] kann man das Substituierbarkeitspotenzial des eigenen Berufs feststellen lassen. Controller:innen haben zum Beispiel ein Substituierbarkeitspotenzial von 88%, Recruiter:innen von 70%, Employer Branding Manager:innen von 20%, Psychotherapeut:innen von 6%, Erzieher:innen von 0%. Hier bildet sich ein Trend gut sichtbar ab: Berufe, in denen mitunter viel emotionale Intelligenz und Care-Arbeit gefordert sind, bleiben von künstlicher Intelligenz weitestgehend unberührt. Daneben haben handwerkliche Tätigkeiten und Berufe mit ständig wechselnden Anforderungen und viel sozialen Interaktionen wenig Substitutionspotenzial (z. B. Sozialarbeiter:innen, Ärzt:innen).

8 Das Substituierbarkeitspotenzial beschreibt, inwiefern Kerntätigkeiten eines Berufs durch Computer, computergesteuerte Maschinen und/oder Automatisierungen erledigt beziehungsweise ersetzt werden können. (cf. Dengler & Matthes, 2021)

Braucht es uns bald nicht mehr?

Das rasante Fortschreiten künstlicher Intelligenz macht uns unsicher. Laut einer groß angelegten Umfrage des Meinungsforschungsinstituts Ipsos geben 46% der Deutschen an, dass Produkte und Dienstleistungen mit KI sie nervös machen. Gleichzeitig sind 43% davon begeistert.[65] Der Meinungsspagat könnte also nicht größer sein. Kein Zweifel, KI wird unseren Arbeitsmarkt gehörig auf den Kopf stellen. Aber was hat sie an der Schnittstelle zu mentaler Gesundheit zu bieten? Die meisten glauben tatsächlich, dass KI nur wenig Auswirkungen auf ihre Gesundheit haben wird. 47% der Deutschen sind der Meinung, dass ihre Gesundheit in den nächsten drei bis fünf Jahren durch den Einsatz von KI gleich bleiben wird, 20% glauben, sie verbessert sich und 17%, dass sie sich verschlechtert.[66] Dabei hat KI sehr deutliche Auswirkungen auf unsere mentale Gesundheit – nur denken wir bei Gesundheit zunächst an die Gesundheitsversorgung. Was wir dabei vergessen, sind die Ängste, der Stress und die Sorgen, die durch die Implementierung von KI entstehen. Das wirkt sich durchaus auf unsere Psyche aus und kann mitunter dazu führen, dass Arbeitnehmende überfordert, gereizt oder ablehnend auf KI reagieren. Und das müssen wir am Arbeitsplatz berücksichtigen, damit wir Menschen in diesem Veränderungsprozess gut begleiten können.

Was brauchen wir, um mit KI umgehen zu können?

Mina Saidze, KI-Expertin und Autorin

Mina, warum macht KI den Menschen Angst?

Mit den aktuellen Entwicklungen rund um künstliche Intelligenz und der weitreichenden Manipulation auf Social Media durch Fake News und Deepfakes fühle ich mich gerade ziemlich unsicher. Es ist schwer abzuschätzen, wie weit die Auswirkungen von KI gehen und wie gezielte Aktionen die Gesellschaft weiterhin beeinflussen und stören könnten. Und ja, natürlich denke ich auch an Arbeitsplätze, aber nicht nur das – es gibt einfach so viele technische Neuerungen, die alles verändern könnten und auch mir den Schlaf rauben.

Aber es kommt noch etwas dazu. Die technologische Disruption, von der alle sprechen, verbreitet eine Stimmung des Aufbruchs einerseits, aber andererseits auch eines drohenden Untergangs. Deshalb müssen wir die Auswirkungen all dieser technologischen Entwicklungen und sozialen Veränderungen verstehen, um sie einzuordnen und auf sie zu reagieren. Nur so können wir eine stabile Grundlage schaffen, um den Herausforderungen der Zukunft zu begegnen und in dieser turbulenten Phase zu bestehen. Und während wir nach einer stabilen Basis suchen, stelle ich mir auch die Frage nach unserer Existenzgrundlage – unserer Arbeit, die unser Einkommen sichert und ein Teil unserer Identität ist. Die Angst, »ersetzbar« zu werden, nagt auch an mir.

Als ich auf den Begriff »Substituierbarkeitspotenzial« stieß, empfand ich ihn als befremdlich. Denn diese Betrachtungsweise sieht uns Menschen als Produkte an, die beliebig ersetzt werden können. Es ist schon fast perfide, genauso wie wenn wir von Menschen als Ressourcen sprechen, die es abzubauen oder aufzustocken gilt. Angesichts solcher Betrachtungsweisen kann ich die Ängste und Befürchtungen von Menschen verstehen, die pessimistisch in die Zukunft blicken. In einer Welt, in der Technologie einen immer größeren Stellenwert einnimmt, ist es verständlich, dass Ängste und Bedenken aufkommen. Doch sollten wir uns von diesen Ängsten nicht lähmen lassen. Vielmehr sollten wir die Chancen erkennen, die Technologie und KI bieten. Es liegt an uns allen, uns aktiv mit diesen Themen auseinanderzusetzen, uns fortzubilden und uns gegenseitig zu unterstützen.

Bei welchen lästigen Aufgaben kann KI ein echter Helfer werden?
KI kann uns beispielsweise hinsichtlich Kreativität helfen und damit zu unserem psychischen Wohlbefinden beitragen. Als Autorin und Content Creator habe ich manchmal das Gefühl, ausgelaugt zu sein, da Kreativität mein größtes Kapital ist. Es gibt Phasen, wo auch mir die Ideen ausgehen, und ich mich nach einem Sparringspartner sehne, der mir auf die Sprünge hilft. Es ist etwas anderes, mit KI zu arbeiten und den entstandenen Text anschließend zu bearbeiten, als meine eigenen Worte zu finden. Es ist emotional weniger anstrengend, viel einfacher und nicht so ermüdend. Selbst Mo Yan, der erste chinesische Staatsbürger, der mit dem Nobelpreis für Literatur ausgezeichnet wurde, hat für Aufsehen gesorgt, als er eine Laudatio für einen Autor bei einem Buchpreis hielt und zugab, dass er Schwierigkeiten hatte, diese zu verfassen und daher ChatGPT zu Hilfe nahm (und das trotz der Tatsache, dass China ChatGPT blockiert hat).[67] Wenn selbst ein Literaturnobelpreisträger KI als Wundermittel gegen kreative Leere einsetzt, obwohl es in seiner Heimat nicht erlaubt ist und rechtliche Konsequenzen hat, wem kann dies dann noch übel genommen werden?

Wie kann KI ein natürlicher Teil unserer Arbeit werden?
Daten- und KI Literacy ist für mich wie eine Sprache, die jede:r beherrschen muss. Nicht jede Person muss einen preisverdächtigen Roman schreiben können, aber man sollte in der Lage sein, zu lesen und zu schreiben. Das bedeutet für mich konkret die Fähigkeit, Daten zu lesen, mit ihnen zu arbeiten, sie zu analysieren und zu kommunizieren.

Der Aufbau von Daten- und KI-Kompetenzen wird immer wichtiger, damit jede:r von uns an der Debatte teilhaben kann. Laut einer Studie von Forrester Consulting aus dem Jahr 2022 erwarten heute 82 % der befragten Entscheidungsträger:innen von ihren Mitarbeitenden in allen Abteilungen – einschließlich Produkt, IT, Personal und Betrieb – grundlegende Datenkenntnisse. Bis 2025 wird erwartet, dass fast 70 % der Mitarbeitenden in ihrem Beruf viel mit Daten arbeiten werden, 2018 waren es noch 40 %.[68]

Um Daten zu lesen, müssen wir verstehen, wie sie erhoben, verarbeitet und in welcher Form sie gespeichert werden. Handelt es sich um Online- oder Offlinematerial? Wie wurden diese Daten erhoben und ist das datenschutzkonform erfolgt? Wie werden die Daten verarbeitet? Werden bestimmte Attribute entfernt, um das Datenvolumen zu reduzieren oder weil es der Analyse nicht dienlich ist? Handelt es sich um strukturierte Daten in Form von Excel, semistrukturierte Daten wie Tweets oder unstrukturierte Daten wie Bild oder Audio? Wie kann ich auf die Daten zugreifen und wer liefert mir mithilfe von Auswertungen Fragen auf meine Antworten? Wie kann ich mit meiner Fachexpertise unterstützen, die Ergebnisse im Kontext richtig einzuordnen? Welche Handlungen ergeben sich aus den Erkenntnissen?

Was daran bemerkenswert ist: Für alles, was ich bisher genannt habe, braucht es keinerlei Programmierkenntnisse, sondern lediglich ein Grundverständnis der Thematik und die Fähigkeit, die richtigen Fragen zu stellen. So können technische und technikfremde Mitarbeitende innerhalb einer Organisation erfolgreich an Produkten oder Services zusammenarbeiten und einen Beitrag zur Digitalisierung leisten. Dafür ist die Illustration einer »Datenwertschöpfungskette« essenziell, wo jede Person weiß, welchen Beitrag sie mit ihren Angaben von Informationen und Eingaben von Daten leistet und wie diese verwertet werden, damit alle gemeinsam an einem Strang ziehen.

Braucht es uns jetzt erst recht?

Oft glauben wir angesichts der fundamentalen Veränderungen durch KI, dass wir alle große Technologieexpert:innen werden müssen. Das ist jedoch nur die halbe Wahrheit. Wir werden zwar lernen müssen, wie wir KI sinnvoll für unsere Zwecke einsetzen können. Doch mindestens genauso werden wir starke menschlichen Qualitäten benötigen. Emotionale Intelligenz, Fürsorge, zwischenmenschliches Feingefühl, Beziehungsbildung und Empathie sind Skills, die bisher keine KI vollumfänglich nachbilden kann. Dementsprechend wird es künftig nicht nur darum gehen, uns KI-fähig zu machen, sondern parallel dazu ein »herausragend menschlicher Mensch«[69] zu sein, wie Prof. Dr. Yasmin Weiß es so treffend beschreibt. Das Substituierbarkeitspotenzial von Berufen unterstreicht sehr deutlich, dass Jobs, in denen viele zwischenmenschliche Skills und soziale Interaktionen gefordert sind, von KI weitestgehend unangetastet bleiben. Der Mehrwert dieser Fähigkeiten und Berufe wird also wachsen, denn wo es menschelt, braucht es Menschen.

Dennoch hat KI durchaus menschenähnliche Eigenschaften. Eine zentrale Komponente von Beziehungsbildung, nämlich Menschen emotional abzuholen, kann zumindest oberflächlich durch KI abgebildet werden. Eine Studie des UC London hat herausgefunden, dass die Nutzung von Chatbots die Stimmung verbessert, wenn Menschen sich sozial ausgeschlossen fühlen.[70]

Das ist irgendwie auch paradox: Wenn wir uns menschlich ausgeschlossen fühlen, lehnen wir uns an der Schulter einer nicht menschlichen Lösung an und suchen bei einer Maschine Zuflucht. So entsteht eine kurze emotionale (Ver-)Bindung, die allerdings einseitig bleibt, denn die Interaktion zwischen Mensch und KI entspricht langfristig nicht dem Reziprozitätsprinzip. Beziehungsbildende Aspekte wie gegenseitige Unterstützung oder gemeinsame Interessen kommen zwischen Mensch und Maschine nicht vor. Für KI sind wir nur ein Datenpunkt von vielen. Menschliche emotionale Kompetenz ist deshalb einer der wertvollsten Future Skills[9].

Die Fähigkeiten, Emotionen wahrzunehmen, zu transportieren und zu regulieren, zwischenmenschliche Nuancen zu erspüren, Beziehungen zu festigen oder Mitgefühl auszudrücken, sind Kompetenzen, mit denen wir künftig herausstechen werden. Damit das passiert, müssen diese Fähigkeiten proaktiv trainiert werden. Auch wenn wir künftig solide technologische Skills brauchen, werden menschliche Skills immer unerlässlicher werden. Das Gefühl, das wir durch ein ehrliches Gespräch, eine Umarmung oder das Wiedersehen unserer Lieblingskolleg:innen haben, kann letztendlich keine KI abbilden. Am Ende bleiben emotionale Tiefe und physische Nähe der Unique Selling Point zwischen Menschen.

---

9 Unter Future Skills versteht man eine Reihe an Fähigkeiten, die Arbeitnehmende brauchen, um den Herausforderungen der modernen Arbeitswelt gerecht zu werden. Dazu gehören beispielsweise digitale Kompetenzen, Kollaborationsfähigkeit, innovatives Denken oder emotionale Kompetenz.

Wie können wir emotionale Kompetenzen bei der Arbeit stärken?

Daniela Fink, Business Coach, Leadership-Expertin und Trainerin für Führungskräfte und Teams

Besonders in Zeiten der Unsicherheit oder Krisen sind emotionale Kompetenzen die Basis für eine erfolgreiche und vertrauensvolle Zusammenarbeit. Zu diesen Kompetenzen wird laut Dorsch, Lexikon der Psychologie, »die multidimensionale Fähigkeit zum Erkennen eigener Gefühle, zum Erkennen der Gefühle von anderen, zum Umgang mit eigenen Gefühlen und zum Ausdruck von Gefühlen verstanden«. Wie können wir diese Fähigkeiten aktiv stärken?

1. Empathie Walk & Talk. Das ist eine wunderbare Übung, die ich gerne in Teamworkshops durchführe, aber auch jede:r in den Arbeitsalltag einbauen kann: ein kurzer Spaziergang, bei dem zwei Kolleg:innen über eine aktuelle Herausforderung oder ein Problem sprechen. Während des Spaziergangs spricht eine Person über ihre Herausforderung, während die andere nur zuhört und am Ende zusammenfasst, was sie gehört hat. Danach wechseln sie die Rollen. Die Übung stärkt die Fähigkeit, aktiv zuzuhören, sich in den anderen hineinzuversetzen und sich gegenseitig zu unterstützen. Sie stärkt die Fähigkeit, aktiv zuzuhören und sich in die Perspektive des anderen zu versetzen. Diese Technik lässt sich auch hervorragend in Konfliktgesprächen anwenden.

2. Forward-Feedback. Eine vertrauensvolle Arbeitsatmosphäre ist Voraussetzung, um offen miteinander zu sprechen. Das Konzept der psychologischen Sicherheit nach Amy Edmondson, also das Gefühl, ohne Nachteile konstruktiv Feedback geben und sich öffnen zu können, ist essenziell. Ein Beispiel: Eine Mitarbeiterin muss einem Kollegen Feedback zu seiner Arbeit geben, das teilweise negativ ist und Verbesserungsvorschläge enthält. Die Feedbackgeberin sollte dies konstruktiv und respektvoll tun, während der Empfänger lernt, aktiv zuzuhören und auf das Feedback einzugehen, ohne defensiv zu reagieren. Es empfiehlt sich, mit Ich-Botschaften zu arbeiten, zum Beispiel »Ich beobachte oder ich nehme wahr, dass …«. Für diese Übung braucht es emotionale Selbstregulation und die Fähigkeit, Feedback als Wachstumschance zu sehen.

3. Achtsamkeit und Meditation. Achtsamkeitstraining und Meditation im Arbeitsalltag können dazu beitragen, Stress zu reduzieren und die emotionale Selbstregulierung zu verbessern. Die Fähigkeit, Emotionen zu kontrollieren und zu regulieren, ist für viele Menschen eine der herausforderndsten Aspekte der emotionalen Kompetenzen. Durch beispielsweise fokussierte, ruhige Atmung können wir unseren Ruheblutdruck senken sowie Stress und Ängste reduzieren. Dadurch trainieren wir unser Gehirn, sich nicht von der Amygdala, dem Kampf- oder Fluchtareal des Gehirns, leiten zu lassen, sondern stattdessen den präfrontalen Kortex stärker zu aktivieren, der für komplexe Handlungsplanung verantwortlich ist.

Betriebsarzt Dr. ChatGPT?

Für mentale Gesundheit am Arbeitsplatz hat KI durchaus Potenzial, nur stehen wir erst ganz am Anfang. Einige Beispiele, wo künstliche Intelligenz uns in Bezug auf Mental Health unterstützen kann:

- **Informationssuche.** Generative KI wie ChatGPT liefert erstaunlich valide Informationen, wenn man zum Beispiel nach Anzeichen einer Depression fragt oder wissen will, an wen man sich wenden sollte, wenn man bei der Arbeit ein Mental Health Problem hat. Aber Achtung – generative KI birgt immer ein gewisses Risiko für Fehlinformationen.

- **Arbeitsgestaltung.** Es gibt KI, die beim Priorisieren und im Zeitmanagement unterstützt oder Muster in der Arbeitsgestaltung erkennt. Worklytics beispielsweise analysiert Daten aus allen verwendeten digitalen Tools wie Google Workspace, Slack, Zoom und MS Office und kondensiert diese, um Muster im Arbeitsverhalten einer Person zu erkennen. Wenn jemand zum Beispiel sehr viele Meetings hat und dadurch immer wieder länger arbeitet als vorgesehen, kann die Software datengestützt auf dieses Muster hinweisen und die Person informieren, etwas daran zu ändern.
- **Früherkennung.** KI ermöglicht schon jetzt die Früherkennung psychischer Erkrankungen anhand von Stimme, Sprachinhalten, Mimik und Schreibverhalten. Dies bietet auch für die Arbeitswelt Potenzial. KI-Bots könnten als niederschwellige Ansprechpartner oder zu Screeningzwecken eingesetzt werden. Die größte Hürde hierbei wird der Datenschutz darstellen, denn Gesundheitsdaten werden hierzulande (zu Recht) sehr sensibel behandelt.
- **Intervention.** Die Ära der One-size-fits-it-all-Lösungen neigt sich durch KI und maschinelles Lernen dem Ende zu. Neuere Ansätze aus der Precision Psychology plädieren für individuelle und personalisierte Behandlungen anhand von individuellen Bedürfnissen, Merkmalen und Umständen der einzelnen Person.[71] Dieser Paradigmenwechsel könnte die Nutzung von Mental Health Angeboten deutlich attraktiver machen und einen wesentlichen Beitrag dazu leisten, dass frühzeitig interveniert wird, sodass sich Beschwerden nicht verschlechtern oder chronifizieren.

Auf Basis all dieser Möglichkeiten stellt sich die Frage, wie viel Raum KI in Bezug auf Mental Health am Arbeitsplatz letztendlich einnehmen wird. Eine Zahl hat mich dabei sehr stutzig gemacht: 56% der deutschen Arbeitnehmenden würden lieber mit einer KI-»Ansprechperson« als mit Vorgesetzten über Stress und Angst bei der Arbeit reden.[72] Als Gründe werden Bewertungsfreiheit, Unvoreingenommenheit und schnelle Antworten genannt. Moment mal! Steht das nicht in Widerspruch dazu, dass es menschliche Qualitäten für zwischenmenschliche Anliegen braucht? Tatsächlich nicht, denn hier deckt sich ein ganz anderes Problem auf. Wenn Menschen vor allem nach Orten suchen, an denen ihnen scheinbar unvoreingenommen und wertfrei begegnet wird, zeigt uns das, dass wir dringend menschlichere Arbeitswelten schaffen müssen. Stigmatisierung, Diskriminierung und die Angst vor Nachteilen sollten uns nicht in die Hände von KI treiben, sondern ein Warnsignal sein, dass unsere Haltung zu mentaler Gesundheit sich grundlegend ändern muss. Zumal auch generative KI durch die Daten, auf denen sie beruht, durchaus diskriminierend sein kann. Wenn wir uns künftig nur noch mit KI über unser Wohlbefinden unterhalten, laufen wir Gefahr, Einsamkeit, Rückzug, Scham und Isolation zu verschlimmern. KI darf nicht der Lückenfüller für eine Kultur der Angst und Stigmatisierung sein. Sie sollte als ergänzendes Mittel dienen, aber nicht als Abkürzung fungieren, um marode Arbeitskulturen zu überschminken.

Menschliche Interaktionen sind so vielschichtig wie unsere Psyche. KI kann zentrale Aspekte wie Empathie, Urteilsvermögen, Intuition, Ethik, Verantwortung, oder menschliche Fürsorge – zumindest derzeit – nicht nachbilden. Von Dr. ChatGPT sind wir also noch weit entfernt.

Reflexion

- Wie stehst du zu KI? Macht sie dich unsicher, begeistert sie dich oder schwankst du zwischen verschiedenen Gefühlen?
- An wen würdest du dich mit einem Mental Health Anliegen bei der Arbeit lieber wenden, an eine:n Kolleg:in oder eine KI und warum?
- Wo braucht es in deinem Arbeitsumfeld mehr emotionale Kompetenzen und warum?

06 Miteinander

Gesundheitsförderliches Verhalten wie gegenseitige Fürsorge, Grenzen setzen oder ein pünktlicher Feierabend sollten wir untereinander bestärken.

6.1 Mentale Gesundheit im Team – Weichensteller für unser Wohlbefinden

Mit kaum jemandem haben wir tagtäglich so viel zu tun wie mit unseren Teamkolleg:innen. Mit ihnen teilen wir die ganze Klaviatur an Emotionen – von Rückschlägen über Dampf ablassen bis hin zu großen Erfolgen. Dementsprechend findet auch mentale Gesundheit in Teams statt. Teams können aufgrund von Ellenbogenmentalität und unterschwelligen Konflikten entweder Gift für unsere mentale Gesundheit bedeuten oder dank Unterstützung, offener Ohren und Common Care (▶ Kap 4.2) wahre Treiber für unser Wohlbefinden sein.

Dies sind die Hauptgründe, warum Teams ein zentraler Dreh- und Angelpunkt für mentale Gesundheit sind:

– **Früherkennung.** Manchmal kann ein Teamkollege es uns schneller ansehen, wenn wir gerade in eine Überlastungsspirale reinschlittern, als wir es selbst merken. Teammitglieder sind Seismograf, Resonanzkörper und Spiegel, wenn es um mentale Gesundheit geht. Dabei geht es nicht nur darum zu erkennen, wann es uns nicht gut geht, sondern auch darum zu wissen, wann es uns gut geht, warum das so ist und wie wir dazu beitragen können, dass das so bleibt.

- **Fürsorge.** Manchmal kann der gemeinsame Check-in am Donnerstag um 14 Uhr der einzige Termin der Woche sein, an dem wir ehrlich reflektieren, wie es uns gerade geht, weil wir sonst tief im Alltagswahnsinn stecken. Außerdem ist das Team für manche Menschen der einzige sichere Zufluchtsort von zu Hause, wo unter Umständen Gewalt, Konflikte oder Traumata herrschen.
- **Ambassadorship.** Für viele Mental Health Themen brauchen wir sozialen Rückenwind. Wenn unser Teamlead zum Beispiel davon berichtet, dass er:sie die psychologische Beratung des Unternehmens ausprobiert hat und es sehr hilfreich fand, wird unser eigener Weg dorthin schlagartig kürzer. Dieser sogenannte Social Proof (► Kap. 7.2) ist elementar, um mentale Gesundheit großflächig in die Kultur einzuweben. Im Team sind wir alle somit – bewusst oder unbewusst – Multiplikator:innen, wenn es um mentale Gesundheit geht (► Kap. 9.2).

Über das Mental Health »Coming-out« und was danach kommt.

Stephanie Bröcker, Henkel Adhesive Technologies Innovation

Stephanie, du hast deine Erkrankung bei der Arbeit lange für dich behalten. Was war der entscheidende Moment, warum du das geändert hast?

Nach meiner Diagnose bezüglich meiner mentalen Disposition bin ich in meinem damaligen Job (vor 12 Jahren) sehr offen damit umgegangen. Das hat leider nicht so gut funktioniert. Ich wurde daraufhin immer mit dem Attribut »Stephanie ist krank und damit nicht leistungsfähig« behandelt, sodass ich bei Bewertungen aus meiner Sicht konsequent schlechter beurteilt wurde als Kolleg:innen. Ich habe daher aufgehört, darüber zu sprechen. Ein paar Jahre später (die mentalen Erkrankungen sind wiederkehrend) hatte ich keine Kraft mehr zu »covern«. Es war mir egal, was andere von mir denken. Ich wollte einfach ehrlich sein.

Wie haben dein Chef und deine Kolleg:innen darauf reagiert?
Ich war viel besser im Austausch mit meinem Vorgesetzten, konnte ihm sagen: Was geht heute, was geht nicht. Mein eigenes Team hat mich unglaublich unterstützt. Kolleg:innen, denen ich die Situation erklärt hatte – warum ich jetzt erst mal weg bin –, haben mir Postkarten, kleine Geschenke, immer wieder Nachrichten zukommen lassen. Das alles fand ich unglaublich unterstützend – auch ein Grund, warum ich schnell genesen konnte. Weil sie mich »trotz Diagnose« oder »wegen meiner Ehrlichkeit« wertschätzen.

Inwiefern sind vorherige Befürchtungen von dir eingetroffen? Was hat dich überrascht?
In der Krisensituation hatte ich keine Befürchtungen mehr – über das Stadium war ich hinaus. Was mich wirklich überrascht hat, war das ehrliche Interesse meiner Kollegen und meines Vorgesetzten an diesem Thema. Wir konnten gut darüber sprechen, auch nachdem ich ein paar Begrifflichkeiten zu Krankheits- und Heilungsverlauf geklärt hatte. Es gab keinerlei »Nachwirkungen« auf mein »Coming-out«. Weder verbal noch in meiner beruflichen Entwicklung. Ganz im Gegenteil.

Was hat sich seitdem geändert?
Zum einen bin ich zu einer Go-to-person für Mental Health geworden: Kolleg:innen, die mich kennen und von meiner Ge-

schichte wissen, kommen auf mich zu und holen sich Rat oder können ihre eigenen Themen besser einordnen. Außerdem kann ich das Thema »Mental Health« bei uns im Bereich auch weitertreiben. Zum anderen kann ich sehr befreit und angstfrei arbeiten. Und wenn ich tatsächlich einen »schlechten« Tag habe, dann können meine Kolleg:innen das besser bearbeiten. Ich muss mich nicht immer komplett erklären.

Wie fühlst du dich inzwischen mit deiner Entscheidung, offen über deine psychischen Belastungen zu sprechen?
Da ich zuvor auch schon einmal eine gegenteilige Erfahrung gemacht habe, würde ich sagen: Vielleicht war die Zeit erst jetzt einfach reif dafür. Wichtig ist zu verstehen, dass jede Geschäftseinheit, jedes Team, jeder Vorgesetzte anders damit umgeht oder offen dafür ist. Grundsätzlich geht das bei Henkel in die absolut richtige Richtung.

Mentale Gesundheit muss im Team zu einer Selbstverständlichkeit werden. Dafür helfen informelle Check-ins, die wir oft schon natürlich in unseren Alltag eingebunden haben (»Wie geht's dir?«), sowie formelle Check-ins wie zu Beginn eines Meetings. Eine dieser formellen Möglichkeiten aus der Praxis möchte ich gerne vorstellen: den Emotional Check-in.

Was ist der Emotional Check-in?

In einem ehemaligen Team von mir führte ich den Emotional Check-in ein, den es in ähnlicher Form auch in anderen Organisationen gibt: Einmal im Monat sprachen wir 45 Minuten ausschließlich darüber, wie es uns gerade geht und was uns beschäftigt. Es war mein Lieblingstermin, weil er uns als Team eng zusammengeschweißt hat.

Wir stellten uns immer diese Fragen:

1. Auf einer Skala von 1 (sehr schlecht) bis 10 (sehr gut): Wie geht es dir momentan und warum?
2. Was bräuchte es, um auf der Skala einen Punkt nach oben zu rücken?
3. Wie können wir dich als Team dabei unterstützen?
4. Gibt es etwas, von dem du möchtest, dass wir als Team darüber Bescheid wissen?

Probiere es auch einmal aus. Der Ablauf ist einfach: Jede Person beantwortet die Fragen. Dabei wird auf ein gutes Zeitmanagement geachtet, damit alle zum Zug kommen. Der Termin wird mit einer Ein-Wort-Runde beendet: Jede Person sagt ein Wort, das ihr Gefühl oder ihren Zustand gerade gut beschreibt.

Wo der Check-in funktioniert: in kleinen Teams bis maximal fünf Personen, sonst wird es zeitlich zu knapp. Die Teammitglieder sollten eine gegenseitige Vertrauensgrundlage mitbringen.

Wo er nicht funktioniert: in großen oder konfliktgeladenen Teams. Wenn es keine psychologische Sicherheit gibt (► Kap 6.2), wird allenfalls Dampf abgelassen, aber kein ehrlicher Austausch stattfinden.

Wann immer ich von meinen Erfahrungen mit diesem Format berichte, kommt dieselbe Frage auf: Packen die Kolleg:innen dann nicht ihren ganzen Ballast aus und sprengen völlig den Rahmen? Ja, das Risiko besteht, ist allerdings minimal. Nach zahlreichen Emotional Check-ins kann ich sagen: Die meisten Menschen nutzen dieses Format nicht, um ihr inneres Gepäck in einem großen Schwall abzuwerfen. Eher schenken sie dem Team Kontext zu ihrer Person. In meinen Check-ins kamen immer Geschichten aus dem ganz normalen Leben hoch: Familienmitglieder, die gestorben sind, Krankheitsfälle im nahen Umfeld, Umzugsstress. Dass uns das bewegt, ist schlichtweg menschlich. Man könnte vermuten, dass im Gespräch gerade bei der dritten

Frage – »Wie können wir dich als Team dabei unterstützen?« – dann auch große Entlastungswünsche ans Team gestellt werden. Tatsächlich sagen die meisten Kolleg:innen aber: »Es tut einfach gut, dass ihr darüber Bescheid wisst.« Sie suchen in der Regel nicht nach speziellem Support, sondern wünschen sich den emotionalen Rückhalt des Teams. Das ist alles – nicht mehr und nicht weniger. Und es ist keine Magie.

Mehr als nur »Wie geht es dir?« – Vier Formate, um mentale Gesundheit zu stärken.

Taraneh Taheri, Redakteurin & Process Ownerin bei Neue Narrative

Ich möchte vier Ansätze vorstellen, wie wir bei Neue Narrative mentale Gesundheit stärken und psychische Krankheiten sowie ihre Begleiterscheinungen enttabuisieren.

Ehrliche Check-ins

Wir beginnen jedes Meeting mit einer Check-in-Frage, zum Beispiel »Wie bist du heute zur Arbeit gekommen?«. Weil es aber sehr einfach ist, auf diese Frage nur kurz mit »gut« zu antworten, passen wir die Check-in-Fragen regelmäßig an. Was hilft, sind präzise Fragen, die reflexhafte Antworten ausschließen (z. B. »Wie geht es dir auf einer Skala von 1, sehr schlecht, bis 10, sehr gut?«), oder offene Fragen, die zur Reflexion anregen und ein Einstieg für ein tiefergehendes Gespräch sein können (z. B. »Was beschäftigt dich heute besonders?«). Durch diese Art der Fragen signalisieren wir, dass wir die Frage nach dem Befinden ernst meinen – und nicht bloß als höflichen Sprechakt.

Bei den Antworten ermutigen wir uns durch Role Modeling gegenseitig, ehrlich auf die Check-in-Fragen zu antworten. Das heißt: Wenn ich im Meeting offen kommuniziere, dass ich gerade eine depressive Episode habe, bestärkt das andere Betroffene, auch ehrlich von den Begleiterscheinungen ihrer psychischen Krankheiten zu erzählen. Ob und wie viel Mitarbeiter:innen teilen (können), hängt natürlich damit zusammen, wie ausgeprägt die psychologische Sicherheit im Team ist. Psychologische Sicherheit meint hier das kollektive Gefühl von Sicherheit, dass kontroverse Dinge in einer Gruppe besprochen werden können, ohne dass die einzelnen Mitglieder abgewertet oder bestraft werden. Bei uns passiert es regelmäßig, dass Menschen teilen, dass es ihnen nicht gut geht. Sie breiten dann nicht zwangsläufig ihr gesamtes Innenleben vor allen im Team aus, sondern erzählen nur so viel, wie sie möchten. Und wenn sie nichts berichten möchten, ist das vollkommen in Ordnung.

Darüber hinaus haben wir ein spezielles Meetingformat entwickelt: den Emotions-Check-in. Er ist dazu da, etwas ausführlicher als normalerweise über unseren aktuellen Gemütszustand zu sprechen: Wie geht es uns gerade? Was beschäftigt uns momentan in Bezug auf unser Team? Beim Emotions-Check-in gibt es nur eine Regel: Alles, was in dem Meeting geteilt wird, bleibt dort. Dadurch wird ein Safe Space geschaffen, auch über unangenehme Gefühle zu sprechen.

Potenzialentfaltungsgespräche

Unsere Potenzialentfaltungsgespräche finden in der Regel alle sechs Wochen statt und sind ein Raum für persönliche Entwicklung. Eine Person mit Coachingerfahrung stößt eine Reflexion über die eigene Persönlichkeit, Stärken und Schwächen, aktuelle Herausforderungen und Wünsche an. In den Gesprächen steht eine Frage im Mittelpunkt: »Was brauchst du gerade?« Die gefragte Person kann selbst entscheiden, worüber sie spricht. Auch die Potenzialentfaltungsgespräche sind ein Safe Space, es dringt nichts nach außen. Ebenso haben Themen, die mentale Gesundheit betreffen, wie Überforderungen, Ängste oder Burn-out, hier einen Platz.

Chronische-Krankheiten-Canvas

Meine Kollegin Emma hat ein Tool entwickelt, mit dem Teams ein ehrliches Gespräch über die Begleiterscheinungen ihrer Krankheiten anstoßen und krankheitsbezogene Bedürfnisse in Arbeitsprozesse integrieren können: den Chronische-Krankheiten-Canvas[73]. Ich finde es im Kontext mentaler Gesundheit wichtig, nicht nur darüber zu sprechen, wie es mir mit einer Krankheit geht, sondern auch, wie mein Umfeld auf mich eingehen kann. In dem Canvas werden Fragen gestellt wie: Gibt es Zeiten, in denen die Krankheit schlimmer ist/auftritt? Wie möchte ich meine Krankheit kommunizieren? Welche Fähigkeiten und Kompetenzen bringe ich durch meine Krankheit mit? Dieser offene Austausch verbessert die Zusammenarbeit für alle Beteiligten und schafft mehr Vertrauen, um auf die Frage: »Wie geht es dir?« ehrlich zu antworten.

Leere Batterie in Slack

Der Leere-Batterie-Emoji in Slack ist einer meiner liebsten Mental Health Hacks im Alltag. Wenn es mir an einem Tag nicht so gut geht, stelle ich die leere Batterie als Status in Slack ein. So machen wir es analog auch bei Urlauben oder Krankheit mit anderen Emojis. Meine Kolleg:innen wissen bei der leeren Batterie direkt, dass sie heute besser keine zusätzlichen Aufgaben bei mir anfragen. Niemand muss sich für die leere Batterie rechtfertigen oder erklären. Ganz im Gegenteil: Sie zeigt an, dass heute jemand nicht in seiner Kraft ist und gegebenenfalls Unterstützung benötigt.

Die Sache mit der Krankschreibung

Wir haben es alle schon einmal erlebt: Jemand ist krank und wir müssen den Ausfall im Team kompensieren. Diese Zusatzbelastung kann zu Unmut, Frustrationen und Ausgelaugtheit durch Mehrbelastung führen. Zwar sind uns die Gründe für eine Krankschreibung nicht immer bekannt, aber wenn wir wissen, dass die Person psychische Beschwerden hat, gehen wir wegen unseres internalisierten Stigmas oft sehr hart mit ihr ins Gericht. Wie geht man damit um? Um es geradeaus zu sagen: Was hier garantiert nicht hilft, ist, einzelnen Personen die Schuld zuzuschreiben und passive Aggressionen walten zu lassen. Was hingegen hilft, ist, darüber zu sprechen und sich klarzumachen, dass die anfallende Mehrarbeit nicht der Fehler der krankgeschriebenen Person ist (wir alle sind mal krank!), sondern ein Fehler des Systems, das zu sehr auf Kante genäht ist und unzureichend Rückhalt für Ausfälle bietet. Auf dieser Basis können Teams besprechen, wie sie fortan ihren Workload priorisieren und welche Anpassungen sie gegebenenfalls vornehmen oder von Vorgesetzten einfordern. Dabei geht es nicht darum zu beweisen, dass man es auf Kosten der Teamgesundheit doch irgendwie alles schaffen kann, sondern zu signalisieren, dass weniger Ressourcen auch eine neue Aufgabenplanung brauchen. In diesen Phasen sollten wir uns als Team im Sinne einer guten Common Care die Fragen stellen: Wie können wir mit weniger Ressourcen unsere beste Arbeit machen? Wie können wir weiterhin für ein gutes Teamklima sorgen? Welche Unterstützung braucht die Person, die gerade nicht da ist? Wie können wir darauf achten, nicht leerzulaufen? In diesen Momenten entscheidet sich, ob »It's okay not to be okay« in einer Unternehmenskultur Hand und Fuß hat.

Wie man im Team (nicht) über mentale Gesundheit sprechen sollte

In Teams gibt es grundsätzlich drei Typen, was Mental Health angeht: (scheinbar) nicht Betroffene, selbst Betroffene oder indirekt Betroffene (z.B. Angehörige). Solche, die sich als »nicht betroffen«

deklarieren, mögen zwar zu einer Gruppe von Menschen gehören, die bis dato noch nicht mit größeren psychischen Belastungen konfrontiert waren und daher noch nie auf dem Struggling- oder In-Crisis-Ende des Mental Health Spektrums standen (► Kap. 1.1), aber sie alle haben eine Psyche. Deshalb sollten auch sie sich für das Thema sensibilisieren. Der zweite Typus, die selbst Betroffenen, haben durch eigene Erfahrungen einen emotionalen Bezug zum Thema. Manche gehen damit sehr offen um, andere nicht. Menschen aus dieser Gruppe sind häufig Pionier:innen, die sich in der Arbeitswelt mutig für mentale Gesundheit engagieren. Ihre eigenen Erfahrungen motivieren sie dazu, anderen dasselbe Leid zu ersparen und für sich selbst ein gesünderes Arbeitsumfeld zu schaffen. Diese Menschen brauchen unbedingt Verbündete, die das Thema mit ihnen zusammen voranbringen. Die dritte Gruppe sind indirekt Betroffene, die wir häufig vergessen: Angehörige von Menschen mit psychischen Erkrankungen. Aus Stigmatisierungs- oder Vertraulichkeitsgründen weiß aber kaum jemand um die versteckte Care-Arbeit, die diese Menschen schultern. Denn Care-Arbeit assoziieren wir häufig damit, sich um Kinder oder pflegebedürftige Eltern zu kümmern, aber nie damit, für Menschen mit psychischen Belastungen da zu sein. Dabei haben in Deutschland über 17 Millionen Menschen eine psychische Erkrankung[74] und nahezu alle haben Angehörige. Auch diese Menschen brauchen einen wertfreien Raum und Rückhalt durch ihre Teams.

Wenn wir in Teams über mentale Gesundheit sprechen, haben also alle einen mehr oder weniger bewussten Bezug dazu. Meist wird das Thema von ein, zwei engagierten Teammitgliedern eingebracht. Das kann die anderen manchmal überfordern und eine Abwehrhaltung hervorrufen: »Ich rede hier doch nicht über meine persönlichen Probleme!« – und schwupp sind alle ganz still. Wie kann man im Team nun einen angemessenen Rahmen für mentale Gesundheit finden, ohne das Thema wegen solcher Entgegnungen direkt wieder von der Agenda zu nehmen? Ich möchte beispielhaft einige destruktive Formulierungen sowie positivere Ansätze vorstellen.

»So, und jetzt sagt jede:r mal, wie's ihm/ihr so geht!«
Im besten Fall erzählt jede Person, wie es ihr wirklich geht. Im suboptimalen Fall sagen alle »gut«. Im schlechtesten Fall reagiert jemand abweisend oder sogar wütend. Wenn ein Team zum ersten Mal einen derartigen Check-in macht, rate ich dazu, sie mit Metaphern zu unterstützen. In Kapitel 3.3 habe ich bereits einige Methoden wie das Ampelsystem, die innere Wetterlage oder Skalierungsfragen vorgeschlagen. Darüber hinaus empfehle ich, spielerischere Formen zu finden, die auch Spaßcharakter haben. Zum Beispiel wird eine Ein-Wort-Runde gemacht (jede Person sagt ein Wort, welches ihr aktuelles Befinden widerspiegelt) und dies mit einem Countdown im Chat verbunden. Bei Onlinemeetings schreiben alle ihr Wort in den Meeting-Chat, schicken es aber noch nicht ab. Dann wird ein Countdown von 10 runtergezählt und bei 0 drücken alle Teilnehmenden gleichzeitig Enter. So entsteht ein kurzer Spannungsmoment, der dem Check-in eine spielerische Note gibt. Manchmal kann es auch sinnvoll sein, ein liebevolles Verbot zu verhängen. Bei der Frage »Wie geht es dir gerade?« darf mit allem, nur nicht mit dem Wort »gut«, geantwortet werden.

»Bettina, du guckst so depressiv, was ist denn los?«
Eine Kollegin öffentlich auf mentale Probleme anzusprechen, mag zwar gut gemeint sein, ist aber häufig kontraproduktiv. Eigentlich wollen wir damit erreichen, dass die Person sich öffnet, aber bewirken meist das Gegenteil. Stigma und Scham sind dicke Panzer, die besonders in größeren Gruppen nicht ohne Weiteres abgelegt werden. Wenn wir uns Sorgen um jemanden machen, sollten wir die Person in einem ruhigen Moment unter vier Augen darauf ansprechen (▶ Kap. 8.3).

»Mensch, Thomas, jetzt sag du doch auch mal was!«
Wenn sich jemand nicht öffnen möchte, müssen wir das respektieren. Es gibt tausende Gründe, warum eine Person sich nicht bereit dazu fühlt. Was wir häufig vergessen: Veränderungen passieren oft

erst einmal im Stillen, nur für die Person selbst. Vielleicht ist Thomas inspiriert von der Offenheit seines Kollegen und setzt sich seitdem mehr mit sich selbst auseinander, obwohl – oder gerade weil – die anderen nicht zuschauen. Vielleicht braucht er einfach noch etwas Zeit. Vielleicht ist er neu im Team und mit der Teamkultur noch nicht vertraut. Vielleicht ist er es nicht gewöhnt, über sein Befinden zu sprechen, hat keine Worte dafür und ist deshalb überfordert. Vielleicht hat er aus seiner Erziehung tief internalisiert, dass bei der Arbeit über »so was« nicht gesprochen wird. Die Gründe sind vielfältig. Deshalb sollten wir diesen Personen nie mit Genervtsein begegnen, sondern ihnen die Tür offenhalten: »Falls du zu einem anderen Zeitpunkt etwas sagen willst, kannst du das gerne tun. Falls nicht, ist das vollkommen okay.«

»So schlimm ist es bei dir aber doch nicht, oder?«
Hinter dieser Verharmlosung psychischer Belastungen stehen oft zwei Aspekte. Einerseits fühlen wir uns in der Helfer:innenrolle überfordert und hoffen deshalb, dass es um unser Gegenüber nicht ganz so schlecht bestellt ist. Vielen von uns fehlt es an den nötigen Mental Health Kompetenzen (▶ Kap. 5.2), um sicher und supportiv mit so einer Situation umgehen zu können. Auf der anderen Seite steckt dahinter oft die Angst, welche Konsequenzen eine ehrliche Antwort mit sich bringt: Fällt die Person bald aus? Müssen wir etwa Aufgaben umverteilen? Wie soll das gehen, wenn alle ohnehin schon am Anschlag sind? So versuchen wir uns mit dieser Art der Formulierung selbst zu beruhigen. Diese innere Rückversicherung kann jedoch für unser Gegenüber fatal sein: Probleme werden marginalisiert, verschleppt und die Person zieht sich zurück, statt frühzeitig Hilfe zu bekommen. Wenn uns jemand von mentalen Belastungen erzählt, sollten wir daher erst mal zuhören und eine wohlwollende Haltung einnehmen. In Kapitel 8 erläutere ich genauer, wie man ein gutes Mental Health Gespräch führt.

»Okay, ich glaube, wir haben genug von dir gehört und sollten mal zur Agenda übergehen.«

Es gibt immer Menschen, die mehr und solche, die eher weniger teilen. Was tun, wenn uns Anna im Check-in zu Beginn des Strategiemeetings umfassend von dem Rosenkrieg ihrer Scheidung erzählt? Für solche Fälle können wir verschiedene Vorkehrungen treffen. Wenn wir Check-ins einführen, sollten wir vorab den Rahmen kommunizieren. So gibt es ein klares Timeboxing (z. B. fünf Minuten) und bei Bedarf weitere informelle Möglichkeiten (z. B. Gespräch mit einer Kollegin) oder formelle Formate (z. B. Emotional Check-in). Damit sorgen wir für Orientierung und kommunizieren gleichzeitig, dass es weitere Plattformen zum Austausch gibt. Sollte es im Check-in ausführlicher werden, als es der Rahmen erlaubt, hilft ein wohlwollender Hinweis: »Anna, ich merke, dass das Thema dich sehr beschäftigt und das kann ich vollkommen verstehen. Wir haben heute nur begrenzt Zeit, doch ich möchte sichergehen, dass es nicht unter den Tisch fällt. Gerne biete ich dir an, dass wir uns zu zweit noch einmal darüber austauschen.«

Superkraft Beziehung

Fest steht: Wir müssen nicht auf die »großen« Veränderungen durch das Unternehmen oder auf die Ankündigung der Geschäftsführung waren, bis wir uns im Team mit mentaler Gesundheit beschäftigen. In unserem Teamkosmos können wir schon viel bewirken, schließlich verbringen wir dort die meiste Zeit und nicht mit dem/der CEO. Gesundheitsförderliches Verhalten wie gegenseitige Fürsorge, Grenzen setzen oder ein pünktlicher Feierabend sollten wir untereinander bestärken. Diese soziale Unterstützung macht uns gesünder. Aus der Resilienz- und Zufriedenheitsforschung wissen wir, dass es vor allem die festen sozialen Beziehungen sind, die uns gesund halten, uns widerstandsfähig machen und uns im Leben und bei der Arbeit wirklich erfüllen.[75] Deshalb nimmt unser Team eine zentrale Rolle ein, wenn es um unser Wohlbefinden geht. Und auch die Leistungen, die wir erbringen, sowie die Ziele, die wir erreichen, sind immer mehr als nur unser eigener Verdienst. Der Rückhalt durch Kolleg:innen, Partner:innen, Familie und Freund:innen machen Erfolge erst möglich.

Reflexion

- Welche formellen oder informellen Wege, um euch über mentale Gesundheit auszutauschen, gibt es in deinem Team bereits?
- Welche Metaphern könnten in deinem Team für den Austausch nützlich sein? Welche Bilder holen euch ab?
- Hast du in den letzten Jahren eine Entwicklung in deinem Team bemerkt, wie offen über das Thema gesprochen wird?

6.2 Psychologische Sicherheit – ein Geheimrezept für Erfolg

Fehler sind willkommen

In einer internen Studie namens Projekt Aristoteles untersuchte Google in über 200 Teams, was sie besonders effektiv und erfolgreich macht. Dabei waren es nicht einzelne High Performer, die ihre Teams zu Höchstleistungen brachten, sondern folgende Kernfaktoren[76]:

- **Verlässlichkeit.** Die Teammitglieder nehmen ihre Verantwortung ernst und erledigen ihre Arbeit zuverlässig.
- **Struktur und Klarheit.** Das Team verfügt über klare Rollenverteilungen, transparente Ziele und partizipative Entscheidungsprozesse. Jedes Teammitglied kennt die Erwartungen an sich selbst und an das Team und weiß, wie sie als Team dorthin gelangen.
- **Bedeutung & Sinnhaftigkeit.** Die Teammitglieder empfinden ihre Arbeit als bedeutsam.
- **Impact.** Die Teammitglieder verstehen, wie ihre Arbeit zu den Zielen der Organisation beiträgt.
- **Psychologische Sicherheit.** Die Teammitglieder trauen sich, Fehler zuzugeben, ungewöhnliche Ideen einzubringen und kritische Fragen ohne Rücksicht auf Hierarchien oder Gefälligkeiten zu stellen.

Einer dieser Faktoren stach besonders heraus, nämlich psychologische Sicherheit. Diese beschreibt den Glauben daran, dass Risiken innerhalb eines Teams oder innerhalb einer Organisation ohne negative Konsequenzen eingegangen werden können.[77] Inzwischen wird sie als *die* Geheimzutat für Innovation und Erfolg gehandelt. Gustavo Razetti beschreibt psychologische Sicherheit als die Differenz zwischen Schweigen und Partizipation. Kann ich meine Bedenken im Team wirklich äußern, ohne auf rollende Augen zu stoßen?

Kann ich einen Fehler machen, ohne danach kritisiert oder bestraft zu werden? Kann ich mich verletzlich zeigen und es mir leisten, auch unvollkommene Arbeitsergebnisse zu zeigen oder mal keine Antworten zu haben? Einfach gesagt bedeutet psychologische Sicherheit, angstfrei zusammenarbeiten zu können.

Angst erstickt unsere Ideen und unser Lernpotenzial. Neurobiologisch gesehen sind Angstkreisläufe in unserem Gehirn die ältesten und hartnäckigsten Verbindungen. Angst schaltet unser Überlebenshirn ein. Wenn es aktiviert ist, haben andere neuronale Netzwerke wie Kreativität oder logisches Denken kaum eine Chance. Das bedeutet in unserem Arbeitskontext: Wenn wir Angst haben, können wir nicht gleichzeitig innovativ sein. Wer Angst hat, wird versuchen, sich in Sicherheit zu bringen oder die Flucht zu ergreifen. In der Zusammenarbeit zeigt sich das darin, dass wir lieber leise und unauffällig bleiben oder sogar eine Arbeitsstelle verlassen, um kein Risiko einzugehen. Psychologische Sicherheit wirkt dem entgegen und sorgt dafür, dass unser Überlebenshirn ausgeschaltet bleibt und wir andere Regionen unseres Gehirns nutzen können, die für Kreativität und komplexes Problemlösen verantwortlich sind. So entsteht ein völlig neues Lern-, Denk- und Innovationspotenzial.

Amy Edmondson empfiehlt drei Maßnahmen, um die psychologische Sicherheit in Teams zu fördern:

1. Betrachtet eure Arbeit als ein Lernproblem, nicht als Ausführungsproblem. Wir sollten zugeben, dass wir manche Dinge nicht wissen oder nicht vorhersehen können und daraus die Haltung entwickeln, dass es die gemeinsame Triebkraft aller Teammitglieder braucht, um Aufgaben und Probleme zu lösen. Statt eine Opferrolle einzunehmen, sollten wir uns fragen: Wo können wir Hilfe, Informationen oder Ressourcen bekommen, um das Problem zu lösen? Wie können wir an diesem Problem lernen?

2. Erkennt eure eigene Fehlbarkeit an. Wir sollten signalisieren, dass wir mit unseren Einschätzungen nicht zwingend richtig liegen und

auf die Meinung und Expertise der anderen Teammitglieder angewiesen sind. Wir sollten unvollständige (Zwischen-)Ergebnisse zeigen, Herausforderungen besprechen, um Feedback bitten und offen Fehler eingestehen, zu denen wir noch keine Lösung parat haben.
3. Seid neugierig und stellt reichlich Fragen. Wir sollten eine Kultur der Neugierde schaffen. Dabei sollten wir konstruktive Fragen stellen und andere dadurch animieren, Dinge kritisch zu hinterfragen, besser zu verstehen oder den Status quo zu challengen.

Viele Teile unserer Erziehung sind darauf ausgelegt, dass wir möglichst keine Fehler machen, uns von unserer bestmöglichen Seite zeigen und nicht »negativ« auffallen. Schon in der Schule werden wir in Klassenarbeiten für Fehler mit Punktabzug bestraft. Später frisieren wir unsere Lebensläufe, um sie möglichst glatt aussehen zu lassen. Und wenn wir im Meeting eine andere Meinung als der Chef haben, sind wir lieber still, um unseren Status nicht zu gefährden. Unsere Arbeitswelt ist voll mit diesen Momenten auferlegter Angst und Zurückhaltung. Deshalb müssen wir im Erwachsenenalter das »Fehlern« wieder völlig neu lernen. Das ist hart, weil es nahezu das gesamte Grundmanifest gesellschaftlicher Erziehung ins Wanken bringt. Wenn jedoch alle Teammitglieder ihre Haltung ändern und sich trauen, ihre Unvollkommenheiten und Fehler zu zeigen, kann echte Menschlichkeit entstehen. Selbstverständlich brauchen wir in einigen Branchen eine deutlich geringere Fehlertoleranz, etwa in der Medizin oder in der Luftfahrt. Aber auch dort ist es unvermeidbar, dass Fehler passieren. Bei vielen Airlines gibt es deshalb anonyme Reportingsysteme, um Fehler aufzuzeigen, ohne dass die Crewmitglieder negative Konsequenzen zu befürchten haben. Unsere Kernaufgabe liegt nicht darin, keine Fehler zu machen, sondern unseren Umgang mit Fehlern hin zu einem konstruktiven Austausch ohne negative Konsequenzen zu verändern.

Wie können Unternehmen die richtigen Voraussetzungen für mentale Gesundheit schaffen?

Karin Lausch, Co-Founder und Co-CEO coeffect – the future leadership company, Bestsellerautorin und Leadership Expertin

Ich habe einmal ein Meeting einer Bereichsleitung mit ihren Führungskräften begleitet, in dem sie alle dazu aufforderte, ihr endlich zu vertrauen, mutig für die eigenen Interessen einzustehen und kritische Gedanken mitzuteilen. Leider war die gleiche Bereichsleitung genau dafür bekannt, nicht vertrauenswürdig zu erscheinen und Fehler zu bestrafen.

In dem Bestreben, psychologische Sicherheit im Unternehmen herzustellen, greifen wir gern zu schnellen Mitteln wie großen Ansprachen, Teamentwicklungen oder Kommunikationsschulungen. Die Hoffnung dahinter ist: Wenn wir uns besser verstehen lernen und uns näherkommen, werden wir mutiger miteinander. Doch keine Rede und kein Teambonding allein können uns Sicherheit geben, wenn weiterhin Gründe für Unsicherheit und Misstrauen bestehen. Wer psychologische Sicherheit ermöglichen will, muss zunächst nach den Ursachen für die psychologische Angst im Unternehmen suchen.

Dabei geht es sowohl um Aspekte des menschlichen Verhaltens als auch um organisationale Strukturen, Prozesse oder Regeln. Konkret bedeutet das:

- Gibt es im Unternehmen ein unterstützendes Umfeld – oder individuelle Ziele und alle sind sich selbst am nächsten?
- Sind die Strukturen und Prozesse darauf ausgelegt, gemeinsam zu arbeiten – oder gegeneinander?

- Werden auch mutige und kritische Beiträge gehört, geschätzt und bearbeitet – oder schnell abgetan?
- Gibt es regelmäßig Zeit, in denen Teams ihre Zusammenarbeit stärken und weiterentwickeln können – oder nur eine Standard-Teamentwicklung pro Jahr?
- Sind Rollen und Verantwortlichkeiten klar und sinnvoll – oder gibt es Widersprüchlichkeiten und Reibungsverluste?
- Ist die Führung greifbar, nahbar und zeigt ihre eigene Unvollkommenheit – oder herrscht das Narrativ der perfekten Führungskraft, die alle(s) im Griff hat?
- Ist Lernen ein fester und mitgedachter Bestandteil von Arbeit, weil Fehler als Lerngelegenheit genutzt werden – oder geht Fehlerlosigkeit vor Fortschritt?

Auf den Punkt gebracht: Wer ein Umfeld schafft, dass von psychologischer Sicherheit geprägt ist, sorgt für Zukunftsfähigkeit. Sowohl wirtschaftlich als auch menschlich.

Psychologische Sicherheit wird manchmal missverstanden. Sie bedeutet weder, dass wir den Qualitätsanspruch an unsere Arbeit schleifen lassen, noch, dass wir alle auf Kuschelkurs gehen. Daher möchte ich über einige Fehlannahmen über psychologische Sicherheit und die Wahrheit dahinter aufklären.

Machen psychologisch sichere Teams weniger Fehler? Die Forschung von Amy Edmondson hat gezeigt, dass psychologisch sichere Teams nicht weniger, sondern sogar mehr Fehler machen. Sie gehen jedoch ganz anders damit um.[78] Und genau das schenkt ihnen viel größere Lernmöglichkeiten. Das zentrale Prinzip lautet »fail fast«: Erkenne Fehler frühzeitig, sodass sie sich nicht verschleppen und Folgeschäden oder -fehler verursachen. Diese Haltung wird insbesondere in der Softwareentwicklung oder der agilen Produktentwicklung angewendet. Ein gutes Beispiel dafür liefert Apple. 1983 kam ihr erster Computer »Lisa« (»Locally Integrated Software Architecture«) mit einer grafischen Benutzeroberfläche und einer Maus auf den Markt, was damals eine bahnbrechende Innovation war. Lisa war jedoch ein totaler Flop, weil er viel zu teuer und inkompatibel war. Dennoch bildete dieser Computer die Grundlage für die Weiterentwicklung zum Macintosh, der ein Jahr später auf den Markt kam und seither Geschichte schreibt.

Nach A. Edmondson, 2008[79]

Bedeutet psychologische Sicherheit Harmonie? Absolut nicht. Wenn die psychologische Sicherheit hoch ist, die Bereitschaft zur Verantwortungsübernahme jedoch gering, dann landen wir in der Komfortzone. Hier bekommen wir zwar überschaubare Ergebnisse und haben einen harmonischen Teamzusammenhalt, aber es entstehen keine mutigen Ideen oder disruptive Lernerfahrungen. Dieser Zustand mag sich harmonisch anfühlen, jedoch lassen wir unser eigentliches Entwicklungspotenzial auf der Straße liegen. Wenn die psychologische Sicherheit hingegen hoch ist und die Teammitglieder eine hohe Bereitschaft zur Verantwortungsübernahme

haben, dann sind Teams in der sogenannten Lernzone. Hier finden Entwicklung und Zusammenarbeit statt. Das muss nicht immer harmonisch zugehen, aber etwaige Reibungen dienen alle dem Ziel, die Entwicklung des Teams und der Projekte zu fördern.
Lassen wir Fehler einfach durchgehen und vernachlässigen unseren Qualitätsanspruch? Auch das ist nicht der Fall. Wir wissen, dass psychologisch sichere Teams am effektivsten sind. Fehler machen sie durchaus, jedoch nicht vorsätzlich. Vielmehr trauen sie sich, Altbekanntes auf den Prüfstand zu stellen und eine neue Idee mutig weiterzudenken. Innerhalb dieses Rahmens erlauben sie sich Fehler als Lernerfahrungen. Wilbert L. Gore, Erfinder von Gore-Tex, rät zum sogenannten Wasserlinien-Prinzip: Fehler über der Wasserlinie sind erlaubt, Fehler unter der Wasserlinie nicht. Ähnlich wie bei einem Schiff, bei dem ein Loch über der Wasserlinie unbedenklich ist, eines unterhalb der Wasserlinie jedoch gefährlich werden kann. Als Team sollten wir uns deshalb stets die Frage stellen: Bringt uns dieser Schritt, diese Idee, dieses Projekt in existenzielle Gefahr? Wenn nein, dann lass es uns probieren. Wenn ja, dann müssen wir es verwerfen.

Common Humanity: Wo Menschlichkeit gewinnt

In einem meiner Workshops – »Ängste im Job« – stelle ich den Teilnehmenden am Ende stets die Frage, was das Wichtigste für sie war. Im Schnitt sagen 90%, es sei das Gefühl, mit den eigenen Ängsten nicht allein zu sein. Sei es die Angst davor, nicht genug zu sein, nicht genug zu tun, von anderen nicht ernst genommen zu werden oder ausgeschlossen zu werden. Es ist jedes Mal dasselbe: Ich öffne die Tür, um über eine der grundlegendsten Emotionen zu sprechen, die wir ausnahmslos alle (!) in uns tragen – und den Teilnehmenden fällt ein Stein vom Herzen, wenn sie merken, dass sie alle dieselben Sorgen teilen. Dieses Phänomen beschreibt die amerikanische Psychologin Kristin Neff als Common Humanity[80]. Der Grundgedanke dahinter ist, dass menschliches Leiden und entsprechende Erfahrungen universell sind. All unsere täglichen Herausforderungen sind ein integraler Bestandteil des menschlichen

Lebens, denen jede:r Einzelne von uns begegnet. Common Humanity betont, dass es normal ist, Fehler zu machen, unsicher zu sein oder zu leiden. Diese Erkenntnis hilft uns, uns weniger einsam zu fühlen und uns emotional mit anderen zu verbinden. Wir kennen sie alle, diese Momente, in denen uns eine Person ihre Geschichte erzählt und wir denken: »Krass, dir geht es auch so? Das hätte ich ja nie gedacht!«

Verbundenheit im Team entsteht durch authentische Geschichten mit echten Gefühlen, nicht durch Befehle. Und echte Gefühle umfassen Verletzlichkeit. Wenn wir uns in die eigene Fehlbarkeit hineinlehnen und zugeben, dass wir manchmal keine Antwort haben, Hilfe brauchen oder einfach leer sind, dann entsteht Common Humanity. Wir können aufatmen und unsere Arbeit endlich menschlicher werden lassen. Deshalb hängen psychologische Sicherheit und mentale Gesundheit so eng zusammen. Durch das Zulassen von Verletzlichkeit können wir verkrustete Stigmata ablegen, mit dem Versteckspiel aufhören und das teilen, was wir ohnehin alle gemeinsam haben: eine Psyche. Damit es endlich okay wird, auch mal nicht okay zu sein.

Reflexion

- Wie ist dein Verhältnis zu Fehlern? Erlaubst du sie dir (wirklich)?
- In welchen Situationen bei der Arbeit hast du Angst vor der Reaktion anderer und hältst deine Meinung lieber zurück?
- In welcher Zone befindet sich dein Team deiner Einschätzung nach: Gleichgültigkeits-, Angst-, Komfort- oder Lernzone? Was bräuchte es, um die psychologische Sicherheit in deinem Team zu steigern?

6.3 Zugehörigkeit – Überlebensstrategie und Superpower

Wir alle wollen dazugehören. Ausgeschlossen zu werden, tut uns weh. Aus der Neurowissenschaft wissen wir, dass bei sozialer Ausgrenzung ähnliche Hirnareale aktiviert werden wie bei körperlichen Schmerzen.[81] Evolutionär gesehen ist Zugehörigkeit zu einer Gruppe eine Überlebensgarantie, denn allein wären wir ein einfaches Ziel für Raubtiere und Feinde. Auch wenn das Zeitalter der Jäger und Sammler heute passé ist, funktionieren unsere Überlebensstrategien noch genauso. Unsere Kolleg:innen bei der Arbeit sind unsere moderne Herde, mit der wir uns zusammen verbinden, verbünden und verwirklichen wollen. Um dazuzugehören, gehen wir deshalb auch ungesunde Kompromisse ein: Wir verstecken Teile unserer Identität, unseres Charakters, unseres Aussehens oder unseres Lebens, um bestmöglich in die Schablone Max Mustermann zu passen. So gehen wir als Menschen zur Arbeit, die wir im Grunde nicht sein wollen, verhalten uns so, wie es von uns erwartet wird und versuchen so zu sein wie alle anderen. Diese Masken zu tragen, kostet uns Kraft. Insbesondere Personen aus marginalisierten Gruppen verstellen sich aus Angst häufig. 83% der Mitarbeitenden aus der queeren Community, 79% der Schwarzen Mitarbeitenden, 45% der heterosexuellen Männer und

66% der Frauen geben laut einer Untersuchung von Deloitte an, bei der Arbeit wesentliche Teile ihrer Identität zu verstecken.[82]

Auch wenn viele Unternehmen keine expliziten Regeln haben, dass man bei der Arbeit eine gewisse Art von Person zu sein hat, geben immerhin 48% der Menschen in der Deloitte-Umfrage an, dass sie das Gefühl haben, ihr Unternehmen würde implizit von ihnen erwarten, sich gemäß dem Mainstream anzupassen. So kommt es, dass wir nur bestimmte Kleidung tragen, lieber nicht über unser Wochenende sprechen, um nicht mit bestimmten Gruppen oder Aktivitäten assoziiert zu werden, oder mentale Belastungen verheimlichen, um unsere Stressresistenz nicht in Frage zu stellen. Und das hat Folgen: Wir verbrennen Energien auf den falschen Schauplätzen, verlieren wertvolle Talente und verursachen psychisches Leid. Insbesondere marginalisierte Gruppen haben ein vielfach erhöhtes Risiko für psychische Erkrankungen – und das liegt nicht daran, dass sie beispielsweise queer oder Schwarz sind. Es liegt daran, dass sie durch die heteronormativen gesellschaftlichen Strukturen mit zusätzlichen strukturellen Stressfaktoren wie Einsamkeit, Gewalt und Diskriminierung konfrontiert sind. In einem großen sozioökonomischen Umfragepanel mit über 30.000 Befragten gaben 26% der queeren Menschen an, schon mal eine Depression gehabt zu haben, während es bei heterosexuellen Menschen nur knapp 10% waren.[83] Psychische Belastungen sind eine typische Folge von Minderheitenstress und Ausgrenzungserfahrungen.

In welchen Momenten entsteht Zugehörigkeitsgefühl?

Emre Çelik, Antidiskriminierungsexperte

Wahre Zugehörigkeit erfordert nicht, dass wir ändern, wer wir sind. Wahre Zugehörigkeit ist nicht das Bedürfnis, Teil von etwas zu sein. Es ist das Bedürfnis, sich als Teil von etwas zu fühlen, ohne Kompromisse bei sich selbst einzugehen. Echte Zugehörigkeit erfordert, dass wir sind, wer wir sind. Sie entsteht in Momenten, in denen wir uns authentisch und akzeptiert fühlen. Am Arbeitsplatz bedeutet dies, dass wir in einer Umgebung arbeiten, in der unsere Meinungen und Ideen geschätzt werden, an einem Ort, in dem unsere Identität existiert. Dabei ist es kein hochkomplexes Unterfangen. Beispielsweise ist es bereits ein wertschätzender Schritt, wenn Kolleg:innen und Vorgesetzte sich bemühen, den Namen einer Person richtig auszusprechen. Das zeugt von Respekt und Anerkennung für die Identität, Individualität und Kultur eines Individuums.

In einem solchen Umfeld sind wir ermutigt, unsere einzigartigen Stärken und Perspektiven einzubringen ohne Angst vor Ablehnung oder Verurteilung. Dies fördert ein Gefühl der Sicherheit und des Vertrauens, das es uns ermöglicht, authentisch zu sein und voll am Arbeitsprozess teilzunehmen. Zugehörigkeitsgefühl entsteht auch durch gemeinsame Ziele und Werte, die ein Gefühl der Gemeinschaft und des Miteinanders schaffen. Wenn wir wissen, dass wir zu einer Gruppe gehören, in der wir gemeinsame Werte teilen und unsere Bemühungen gegenseitig anerkennen, fühlen wir uns stärker verbunden und sind motivierter.

> Insgesamt entsteht ein Zugehörigkeitsgefühl in Momenten der Akzeptanz und Wertschätzung und durch gemeinsame Ziele. Es ist das Gefühl, authentisch sein zu können und als wertvolles Mitglied einer Gemeinschaft anerkannt zu werden, sei es am Arbeitsplatz, in sozialen Gruppen oder in der Familie.

Menschen wollen sich mit ihrem ganzen Selbst zeigen und einbringen können. Sie wollen erfahren, dass ihr Beitrag und ihre Einzigartigkeit zählen. Dafür müssen wir bei der Arbeit die entsprechenden Voraussetzungen schaffen. Unternehmen bemühen sich erfreulicherweise inzwischen stärker um Diversity, Equity, Inclusion & Belonging (DEIB) – also Vielfalt, Gerechtigkeit, Inklusion und Zugehörigkeit. Denn wenn Menschen sich mit ihrer Vielfältigkeit angenommen und zugehörig fühlen, sind sie engagierter, motivierter und gesünder.[84] Unternehmen können DEIB durch Aktivitäten fördern, die Vielfalt auf allen Diversitätsdimensionen[10] unterstützen, Diskriminierung entgegenwirken, gerechte Möglichkeiten zur persönlichen und beruflichen Entwicklung schaffen und das Gefühl der Verbundenheit und Wertschätzung herstellen. Viele Menschen denken bei Diversität zunächst an Ethnizität oder sexuelle Orientierung, dabei ist auch Gesundheit eine Diversitätsdimension. Sowohl körperliche als auch psychische Gesundheit kann bei Menschen sehr unterschiedlich ausgeprägt sein und dem müssen wir auch bei der Arbeit Sorge tragen. Für jemanden, der zum Beispiel sehbehindert ist, müssen wir Barrierefreiheit sicherstellen. Genauso müssen wir für jemanden, der psychisch erkrankt ist, einen erkrankungsgerechten Arbeitsplatz schaffen. Zugehörigkeit ist nicht nur ein loses Gefühl, sie wird durch konkrete unternehmerische Maßnahmen ermöglicht.

---

10 Die Diversitätsdimensionen sind: soziale Herkunft, Alter, Geschlecht, Religion & Weltanschauung, sexuelle Orientierung, körperliche & geistige Fähigkeiten, ethnische Herkunft & Nationalität.

Auch wenn in vielen Situationen am Arbeitsplatz noch von der Dichotomie »gesund« versus »krank« ausgegangen wird, wissen wir längst, dass mentale Gesundheit ein Spektrum ist (▶ Kap. 1.1). Um die Vielfalt des menschlichen Erlebens, Verhaltens und Denkens zu unterstreichen, wird inzwischen häufig der Begriff »Neurodiversität« verwendet. Neurodiversität versteht das menschliche Nervensystem als vielfältiges Spektrum, in dem kein Nervensystem dem anderen gleicht, ähnlich wie bei Schneeflocken. Neurodiversität ist somit ein wertfreier Begriff, der neurologische Verschiedenheiten als natürliche Varianz versteht. Der Begriff trägt zur Entpathologisierung bei und glättet die konstruierte Unterscheidung zwischen »normal« und »anders«.

Während Neurodiversität unsere gesamte neurologische Vielfalt beschreibt, spricht man von Neurodivergenz, wenn Hirnfunktionen von Menschen so anders arbeiten, dass ihre Wahrnehmung anders funktioniert, sie anders lernen oder sich anders verhalten, als es von der Gesellschaft als »normal« (= neurotypisch) angesehen wird. Ursprünglich konzentrierte sich Neurodivergenz vor allem auf eine wertfreiere Beschreibung von ADHS und Autismus, während der Begriff heute eine Vielzahl an Phänomenen wie Dyslexie oder Hochbegabung einbezieht. Neurodivergenz betont, dass wir unsere neurologischen Unterschiede am Arbeitsplatz als Stärke begreifen sollten. Neurodivergente Menschen haben oft sehr bereichernde Fähigkeiten wie kreatives Denken oder fachspezifisches Tiefenwissen oder können die Stimmung im Raum besonders gut wahrnehmen. Statt im Team also denselben Einheitsbrei wie immer zu multiplizieren, sollten wir Neurodivergenz als Quelle für erfolgreiche Zusammenarbeit und Innovation begreifen. Zugehörigkeit entsteht, wenn wir uns nicht trotz, sondern wegen unserer Unterschiede echte Wertschätzung entgegenbringen.

Wie können Unternehmen Neurodivergenz als Stärke nutzen?

Katrin Terwiel, Psychotherapeutin, Consultant & Coach für Diversity, Mental Health & Neurodivergenz

Neurodivergente Menschen zeichnen sich unter anderem durch Um-die-Ecke-Denken, Mut, Optimismus, das Erkennen von Meta-Zusammenhängen und hohe Kreativität aus. Beispielsweise ist der Anteil von Menschen mit AD(H)S nicht ohne Grund unter Gründer:innen deutlich erhöht[85][86] und Menschen mit AD(H)S generieren nachweislich mehr originelle Ideen[87]. Neurodivergenz bringt also besondere Qualitäten in Unternehmen. Gleichzeitig sind typische Performance-Bewertungsprozesse in Unternehmen häufig an gegenteiligen Qualitäten ausgerichtet. Es geht eher darum, ob Menschen den (un) geschriebenen Regeln des Unternehmens folgen und stringente Prozesse wie Projektmanagement oder OKRs verfolgen. Neurodivergente Menschen können durchaus Prozessen folgen, jedoch entweder weniger stringent oder mit deutlichen Kosten in Bezug auf ihr Wohlbefinden. Es besteht also das Risiko, dass sie nicht befördert werden oder das Unternehmen verlassen. Wir sollten uns daher fragen: Wie viel Innovationspotenzial wird verschlafen, wenn neurodivergente Menschen mit den Maßstäben des Neurotypischen gemessen werden und die Umgebung nicht förderlich für sie ist? Und wie soll ein »Entrepreneurial Mindset« ins Management Einzug halten, wenn nur Menschen befördert werden, die es so machen, wie es immer gemacht wurde?

Neben Out of the Box Thinking brauchen Unternehmen in Zeiten der rasanten technischen Entwicklung auch tiefe

Expertise. Es gibt Firmen, in denen kann nur noch eine – manchmal sogar keine – Person mit dem Code der Systeme arbeiten. Neurodivergente Menschen haben die Fähigkeit zum Hyperfokus (eine Art Tunnel-Aufmerksamkeit) oder eine außergewöhnliche Leidenschaft für bestimmte Fachgebiete. Sie arbeiten sich zu einem Detailgrad in Themen ein, der für neurotypische Menschen nur schwer zu erreichen ist. Wenn eine Firma also auch Fachnerds statt nur Generalist:innen sucht, dann sollte Neurodivergenz oben auf der Agenda stehen. Einige Firmen haben bereits besondere Hiring-Programme für neurodivergente Menschen entwickelt. Best Practices finden sich zum Beispiel bei SAP Deutschland[88], Magenta Telekom[89] und IKEA Schweiz[90].

Zugehörigkeit müssen wir uns erarbeiten. Und wenn wir das erreicht haben, müssen wir sie pflegen, damit sie weiter besteht. Daher möchte ich fünf Impulse geben, wie wir im Unternehmen Zugehörigkeit fördern können.

1. Schalten wir unseren wertenden Autopiloten aus. Unser Gehirn ist permanent am Bewerten. Das kann man ihm nicht übelnehmen. Angesichts der Informationsflut, mit der wir täglich konfrontiert sind, versuchen wir, Energien zu sparen, indem wir Dinge vereinfachen: »mag ich – mag ich nicht«, »relevant für mich – nicht relevant für mich«, »braucht meine Aufmerksamkeit – braucht keine Aufmerksamkeit«. Um Vorurteile abzubauen und unserem Gegenüber wertfreier zu begegnen, müssen wir uns diese unbewussten Vereinfachungsmechanismen unseres Gehirns bewusst machen. Indem wir endlich ehrlich zuhören, was unser Gegenüber bewegt, entdecken wir neue Lebensrealitäten und entwickeln Verständnis.

2. Walk in someone else's shoes. Stell dir in einem Gedankenexperiment einmal vor, wie es wäre, einen Tag in der Haut einer Kollegin oder eines Kollegen zu verbringen, die oder der dir sehr unähnlich ist. Visualisiere, was du tust, bevor du morgens ins Büro kommst, wie der Tag für dich verläuft, welche Themen dich beschäftigen und wie diese sich auf deinen Alltag auswirken. Welche Gefühle kommen dabei hoch? Wir müssen offen dafür sein, uns in die Lebensrealität aller Teammitglieder einzufühlen, denn Empathie ist der stärkste Klebstoff für Verbundenheit. Dies gilt auch für Erzählungen über Partner:innen, religiöse Feiertage oder wie und wo man aufgewachsen ist. Überlege, inwiefern deine Arbeit anders aussehen würde oder du auf andere Dinge Wert legen würdest, wenn du dich in verschiedene Diversitätsdimensionen hineinversetzt. Eine schöne weitere Möglichkeit dafür ist die »Human Library«[11]: eine Organisation, in der man sich Menschen mit unterschiedlichsten Profilen und Geschichten für einen Austausch »ausleihen« kann, um ihre Lebensrealitäten kennenzulernen. Durch diese lebendige Bibliothek können Vorurteile und Stigmata abgebaut werden.

3. Zeigt euch unvollkommen. Jede:r hat mal einen schlechten Tag und das ist normal. Kommuniziert eure energetischen Highs und Lows, erlaubt euch nicht perfekte Ergebnisse und hinterfragt implizite Team-Glaubenssätze wie »Ohne Fleiß kein Preis«. Authentizität entsteht dort, wo wir so sein dürfen, wie wir sind. Das bedeutet, auch nicht Perfektes sichtbar zu machen und sämtliche Charakterzüge liebevoll zu akzeptieren. Menschlich zu sein heißt, auch die unaufgeräumten Seiten von uns zu zeigen.

4. You can't be what you can't see. Unterstützt marginalisierte Gruppen, indem ihr ihnen einen Platz am Tisch und eine Stimme gebt. Praktiziert Allyship[12] und schafft dadurch Repräsentation, statt nur Max Mustermanns auf bestimmte Positionen zu setzen. Menschen müssen das Gefühl haben, dass sie nicht trotz, sondern wegen ihrer Einzigartigkeit geschätzt und willkommen sind. Diversität sichtbar zu

11 https://humanlibrary.org/, abgerufen am 03.07.2024.

12 Allyship bedeutet, als privilegierter Mensch ein:e Verbündete:r (»Ally«) für Menschen aus marginalisierten und/oder diskriminierten Gruppen zu sein, sie zu unterstützen und sich mit ihnen zu solidarisieren.

machen, schafft wichtige Vorbilder, die insbesondere marginalisierte Menschen ermutigen und ungerechte Strukturen aufbrechen.

5. Schafft Safer Spaces. Ein hundertprozentiger Safe Space für Menschen mit Stigmatisierungs- und/oder Diskriminierungserfahrungen ist kaum möglich. Habt stattdessen den Anspruch, eure Zusammenarbeit und Organisation sicherer, zu Safer Spaces zu machen, zum Beispiel indem ihr das Bewusstsein schärft, euch aktiv gegen Vorurteile positioniert oder Interessengruppen aus Betroffenen und Allies schafft (▶ Kap. 9.2). Menschen müssen Safer Spaces haben, in denen sie ihre Herausforderungen wertfrei besprechen können, sich gehört fühlen und den Rückenwind der Gruppe spüren.

Reflexion

- Wo auf deiner Arbeit verstellst du dich manchmal und nimmst eine »professionelle« Rolle ein? Warum?
- Gibt es Menschen aus marginalisierten Gruppen in deinem Team? Wenn ja, wie sorgt ihr für Zughörigkeit?
- Wie sähe ein Arbeitstag von dir aus, wenn du ihn in der Lebensrealität einer stigmatisierten und/oder diskriminierten Person durchleben würdest? Mit welchen Schwierigkeiten wärst du konfrontiert?

07

Kommunikation

Nur wenn die vielfältigen Angebote auch explizit als ein Teil der Arbeit kommuniziert werden, kann mentale Gesundheit genau das werden, was sie sein sollte: mittendrin und ganz selbstverständlich dabei.

7.1 Sprache schafft Gesundheit

Mit Reden fängt alles an. Wie oft saßen wir schon mal mit Freund:innen zusammen, haben uns den Ballast von der Seele geredet und uns danach um Tonnen leichter gefühlt. Gesundheit braucht Sprache und Sprache schafft Gesundheit. Auch bei der Arbeit gibt es Momente, in denen wir endlich nach draußen bringen, was wir lange versteckt haben. Immer wenn mir eine Person davon erzählt, wie sie bei der Arbeit erstmals über ihre mentale Gesundheit gesprochen hat, berichtet sie auch, wie andere Kolleg:innen anschließend zu ihr kamen und sich ihr anvertraut oder sie um Rat gebeten haben. Menschen lieben Vorbilder und identifizieren sich mit ihnen. Role Models sind ein kraftvolles Mittel, das wir in der Arbeitswelt bisher noch viel zu wenig nutzen.

»Gestern war ich total depressiv« – solche Sätze werden im Mental Health Kontext sehr heiß diskutiert. Verweichlichen wir durch diese Aussagen unser Verständnis davon, was ernsthafte psychische Erkrankungen sind, und tun wir Betroffenen damit unrecht? Oder tragen sie zu einem breiteren Vokabular bei, das uns eine gemeinsame Sprache über Mental Health ermöglicht? Schließlich waren solche Sätze vor einigen Jahrzehnten noch ein Tabu. In unserer Sprache über mentale Gesundheit steckt heutzutage wenig Trennschärfe. Bei Sätzen wie »Da hatte ich eine Panikattacke«, »Davon bin ich traumatisiert« oder »Das ist echt schizophren« wissen wir lose, was gemeint ist: Eine Person hatte in einer Situation große Angst, ein Ereignis hat jemanden nachhaltig geprägt oder jemand hat etwas Zwiespältiges getan. Aber was passiert, wenn Begriffe synonym verwendet werden und darin ein klinisches Krankheitsbild mit einer vorübergehenden Gefühlslage gleichgesetzt wird? Das zunehmende Verschwimmen zwischen (psychologischer) Diagnose und Umgangssprache hat durchaus Weichspülerpotenzial. Gleichzeitig kann Sprache auch zur Entstigmatisierung beitragen, weil Gesundheit durch unsere Gespräche überhaupt erst einen Platz in unserem Alltag bekommt. Statt uns nun darüber zu streiten, was wir sagen dürfen und was nicht, bin ich vielmehr der Meinung, dass wir unsere Sprache informierter nutzen sollten. Wir sollten unsere Mental Health Literacy steigern, um zu wissen, wovon wir da eigentlich sprechen. »Sprache kann unsere Welt begrenzen – aber auch unendlich weit öffnen«[91], sagt Kübra Gümüsay. Genau dessen sollten wir uns bewusst sein: Indem wir über mentale Gesundheit sprechen, können wir lang verschlossene Türen öffnen und das Thema präsenter machen. Und das merken wir: Die Rufe für gesunde Arbeit werden lauter. So können wir durch Sprache mehr Gesundheit schaffen:

Werde bewusster. Achte darauf, wann und wo in deinem Arbeitsalltag Mental Health Sprech stattfindet. Mache dir klar, dass Alltagsaussagen wie »Da hatte ich echt eine Panikattacke« zwar das Gefühl in einer Situation beschreiben, aber hinter echten Panikattacken großes Leid und ernste Probleme stehen können. Um bei dem Beispiel zu bleiben: Menschen, die eine Panikstörung haben, erleben Todesängste, trauen sich aus Angst vor der nächsten Panikattacke nicht mehr aus dem Haus oder schaffen es nur unter größter Anspannung zur Arbeit. Wenn Kolleg:innen eine entsprechende Aussage machen, handelt es sich in den meisten Fällen um eine Umschreibung einer nicht so ernsten Situation. Menschen mit echten Panikattacken behalten ihre Belastungen nämlich sehr oft für sich. Überlege daher, wie du auch für diese Menschen einen Rahmen schaffen kannst, in dem sie sich öffnen können.

Werde schlauer. Steigere deine Mental Health Literacy (▶ Kap. 5.2), indem du dich über psychische Belastungen und Erkrankungen informierst und wie sie sich im Arbeitsalltag äußern. Zum Beispiel hat eine Schizophrenie tatsächlich kaum etwas mit Zwiespältigkeit zu tun, obwohl der Wortursprung aus dem Altgriechischen (»schízein« = (ab) spalten, »phren« = Seele, Geist) darauf schließen ließe. Es ist eine Erkrankung, die das Denken, die Realitätswahrnehmung und die Gefühlswelt beeinträchtigt und Wahnvorstellungen oder Halluzinationen beinhalten kann. Wir alle (!) sollten dieses Grundlagenwissen über mentale Gesundheit haben.

Werde granularer. Halte bei der klassischen Frage »Wie geht es dir?« kurz inne und überlege, was du außer »gut« antworten kannst. Das kann von »Ich fühle mich heute ausgeglichen« bis »Ich bin sehr nervös« reichen. Je nach Rahmen kann mal eine ausführlichere, mal eine kürzere Antwort passend sein. Es ist wichtig, dass beide Parteien dafür Sorge tragen, die Leitplanken des Kontextes einzuhalten. Dem neuen Kunden beim ersten Kennenlernen eine Antwort zu geben wie »Mir geht es hundsmiserabelelend, ich habe Schiss, gekündigt zu werden und meine älteste Tochter dreht zu Hause gerade total durch« ist vielleicht nicht die beste Idee. Das Frage-Antwort-Spiel »Wie geht es dir?« braucht also immer ein situatives Feingefühl. Schaue außerdem, ob du Aussagen wie »Da hatte ich echt eine Panikattacke« umformulieren kannst in »Da hatte ich panische Angst«. Sei nicht zu streng mit dir, aber versuche, deine Sprache flexibler zu machen – vor allem aus Rücksicht auf wirklich Betroffene.

Werde lauter. Fange an, mit Kolleg:innen häufiger über deine mentale Gesundheit zu sprechen. Dadurch kannst du authentischer du selbst sein und du ermutigst andere, es dir gleichzutun. Du musst nicht deine gesamte Lebensgeschichte teilen, aber vielleicht kannst du eine App oder eine Routine empfehlen, die dich jeden Tag besser fühlen lässt. Je mehr wir mentale Gesundheit selbstverständlich in unseren Arbeitsalltag einweben, desto mehr Chancen haben wir auf eine gesündere Arbeitskultur. Setze dich für Entstigmatisierung ein, indem du auf Fehlinformationen hinweist. Melde in Mitarbeiterbefragungen zurück, dass es dir wichtig ist, mentale Gesundheit in deiner Arbeit zu berücksichtigen. Je häufiger und lauter HR-Verantwortliche und Entscheider:innen auf das Thema hingewiesen werden, desto größer der Veränderungsdruck.

Worüber wir nicht sprechen

Leider gibt es nach wie vor ein starkes Stigmatisierungsgefälle, über das kaum jemand spricht. Heutzutage ist es deutlich akzeptierter, einen Burn-out, eine Depression oder eine Angststörung zu haben, als an einer Schizophrenie oder einem Alkoholproblem zu leiden. Darüber redet niemand. Weil einige Mental Health Themen »schicklicher« scheinen als andere, entgehen uns im Alltag viele Probleme, die direkt vor unserer Nase stattfinden. Dieses Stigmatisierungsgefälle gibt es sogar unter Betroffenen. Denn nur weil jemand beispielsweise eine Depression hat, heißt das noch lange nicht, dass die Person selbst frei von Stigmata ist.

Trotz aller Bemühungen, psychische Gesundheit zu normalisieren, sind die wenigen Erkrankungen, die wir in unseren Unterhaltungen und Medien bereits thematisieren, nur die Spitze des Eisbergs. Kaum jemand möchte unter die Wasseroberfläche schauen. Für Betroffene mit weniger akzeptierten Erkrankungen wie Sucht, Psychosen oder Persönlichkeitsstörungen kann das die Stigmatisierung sogar verschlimmern. Sie ziehen sich noch mehr zurück und trauen sich nicht, ihre Probleme offenzulegen, weil ihre Erkrankungen weniger salonfähig sind. Deshalb ist es so wichtig, die Tür nicht nur für eine kleine »privilegierte« Gruppe an Betroffenen zu öffnen und lediglich über Burn-out, Depressionen oder Ängste zu sprechen, sondern auch Unterstützungsmöglichkeiten für die weniger sichtbaren Themen zu schaffen. In Unternehmen sollten wir daher unbedingt anonyme Anlaufstellen anbieten, um niederschwellige Hilfe für sämtliche Betroffenengruppen zu ermöglichen.

Worüber wir ebenfalls selten sprechen, sind die Hürden, die noch nicht gemeistert wurden und zu denen es keinen So-habe-ich-X-erfolgreich-überwunden-Blogpost gibt. Es gibt Dinge, die uns so tief beschäftigen, dass wir sie kaum laut auszusprechen wagen. Dabei findet echte Verletzlichkeit nicht nur statt, wenn wir tiefe Krisen schon überwunden haben, sondern vor allem in den Momenten, wo wir nicht weiterwissen, uns hilflos fühlen und überfordert sind. »Fake Vulnerability«, also unechte Verletzlichkeit, gibt zwar ein persönliches Problem preis, hält aber die Lösung direkt schon bereit. Für unsere mentale Gesundheit ist das Gift, denn so lernen wir, dass wir uns erst dann unperfekt zeigen dürfen, wenn wir bereits wiederhergestellt sind. Das führt dazu, dass wir in den dunkelfinstersten Momenten nicht über unsere mentale Gesundheit sprechen. Diese Tabuisierung müssen wir dringend aufbrechen, um die Kraft des sozialen Rückhalts zu erfahren.

Von Sonnenscheinen, Zugpferden und Mamis

Um mein Abitur herum habe ich in einem großen Modegeschäft als Aushilfe gearbeitet. Während andere dort meist einem konkreten Bereich zugeordnet waren, habe ich alles Mögliche gemacht: neue Ware angenommen, im Verkauf gestanden, das Lager organisiert, an der Kasse geholfen. Ich wurde dort oft »das Mädchen für alles« genannt. Ich war vielseitig einsetzbar, fleißig und lieferte stets ab. Anfangs empfand ich dieses verbale Etikett als Kompliment. Aber irgendwann habe ich mir gewünscht, dass auch andere Teile von mir gesehen werden. Ich wollte mich gerne auf eine Sache konzentrieren, statt an drölf Ecken und Enden gleichzeitig aktiv zu sein.

Labels im Job sind machtvolle Begleiter – und sie werden durch Sprache manifestiert. Einmal bekommen ist es schwer, sie wieder loszuwerden. Es gibt die Sonnenscheine unter uns, die für ein gutes Teamklima sorgen, Zugpferde, die das Tempo im Projekt halten, und Mamis, die für das Team sorgen und stets ein offenes Ohr haben. Aber diese Labels lassen wenig Raum für andere menschliche Facetten. Jeder Sonnenschein hat auch Regentage, jedes Zugpferd möchte gelegentlich von anderen gezogen werden und jede Mami sehnt sich auch mal nach Fürsorge. Je stärker diese Labels an uns haften, desto schwerer ist es für uns, eine andere Seite – Verletzlichkeit, Ratlosigkeit oder Erschöpfung – zu zeigen. Stärken hervorzuheben ist zweifelsohne wichtig und sollte ein fester Baustein des beruflichen Alltags sein. Aber Labels können unser Miteinander auch hemmen und unsere mentale Gesundheit negativ beeinflussen – denn manchmal erstickt ein etabliertes »Du bist unser Sonnenschein!« den eigenen Hilferuf »Es geht mir nicht gut!«. Daher müssen wir, wenn wir sprachliche Labels in die Welt katapultieren, immer wieder dafür sorgen, auch Platz für andere Seiten der Person einzuräumen.

Reflexion

- Über welche Mental Health Themen sprichst du nur ungern? Warum?
- Zeigst du deine Verletzlichkeit erst, wenn es dir besser geht oder auch schon währenddessen?
- Welches Label hast du bei der Arbeit bereits bekommen? Was ist für dich die Kehrseite daran?

7.2 Schlafende Hunde wecken?

In fast jedem Unternehmen oder Team, mit dem ich arbeite, begegne ich der Sorge, dass es plötzlich allen Menschen schlecht geht, wenn wir anfangen, über mentale Gesundheit zu sprechen. Viele glauben, dass die Thematisierung für die Mitarbeitenden ein Freifahrtschein sein könnte, den Stift fallen zu lassen und sich mit sämtlichen Wehwehchen krankzumelden. Damit möchte ich direkt aufräumen. Ich habe noch nie erlebt, wie der Startschuss für Kulturwandel plötzlich große Teile der Belegschaft lahmgelegt hätte. Nur weil gesagt wird, dass ein Unternehmen von nun an mehr Wert auf mentale Gesundheit legen will, stellt das noch lange nicht alle Mitarbeitenden unter Generalverdacht, dies als Legitimation für Abwesenheit auszunutzen. Aus der Psychologie wissen wir: Vergangenes Verhalten sagt am besten zukünftiges Verhalten voraus.[92] Jemand, der den gelben Schein ständig ausgenutzt hat, wird das auch weiterhin tun. Jemand, der trotz mentaler Belastungen zur Arbeit kommt, wird sich mit großer Wahrscheinlichkeit auch künftig so verhalten. Es dauert, bis wir diese Verhaltensmuster durchbrochen haben, selbst wenn ein groß angelegter Kulturwandel in vollem Gange ist.

Stigmata sind immer noch extrem machtvoll – und Wandel braucht Zeit. Bis Veränderungen in den tieferen Schichten internalisiert sind, vergehen Monate bis Jahre, ähnlich wie ein erster Regen nicht sofort die Grundwasserreserven auffüllt. Menschen brauchen erst mal die Sicherheit, dass das Unternehmen es wirklich ernst meint und keine negativen Konsequenzen folgen. Und wenn es doch passieren sollte, dass plötzlich viele Mitarbeitenden aufgrund mentaler Belastungen abwesend sind oder gar kündigen, dann sollten wir das als sehr deutliches Signal verstehen, dass es a) nur eine Frage der Zeit gewesen wäre, bis es dazu kommt und b) sich im Unternehmen grundlegend etwas ändern muss. Wir wecken demnach keine schlafenden Hunde, sondern stoßen einen längst überfälligen Kulturwandel an.

Oft kursiert auch die Sorge darüber, dass Kolleg:innen in Mental Health Veranstaltungen plötzlich zu viel Persönliches teilen und damit den Rahmen sprengen. Es gibt durchaus Persönlichkeiten, die zu Oversharing neigen, aber in der Regel sind es wenige. Diese Sorge ist Hinweis für uns, dass wir unbedingt solide Mental Health Skills brauchen. Denn meist haben wir nur Angst vor diesen Situationen, weil wir das Gefühl haben, sie nicht händeln zu können. Ein gutes Fundament an Gesprächsführungskompetenz und wohlwollender Begrenzung ist also unerlässlich. Der Schlüssel liegt darin, die richtigen Skills für den Umgang mit mentaler Gesundheit zu beherrschen, statt das Thema weiter mit aller Kraft aus dem Raum zu halten.

Sag ich's oder sag ich's nicht?

Wir zögern oft (zu) lange, bis wir am Arbeitsplatz über unsere mentale Gesundheit oder eine psychische Erkrankung sprechen. Das ist verständlich und dafür gibt es gute Gründe:

- **Stigmatisierung.** Psychische Belastungen haben nach wie vor ein großes Stigma. Es gibt viel Unwissen und Fehlannahmen, die sich negativ auf die kollegialen Beziehungen auswirken können.
- **Eigenes Tempo.** Manche Menschen wollen zunächst ihren eigenen Umgang mit dem Thema finden. Sie möchten sich schrittweise rantasten und langsam schauen, wie viel Persönliches sie gegenüber Familie, Freund:innen und Vorgesetzten preisgeben.

- **Unvorhersehbare Folgen.** Faktisch gesehen darf der Arbeitgeber uns keine Nachteile entstehen lassen, wenn wir eine psychische Erkrankung offenlegen. Leider können wir aber nie zu 100% sicher sein, wie sensibel mit der Information umgegangen wird.

Nicht darüber zu sprechen, bedeutet im Umkehrschluss, dass keine Unterstützungsangebote für uns realisiert werden können wie spezifische Beratungsangebote oder Arbeitsplatzanpassungen. Zudem können Kolleg:innen unser Verhalten schlechter einschätzen und darauf eingehen und es entsteht ein Versteckspiel (► Kap. 3.2). Gründe, die deshalb umso mehr für eine offene Kommunikation über mentale Belastungen sprechen, sind Folgende:

- **Erkrankungsgerechte Arbeitsplatzgestaltung.** Der Arbeitgeber muss gemäß seiner Fürsorgepflicht Anpassungen in der Arbeitsgestaltung vornehmen, um unsere Gesundheit zu schützen. Wenn wir uns proaktiv an den Arbeitgeber wenden, können wir bessere Arbeitsbedingungen erwirken (z. B. kein Großraumbüro, mehr Homeoffice etc.).
- **Mentale Entlastung.** Wenn wir von unseren psychischen Belastungen erzählen, sind wir aktiv, stehen zu uns selbst und verändern etwas an unserer Situation. Dieses Mental Health Empowerment kann uns psychisch stärken.
- **Unterstützung durch Kolleg:innen.** Es können passgenaue Absprachen im Team getroffen werden. Ein verständnisvolles Miteinander kann zu Stabilisierung und unserem Wohlbefinden beitragen.

Um noch eine weitere Sorge aufzugreifen: Wenn wir unserem Arbeitgeber von einer psychischen Erkrankung erzählen, droht nicht automatisch eine Kündigung. Falls es so weit kommt, müssen strikte Voraussetzungen vorliegen. Krankheitsbedingte Kündigungen werden in Deutschland durch das Kündigungsschutzgesetz (KSchG) geregelt und sind – auf dem Papier – in Deutschland eher selten. Es handelt sich dabei um personenbedingte Kündigungen, im Gegensatz zu betriebs- oder verhaltensbedingten Kündigungen. Die rechtliche Lage dazu beschreibt folgender Beitrag.

Kann man wegen einer psychischen Erkrankung gekündigt werden?

Dr. Luisa Rödemer, Rechtsanwältin im Arbeitsrecht

Die liebste Antwort von Jurist:innen passt auch hier, denn »es kommt darauf an«. Zunächst sind zwei Situationen zu unterscheiden, die häufig verwechselt werden:

1. Darf ich während einer psychischen Erkrankung und Krankschreibung gekündigt werden?
Ja, das ist möglich. Wenn zum Beispiel Personal abgebaut oder ein Betriebsteil geschlossen wird, kann ein Arbeitnehmer, der gerade krankheitsbedingt arbeitsunfähig ist, betriebsbedingt gekündigt werden.

2. Darf ich aufgrund einer psychischen Erkrankung gekündigt werden?
Grundsätzlich ist das möglich, meist allerdings nur unter sehr strengen Voraussetzungen. Auch hier müssen wir wieder unterscheiden:

- Während der ersten sechs Monate des Arbeitsverhältnisses (meist die Probezeit) muss der Arbeitgeber eine Kündigung nicht begründen. Man wird in diesem Fall kaum herausfinden können, ob eine psychische Erkrankung dahintersteckte.

- In sogenannten Kleinstunternehmen mit zehn oder weniger Arbeitnehmenden muss der Arbeitgeber auch nach den ersten sechs Monaten eine Kündigung nicht begründen. Auch hier könnte eine psychische Erkrankung ausschlaggebend sein, man wird es ebenfalls nicht erfahren.
- In Unternehmen mit mehr als zehn Arbeitnehmenden und nach Ablauf der ersten sechs Monate wirkt das Kündigungsschutzgesetz und erlaubt dem Arbeitgeber eine Kündigung nur noch unter bestimmten Voraussetzungen. Bei einer Kündigung aufgrund einer psychischen Erkrankung handelt es sich um eine sogenannte personenbedingte Kündigung. Diese bedarf folgender Voraussetzungen:
  a. Negative Zukunftsprognose. Da niemand in die Zukunft sehen kann, wird auf die Krankheitsgeschichte der Vergangenheit (dauerhafte Erkrankung oder sehr häufige Kurzkrankheiten in den letzten zwei Jahren) geschaut und dann eruiert, ob in absehbarer Zukunft keine Besserung zu erwarten ist.
  b. Erhebliche betriebliche Einschränkungen. Das kann der Fall sein, wenn ein weiterer Arbeitnehmer eingestellt werden muss, um die anfallende Arbeit abzufangen, Teams erheblich umverteilt und Überstunden geleistet werden müssen oder größere Verluste aus der andauernden Abwesenheit des Arbeitnehmers resultieren.
  c. Interessenabwägung zugunsten des Arbeitgebers. Wenn man die Interessen von Arbeitnehmer und Arbeitgeber gegenüberstellt, muss die Seite des Arbeitgebers überwiegen. Ihm darf nicht mehr zumutbar sein, am Arbeitsverhältnis mit dem erkrankten Arbeitnehmer festzuhalten. An dieser Stelle kommt ein wichtiger Mechanismus ins Spiel, nämlich das betriebliche Wiedereingliederungsmanagement (BEM). Bevor über eine Kündigung nachgedacht werden kann, muss der Arbeitgeber alles daransetzen, den Arbeitnehmer

dabei zu unterstützen, wieder arbeiten zu können. Das BEM reicht von Gesprächen über die aktuelle Situation und weitere Zusammenarbeit bis zu Änderungen von Arbeitszeit, Arbeitsumfang oder Arbeitsbereich und soll eine Rückkehr des Arbeitnehmers zu den alten oder neuen, angepassten Arbeitsbedingungen ermöglichen. Erst wenn dieses Mittel ausgeschöpft und eine Wiedereingliederung nicht möglich ist, überwiegen die Interessen des Arbeitgebers.

Eine Kündigung aufgrund einer psychischen Erkrankung ist also nicht einfach. In sieben Berufsjahren habe ich noch keine wirksame personenbedingte Kündigung erlebt. Es gibt aber leider auch Fälle, in denen ein ohnehin stattfindender Personalabbau genutzt wird, um auch Arbeitnehmende mit psychischen Erkrankungen »loszuwerden«. Darüber hinaus wird von Arbeitnehmenden auch berichtet, dass bewusst ein unangenehmes Umfeld geschaffen wird, in dem eine Person sich für ihre Erkrankung schämt, missverstanden oder ausgegrenzt fühlt, und ihr etwa in einem Personalgespräch ein Aufhebungsvertrag vorgelegt wird mit den Worten: »Das ist hier nichts für dich, der Druck ist zu groß, du bist dem nicht gewachsen.«

In einigen Fällen kann es für beide Seiten eine gewinnbringende und gesichtswahrende Lösung sein, eine einvernehmliche Auflösung des Arbeitsverhältnisses zu vereinbaren, etwa dann, wenn beide im Rahmen des BEM gemerkt haben, dass man nicht mehr zusammenpasst, aus welchem Grund auch immer.

Leider berichten Betroffene mir immer wieder davon, dass sie einen starken Zusammenhang zwischen der Kündigung und ihrer psychischen Erkrankung vermuten, auch wenn die Kündigung betriebsbedingt ausgesprochen wurde. Deshalb ist es mir wichtig zu sagen, dass die Entscheidung darüber, was und wie viel man dem Arbeitgeber oder Team kommuniziert, vollkommen individuell ist. Eine hilfreiche Ressource zur Entscheidungsfindung bietet die Website »Sag ich's? Chronisch krank im Job.« der Universität zu Köln, Lehrstuhl für Arbeit und berufliche Rehabilitation: www.sag-ichs.de.

The Power of Social Proof

Viele Mental Health Maßnahmen in Unternehmen basieren auf einem Vertrauensvorschuss. Wenn wir zum Beispiel eine psychologische Beratung im Rahmen eines EAP aufsuchen oder uns an einen Mental Health First Aider wenden (▶ Kap 9.2), müssen wir eine Menge Mut und Vertrauen aufbringen, noch bevor uns geholfen wird. Um uns sicherer damit zu fühlen, brauchen wir Social Proof – quasi grünes Licht von anderen Kolleg:innen, die uns erzählen, dass sie bereits entsprechende Angebote nutzen. Die beste Werbung für Mental Health Benefits sind ihre Nutzer:innen selbst.

Eine Untersuchung bei Novartis zeigt das sehr anschaulich: Die Mitarbeitenden des Unternehmens nutzten häufiger Mental Health Angebote, wenn sie von ihren Kolleg:innen eine persönliche Geschichte darüber hörten, was sie dazu bewegt hat, den Service in Anspruch zu nehmen.[93] Es machte dabei keinen Unterschied, ob die Kolleg:innen von milderen Problemen (z. B. etwas mehr Stress) oder schweren Belastungen (z. B. schlimme Trennung) sprachen. Allein die offene Kommunikation darüber, dass die Services von Kolleg:innen aus dem Umfeld genutzt werden, macht einen Unterschied, denn Menschen lieben Geschichten. Storytelling ist ein machtvolles Instrument, auch für Mental Health (► Kap. 9.1). In Geschichten steckt Menschlichkeit und Menschlichkeit ist ansteckend. Deshalb dürfen wir die Verantwortung für mentale Gesundheit nicht allein bei den Unternehmen sehen, sondern müssen auch selbst zu Healthfluencer:innen werden.

Reflexion

- Hat sich jemand aus deinem Arbeitsumfeld schon mal zu seiner/ihrer mentalen Gesundheit geäußert? Wenn ja, was hat das mit dir gemacht?
- Wie gehst du selbst mit Gesundheitsbelastungen um? Offen oder eher nicht und warum?
- Hast du schon mal ein Mental Health Angebot in deinem Unternehmen genutzt? Wenn ja, wer oder was hat dich dazu bewegt?

7.3 Transparenz – nur was ich weiß, macht mich heiß

Mental Health Day – aber keiner geht hin

In einem Gespräch mit einem Kunden aus der Beratungsbranche kamen wir irgendwann auf die vielen Unterstützungsangebote zu sprechen, die das Unternehmen zu Mental Health hatte. Von Yoga über Video- und Audiomaterial über psychologische Beratung bis hin zu groß angelegten Kampagnen war alles dabei. Nicht nur die Angebotsvielfalt, auch die Inhalte waren überzeugend, denn die Formate hatten eine sehr hohe Qualität (was ich nicht immer so vorfinde). Als wir allerdings zur Nutzung kamen, offenbarte sich ein großes Problem: Das Team hatte nicht die Erlaubnis, die Angebote proaktiv an die Belegschaft zu kommunizieren, sondern interessierte Mitarbeitende mussten die Inhalte aus eigenem Antrieb in den Untiefen des Intranets aufspüren. Es war also ein aktives Opt-in der Mitarbeitenden nötig, damit sie diesen wertvollen Fundus zu sehen bekamen. Das ist leider häufig ein Problem. Unternehmen haben zwar fantastische Initiativen, in die viel Herzblut geflossen ist, aber kaum jemand weiß davon. Das führt dazu, dass diejenigen, die sich ohnehin schon für das Thema interessieren, sich Zeit freischaufeln und motiviert durch die archäologischen Schichten des Intranets wühlen. Diejenigen aber, die am meisten davon profitieren würden, erreichen die Angebote erst gar nicht. Um mentale Gesundheit flächendeckend an die Mitarbeitenden zu bringen, braucht es deshalb unbedingt einen kommunikativen Rückenwind im Unternehmen durch

- **formelle Kommunikationswege:** E-Mails, Newsletter, Plakate, C-Level-Kommunikation, Führungskräftekommunikation,
- **informelle Kommunikationswege:** Mundpropaganda, Kaffeeküchengespräche, Interessengruppen, Chats, Empfehlungen, Social Media.

Mentale Gesundheit muss kommunikativ wie ein Produkt verstanden werden. Die Mitarbeitenden müssen nach ähnlichen Regeln wie im Marketing davon erfahren. Sie müssen Lust bekommen, die Angebote wahrzunehmen und mentale Gesundheit zu »konsumieren« (► Kap. 9.1). Deshalb muss auch explizit betont werden, dass die Angebote während der Arbeitszeit wahrgenommen werden dürfen. Viele Mitarbeitende glauben, sie dürften nur außerhalb ihrer Arbeitszeit ein psychologisches Gespräch des EAPs in Anspruch nehmen und sparen dann lieber daran, in ihre Gesundheit zu investieren, als ihre To-dos nicht fertig zu bekommen. Die unternehmensweite Kommunikation nimmt daher einen wesentlichen Dreh-und Angelpunkt ein, um Angebote besser an die Zielgruppen zu bringen. Nur wenn die vielfältigen Angebote auch explizit als ein Teil der Arbeit kommuniziert werden, kann mentale Gesundheit genau das werden, was sie sein sollte: mittendrin und ganz selbstverständlich dabei.

Pst, wir haben da was

Ein Phänomen, das mir in der Zusammenarbeit mit hoch engagierten Unternehmen oft auffällt, ist Wellhushing: Organisationen verschweigen ihre Wellbeing-Bemühungen aus Angst vor Kritik lieber, als sie offen nach außen zu zeigen. Das ist ein gefährlicher Trend, der alle typischen Stigmata von mentaler Gesundheit aufrechterhält: Mentale Gesundheit findet heimlich statt. Über sie spricht man nicht.

Mentale Gesundheit ist ein Risiko, Ansehen und Reputation zu verlieren. Das macht einsam. Und wir laufen damit Gefahr, dass andere Unternehmen gar nicht erst loslegen, denn »andere machen das ja auch nicht«. Dabei brauchen wir gerade für einen Wandel in unserem betrieblichen Gesundheitsverständnis mutige Vorreiterunternehmen, die uns zeigen, dass mentale Gesundheit umsetzbar und ein Lernprozess ist. Es ist vollkommen normal, dass wir auf der Reise erst einmal testen müssen, was zu unserer Organisation passt oder offen sagen, dass wir nicht genau wissen, wie es geht. Hauptsache, wir legen los und trauen uns, mit jedem Schritt zu lernen.

Das Veränderungsvorhaben von innen wie von außen sofort zu kritisieren, führt dazu, dass Unternehmen sich nie genug fühlen – und das ist kontraproduktiv. Überlege einmal: Hast du schon mal etwas angestoßen und bist für jeden Schritt kritisch bewertet worden? Genau, das fühlt sich nicht gut an. Deshalb müssen auch Unternehmen die Chance bekommen, sich offen mit ihren Bemühungen zu zeigen, ohne sofort durch Mitarbeitende oder externe Stimmen gecancelt zu werden. Mentale Gesundheit am Arbeitsplatz ist kein Schablonenprojekt. Es gibt genauso viele Ansätze wie Zahlenkombinationen der Zehnerreihe. Die perfekte Wellbeing-Organisation existiert nicht – aber es gibt viele engagierte Pionier:innen, die alles geben, damit mentale Gesundheit ihren Platz bekommt.

Drei Unternehmen, die jeweils ihren eigenen tollen Weg zu mentaler Gesundheit gehen:

- **SAP** erfragt mit dem eigens entwickelten »Business Health Culture Index (BHCI)« jährlich, inwiefern das Unternehmen zu einer positiven und gesunden Arbeitsatmosphäre beiträgt. Seit bereits zehn (!) Jahren misst SAP auch die Zusammenhänge der BHCI-Kennzahlen auf das Geschäftsergebnis. Das Ergebnis: Wenn sich der BHCI um nur einen Prozentpunkt verbessert, hat das einen monetären Einfluss auf das

Geschäftsergebnis in Höhe von 90 bis 100 Millionen Euro.[94] Die Investition in Gesundheit lohnt sich!

- **Audi** bietet den Mitarbeitenden durch den eigens geschaffenen »Mental Health Check-up« ein niederschwelliges Angebot, bei dem Mitarbeitende in ein bis zwei persönlichen Gesprächen konkrete Tools und Ressourcen für ein aktuelles Problem an die Hand bekommen. Das Projekt wird wissenschaftlich begleitet.[95] Durch das Angebot zeigt sich bei den Mitarbeitenden eine klare Verbesserung. Prävention wirkt!
- **Johnson & Johnson** hat sich auf die Fahne geschrieben, die gesündeste Belegschaft der Welt zu haben. Schon 2017 hat der Konzern die »Mental Health Diplomats« ins Leben gerufen. Das sind Menschen innerhalb der Organisation, die niederschwellig Botschafter:innen und Anlaufstellen für mentale Gesundheit sind.[96] Inzwischen gibt es bei Johnson & Johnson in über 20 Ländern Ableger dieses Multiplikator:innenkonzeptes und Mitarbeitende können dazu eine Weiterbildung machen.

Mentale Gesundheit kann auch durch Modelllernen unterstützt werden. Wir sehen die positiven Beispiele, die Stolperfallen und Lernerfahrungen der anderen, um selbst besser zu werden. Es gibt viele Unternehmen, die an einem ehrlichen Austausch interessiert sind und wissen wollen, wie andere Organisationen ihren Kulturwandel gestalten. Deshalb mein Appell: Zeigt euch! Egal ob es großflächige Initiativen, frisch gegründete Interessengruppen oder erste kleine Formate sind. Auch wenn ihr gerade erst angefangen habt: Eure Arbeit ist ein wichtiger Grundstein – auch über eure Unternehmensgrenzen hinaus. Zusammen sind wir weniger allein.

Von B wie Bewerbung bis G wie Gehen

Häufig gestalten wir mentale Gesundheit in Unternehmen »nur« für die Menschen, die bereits dort arbeiten. Das Thema fängt jedoch schon viel früher an – und hört viel später auf. Wenn man den gesamten Employee Life Cycle anschaut, gibt es eine Vielzahl von Touchpoints, an denen Mental Health eine Rolle spielt. Sie ist inzwischen zu einem Magneten für Talente geworden. Wenn wir in diesem Kontext an den Fachkräftemangel und die Wechselbereitschaft von Mitarbeitenden denken, ist eine hohe Arbeitgeberattraktivität unerlässlich. Ein starkes Employer Branding spielt also strategisch eine enorm wichtige Rolle. Darin muss auch mentale Gesundheit hervorgehoben werden, denn gesundes Arbeiten wird für Arbeitnehmende immer wichtiger. Employer Branding hat im Kern zwei Richtungen:

- **Nach innen:** alles, was die Mitarbeiter:innenbindung erhöht, zum Beispiel Karriereentwicklung, Lernen, Gesundheit, Wertschätzung, Benefits.
- **Nach außen:** alles, was Talente anzieht und die Arbeitgeberattraktivität steigert, zum Beispiel Recruitingprozesse, Marktpositionierung, Unternehmenswerte.

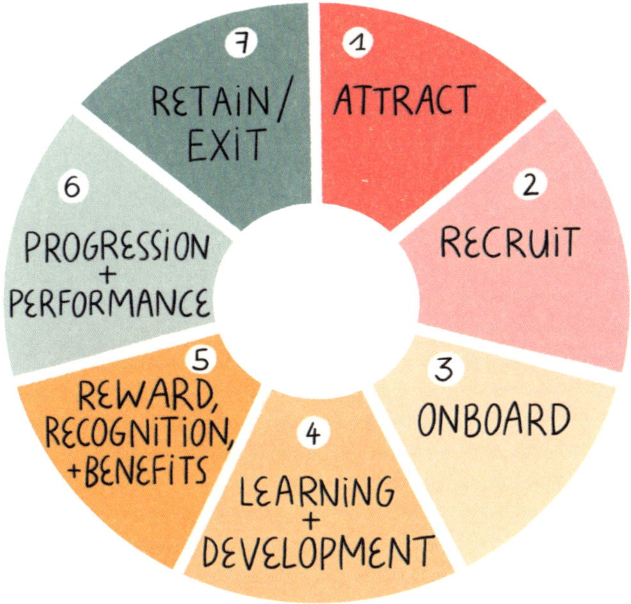

Warum gehört mentale Gesundheit in jede gute Employer-Branding-Strategie?

Sarah Wieser, Expertin im Employer Branding

Unternehmen, die eine starke Employer-Branding-Strategie verfolgen, können es sich nicht mehr leisten, mentale Gesundheit zu ignorieren. Gesundheitsinitiativen müssen dabei sowohl intern als auch extern sichtbar sein. Intern bedeutet dies, dass Mitarbeitende regelmäßig über verfügbare Angebote und Ressourcen informiert werden. Im besten Fall zieht es sich durch den gesamten Employee Life Cycle – von der Rekrutierung über die Einarbeitung bis hin zur fortlaufenden Beschäftigung und darüber hinaus. Extern sollten Unternehmen beispielsweise auf ihrer Karriereseite, in sozialen Medien und Employer-Branding-Kampagnen darauf aufmerksam machen. Testimonials und Fallstudien von Mitarbeitenden können dabei helfen, die Wirksamkeit und den Nutzen der Programme zu unterstreichen.

Meine Empfehlung ist, Bemühungen in diesem Bereich öffentlich zu machen. Indem Unternehmen zeigen, welche Maßnahmen sie ergreifen, senden sie ein starkes Signal an potenzielle und bestehende Mitarbeitende. Dies kann enorm auf die Mitarbeiterzufriedenheit und Arbeitgeberattraktivität einzahlen.

Gesundheit ist ein Teil der Unternehmenskultur. Es ist Zeit, sie als solche anzuerkennen und mutig zu zeigen, was wir dafür tun.

Mentale Gesundheit sollte in allen Phasen des Employee Life Cycle stattfinden. Dafür gibt es fantastische Möglichkeiten:

- **Attract.** In Jobinseraten lese ich immer wieder »Wir sind ein familienfreundlicher Arbeitgeber«. Bis heute frage ich mich, warum eigentlich kaum jemand schreibt: »Wir sind ein Mental Health freundlicher Arbeitgeber.« Es gibt viele Unternehmen, die Gesundheit großschreiben und sich durchaus trauen dürfen, das auch zu sagen. Genauso wie man sich als Unternehmen dafür einsetzen kann, dass Familie und Beruf gut miteinander zu vereinen sind, kann man sich auch dafür einsetzen, dass mentale Gesundheit und Beruf wunderbar zueinander passen. Wir brauchen Vorbildunternehmen, die zeigen, dass mentale Gesundheit bei ihnen genauso ernst genommen wird wie Familie, persönliche Weiterbildung oder Aufstiegsmöglichkeiten. Für viele Talente würden diese Unternehmen herausstechen.
- **Recruit.** Stell dir vor, dein Bewerbungsgespräch läuft und du fragst dich: Wie finde ich heraus, ob ich die Katze im Sack kaufe oder mentale Gesundheit hier wirklich ernst genommen wird? Mental Health wird in Jobinterviews immer noch sehr stiefmütterlich behandelt. Dabei können beide Seiten das Thema proaktiv aufgreifen. Talente können fragen, welche Ressourcen für mentale Gesundheit vorgesehen sind (ein Mental Health Day im Jahr versus ganzjährig verfügbare Angebote?), welche Weiterbildungen zum Thema angeboten werden (muss man sich selbst darum kümmern versus gibt es Formate zum Erlernen von Mental Health Skills?), welche Führungskräfteinitiativen es für Gesundheit gibt (keine/optional versus feste/verpflichtend) oder auch wie Burn-out-Fälle in der Vergangenheit gehandhabt wurden. Letzteres ist oft ein sehr guter Hinweis darauf, ob das Unternehmen überhaupt von diesen Fällen weiß und wie konstruktiv sie diese im Hinblick auf das *gesamte* Präventionsspektrum gehandhabt haben (▶ Kap. 4.1). Je konkreter ein Unternehmen Beispiele nennt, desto besser. Unternehmen sollten sich nicht nur auf diese Fragen vorbereiten, sondern im Gespräch von sich aus zu dem Thema führen. Auch wenn sie erst am Anfangs stecken – das bringt Pluspunkte!

- **Onboarding.** Mentale Gesundheit darf von Tag 1 an sichtbar gemacht werden. Hierzu ein tolles Beispiel, wie das gehen kann: Das Unternehmen nilo.health hat ein gesondertes Mental Health Onboarding, das alle neuen Mitarbeitenden im Onboarding-Prozess in der ersten Woche durchlaufen. Dort werden Themen wie psychologische Sicherheit, Umgang mit Belastungen und Zugänge zu wichtigen Gesundheitsressourcen besprochen. So werden die Unternehmenswerte direkt sichtbar gemacht. Ich halte das für eine fantastische Initiative, die zeigt: Gesundheit ist uns so wichtig, dass wir direkt damit loslegen. Solche Initiativen können echte Kulturtreiber sein.
- **Learning & Development.** Mental Health Skills werden neben Digital- und KI-Skills eine der wichtigsten Zukunftskompetenzen sein. Wenn Personen an meinen Trainings zu Mental Health Skills oder an der Mental Health Masterclass von mir und meiner Kollegin Nora Dietrich teilnehmen, wird das bislang oft als optionale Teilnahme oder »Privatvergnügen« deklariert. Dabei bin ich der festen Überzeugung, dass a) die Nachfrage für Programme rund um Mental Health Skills massiv steigen wird und b) Kompetenzentwicklungen für einige Zielgruppen wie Führungskräfte Pflicht sein müssen. In Zeiten von Dauerstress, schnellem Wandel und steigender Komplexität darf es nicht mehr dem Zufall überlassen werden, ob eine Führungskraft Führung und Gesundheit (große Betonung auf *beiden* Kompetenzen!) beherrscht. Einige Formate wie Mental Health First Aid für Führungskräfte sind schon jetzt (Stand Juni 2024) bis weit ins Jahr 2025 ausgebucht. »Führungskräfte sollten [...] erste Hilfe bei psychischen Krisen leisten können. Das ist wichtig, zumal sich Krisen und Erkrankungen psychischer Art häufig wirklich zuerst im Arbeitskontext zeigen. [...] Für diese Situationen müssen sie auch in Wahrnehmung und Beratung geschult werden«[97], sagt Prof. Dr. Hannes Zacher, einer der renommiertesten Arbeits- und Organisationspsychologen Deutschlands, in einem Interview mit dem Harvard Business manager. Neben

dem Umgang mit psychischen Krisen sind aber auch Kompetenzen wie Selbstführung, Gesprächsführung, psychologische Sicherheit und emotionale Intelligenz für unsere Arbeitswelt immer gefragter (▶ Kap. 5.3, 6.2, 8.1).

- **Reward, Recognition & Benefits.** Hier gibt es sowohl implizite als auch explizite Möglichkeiten, mentaler Gesundheit einen Platz zu geben. Bei den impliziten sind vor allem die kulturellen Feinheiten entscheidend: Wo bestärken wir gesunde Verhaltensweisen, zum Beispiel Grenzen ziehen? Wofür geben/bekommen wir bisher ungesunde Anerkennung (z. B. Zähne zusammenbeißen) und was opfern wir dafür (Freizeit)? Parallel dazu sollte der niederschwellige Zugang zu expliziten Benefits wie EAPs oder interner Beratung unterstützt und strukturelle Maßnahmen wie die Flexibilität individueller Arbeitsmodelle ermöglicht werden.
- **Progression & Performance.** In Performance Reviews wird Gesundheit bisher kaum berücksichtigt, was paradox ist. Schließlich ist Gesundheit eine Grundvoraussetzung dafür, dass wir leisten können (▶ Kap. 2.2). Mental Health braucht deshalb neben leistungsbezogenen Dimensionen wie Ownership, Ergebnisorientierung und effektiver Priorisierung einen festen Platz in Leistungsbeurteilungen. Im 360-Grad-Feedback sollten wir regelmäßig eine Einschätzung darüber treffen, wie gut unsere Work-Life-Balance wirklich ist, wie wir zu Teamgesundheit und zu Common Care beitragen (▶ Kap. 4.2), inwiefern wir als Vorbilder agieren und über welche Mental Health Skills wir verfügen (▶ Kap. 5). Mentale Gesundheit muss in Performance Reviews genau wie Leistung incentiviert und bestärkt werden.
- **Retain/Exit.** Wenn Mitarbeitende gehen, bietet das eine große Chance, etwas über die Schwachstellen der Unternehmenskultur zu lernen. Ein Exit-Interview hilft, um Mitarbeitende während der Offboarding-Phase wertschätzend zu begegnen und bisher unausgesprochene Informationen zu erhalten. Ehrliche, aber sehr hilfreiche Fragen in Bezug auf Gesundheit können sein: In welchem

Projekt hat dein Job bei uns deiner Work-Life-Balance geschadet und warum? Wenn du eine Sache zugunsten deiner mentalen Gesundheit hättest ändern können, was wäre das gewesen? Was rätst du deinen Teamkolleg:innen, um ihre Gesundheit zu schützen? Diese Fragen helfen, um bisherige Schwachpunkte offenzulegen.

Reflexion

- Wie streng gehst du mit Mental Health Bemühungen deines Unternehmens um?
- Wo im Employee Life Cycle findet sich mentale Gesundheit bei dir im Unternehmen wieder? Was sticht besonders hervor?
- Wo im Employee Life Cycle gibt es in deinem Unternehmen Ausbaubedarf?

08

Führung

Führung besteht zu großen Teilen aus Menschenmanagement und demnach aus zwischenmenschlichen Fähigkeiten. Und wo Menschen sind, ist auch mentale Gesundheit.

8.1 Spieglein, Spieglein an der Wand

Führungskräfte haben einen ebenso großen Einfluss auf unsere mentale Gesundheit wie unsere Partner:innen und sogar einen größeren Einfluss als unsere Ärzt:innen oder Therapeut:innen.[98] Generell sind die Auswirkungen von Führungskräften auf die Gesundheit von Mitarbeitenden gut belegt – sowohl positiv als auch negativ.[99] Das zeigt: Führung ist ein zentraler Hebel, um gesundes Arbeiten zu ermöglichen. Aber bevor wir uns dem Führungsumfeld widmen, schauen wir erst mal ungeschminkt in den Spiegel: Wie gesund führen wir uns selbst?

Meine Mutter hat ein starkes Durchhaltevermögen. Manchmal so stark, dass sie dabei über ihre Grenzen geht. Solange ich denken kann, kam sie nach der Arbeit nach Hause und war so k. o., dass sie sich erst mal aufs Sofa legen und ein Nickerchen machen musste. Dazu muss man sagen, dass sie als alleinerziehende Mutter mit drei Kindern unglaublich viel zu stemmen hatte und nur wenig Raum für Erholung vorhanden war. Was ich mit ihrem Sofaritual jedoch verinnerlicht habe, ist, dass Arbeit nur dann wirklich Arbeit ist, wenn man danach völlig erschöpft ist. »Arbeit muss anstrengend sein« war mein Glaubenssatz, weil ich nie etwas anderes erlebt hatte. Lange Zeit gab es für mich gar nicht die Option, dass sich Arbeit leicht anfühlen könnte. Selbst in meinen ersten Karrierejahren habe ich oft so intensiv gearbeitet, dass ich abends kaum noch geradeaus denken konnte. Ich glaubte, nur wenn ich richtig ausgelaugt bin, habe ich wirklich etwas geleistet. Und wenn das nicht der Fall ist, dann ist an mir etwas falsch. Zweifelsohne haben mich meine Disziplin und meine Beharrlichkeit dahin gebracht, wo ich heute bin – gesund war das aber nicht immer. Schon mal ein kleiner Spoiler: Es gab keinen augenöffnenden Aha-Moment, in dem ich meine internalisierten Annahmen über Arbeit Hollywood-like über Bord geworfen habe. Auch heute habe ich noch Tage, in denen ich über meine Grenzen gehe (haben wir alle!). Aber inzwischen merke ich viel häufiger, dass meine Arbeit sich leicht anfühlt und trotzdem vollwertig ist. Vor anderen über mentale Gesundheit zu sprechen, fühlt sich leicht an. Mein Podcast fühlt sich leicht an. Dieses Buch zu schreiben, fühlt sich leicht an. Ich liebe, was ich tue und das lässt mir abends Energie für andere Dinge. Für diese Lernerfahrung bin ich sehr dankbar.

Gesunde Selbstführung konfrontiert uns gnadenlos mit all den ungesunden Verhaltensweisen und Mustern, die wir sorgfältig über Jahrzehnte erlernt und verinnerlicht haben. Wenn wir immer wieder über unsere Grenzen gehen, uns verausgaben und die Gesundheitssignale unseres Körpers weglächeln, strahlt das unbewusst auch auf andere aus – und formt so eine ganze Kultur. Gesunde Selbstführung ist somit nicht nur für Führungskräfte relevant. Führung bedeutet im engeren Sinne »verantwortlich zu leiten« – und das ist nicht auf Titel oder Positionen begrenzt, sondern betrifft uns alle. Ohne Selbstführung würden wir nicht hinter diese unbewussten Muster und Glaubenssätze blicken können und viel Potenzial verschenken, wie wir mit unserem Erleben und Handeln die Welt um uns herum beeinflussen können. Deshalb ist es so wichtig, neue Möglichkeiten und Handlungsalternativen für festgefahrene Muster zu finden. Je größer unser Handlungsrepertoire, desto besser können wir schwierige, stressige und druckbehaftete Situationen handhaben. Selbstführung ist deshalb ein Muss: Denn je flexibler wir werden, desto gesünder können wir unser Leben führen.

Was können erste Schritte für gesunde Selbstführung sein?

Benjamin Rolff, Co-Founder und Co-CEO von coeffect

In einer Arbeitswelt, die sich immer rasanter verändert, wird Selbstführung zu einer echten Zukunftskompetenz. Flexibel und selbstbestimmt zu arbeiten, wird im digitalen Zeitalter zunehmend zur neuen Realität. Doch diese Freiheit kann auch zur Belastung werden, wenn wir nicht lernen, uns selbst auf gesunde, wirksame Weise durch den Alltag zu navigieren. Folgende Fähigkeiten braucht es daher mehr denn je:

1. Klarheit schaffen in unklaren Zeiten. Technologie entwickelt sich im Eiltempo weiter und verändert, wie wir arbeiten. Die Wirtschaft strauchelt und nur wenige Unternehmen finden gute Antworten auf den massiven Wandel. Viele dieser Veränderungen um uns herum können wir nicht lenken oder kontrollieren, trotzdem zerbrechen wir uns darüber häufig den Kopf. Klarheit zu finden bedeutet, dass wir uns auf die Dinge fokussieren, die in unserem Einflussbereich liegen. Frage dich daher regelmäßig, welche Sorgen gerade viel Aufmerksamkeit bekommen, obwohl du wenig an ihnen ändern kannst. Akzeptiere diese Bedenken und lenke deinen Fokus schrittweise auf das, was du entscheiden und lenken kannst.

2. Energie managen in herausfordernden Phasen. Auch wenn ein klassischer Arbeitstag acht Stunden lang ist, verbringen wir nur einen Teil dieser Zeit mit guter Energie. Dazwischen sind wir müde, träge, unkonzentriert oder unmotiviert. Wie wir unsere vorhandene Energie managen, ist deshalb viel entscheidender als der Blick auf die Uhr. Besonders anspruchsvolle

Aufgaben, wie ein Konzept zu schreiben oder einen Workshop vorzubereiten, erledigen wir bestenfalls dann, wenn unser Energielevel hoch ist und wir 60 bis 90 Minuten am Stück konzentriert arbeiten können. Nicht selten haben wir solche Phasen mit hoher Energie zu ähnlichen Tageszeiten, sodass du dir diese Zeiten sehr bewusst für Fokusarbeit blocken kannst. Wie bei einer intensiven Sporteinheit hast du dir die 15- bis 20-minütige Pause danach mehr als verdient.

3. Gesunde Grenzen im digitalen Zeitalter. Es kann uns schwerfallen abzuschalten, wenn wir immer und überall erreichbar sind. Unsere digitalen Tools schenken uns Flexibilität – sie können aber auch dafür sorgen, dass die Arbeit sich in jede Rille unseres Lebens drängt. Wirklich abschalten können wir nur, wenn wir die Verbindung auch mal trennen und Zeiten finden, in denen wir nicht erreichbar sind und keine Mails checken, auch nicht abends nebenbei auf der Couch. Lege daher ganz bewusst Zeiten und Orte fest, an denen dein Laptop aus und dein Smartphone außer Reichweite bleibt. Selbst einen ganzen Tag ohne Smartphone zu verbringen, kann ein wohltuendes Experiment sein – denn es zeigt dir, wie abhängig wir von unseren Tools sind und wie gut es tun kann, wenn sie nicht unser Leben steuern.

Die vier Elemente gesunder Selbstführung

Häufig lese ich, dass man erst einmal sich selbst gesund führen müsse, um andere verantwortlich leiten oder umsorgen zu können. Jein – besonders Menschen, die zu Verausgabung und Altruismus neigen, können sich hervorragend um die Gesundheit anderer kümmern (man werfe nur einen Blick in die Gesundheitsversorgung), vergessen sich selbst dabei aber vollkommen. Selbstführung ist deshalb keine zwingende Voraussetzung, um die Gesundheit anderer zu fördern, aber sie macht Gesundheit definitiv *möglicher* und schenkt uns einen viel größeren Hebel. Denn je mehr wir unser eigenes (Wohl-)Befinden beachten, desto feinfühliger werden wir auch für die Gesundheit anderer. Deshalb bietet die Auseinandersetzung mit gesunder Selbstführung definitiv Vorteile – für uns selbst und für andere. Selbstführung umfasst im Wesentlichen vier Bereiche: unser Denken, unser Fühlen, unser Handeln und unseren Körper.

Unser Denken lenken

Glaubenssätze wie »Arbeit muss anstrengend sein«, »Ohne Fleiß keinen Preis« oder »Nicht kritisiert ist gelobt genug« halten uns oft in ungesunden Spiralen fest, die wir an andere weitergeben. Was ich in allen Therapien, Coachings und Führungskräftetrainings gelernt habe: Je mehr wir unsere eigene Gesundheit ignorieren, desto einfacher wird es, auch über die Gesundheit anderer hinwegzusehen. Deshalb ist es so wichtig, die eigenen Annahmen über Arbeit und Gesundheit zu reflektieren. Unser Denken ist der Weichensteller für alles, was danach kommt. Erlauben wir uns, für uns zu sorgen, wird es uns leichterfallen, früher Feierabend zu machen. Ziehen wir hart mit uns ins Gericht, wenn wir eine Aufgabe nicht gemäß unseren Ansprüchen gemeistert haben, werden wir uns innerlich abwerten. Tolerieren wir es bei uns selbst nicht, dass wir an manchen Tagen nicht so leistungsfähig sind wie an anderen, werden wir es bei anderen Personen maximal oberflächlich tolerieren, aber innerlich ablehnen.

Gesunde Selbstführung beinhaltet eine Menge Reflexion. Welche Muster lassen mich immer wieder ungesund arbeiten? Welche Stärken, Schwächen und blinden Flecken habe ich? In welche ungesunden Fallen tappe ich immer wieder, obwohl ich es eigentlich besser weiß? Wie gehe ich mit Wertekonflikten um? Von wem oder was möchte ich Anerkennung und was gebe ich dafür (auf)?

Ein persönliches Beispiel: Als ich meine Universitätsabschlussarbeit abgegeben hatte, wollte ich meiner Betreuerin ein kleines Dankeschön vorbeibringen. Anschließend war ich mit meiner

Schwester verabredet, die zu diesem Zeitpunkt ein Baby hatte. Meine Betreuerin ließ mich aber über eine Stunde warten. Ich wollte ihr damals unbedingt gefallen und ihre Anerkennung haben, weshalb ich meine Schwester ebenfalls warten ließ. Ich habe also die Zeit und Geduld meiner Familie gegen die Gunst »von oben« eingetauscht. Rückblickend schäme ich mich sehr dafür, weil mir meine Familie enorm wichtig ist. Ich habe meine Werte für die Hoffnung auf eine flüchtige Anerkennung ignoriert.

Selbstreflexion ermöglicht uns diese Auseinandersetzung mit uns selbst, um unser Handeln künftig bewusster steuern zu können. Besonders betonen möchte ich dabei Folgendes: Manchmal verlieren wir uns vor lauter Innenschau so sehr, dass wir verpassen, ins Handeln zu kommen. Ohne Zweifel ist es wichtig, die eigenen Motive, Antreiber und Werte gründlich zu erforschen – aber wenn wir die PS nicht auf die Straße bringen, nützt all unsere Selbstreflexion letztendlich niemandem etwas. Reflexion allein bringt uns nicht weiter. Deshalb müssen wir das, was wir innerlich winden und wenden, immer auch in unser tägliches Tun übersetzen, um wirksam zu werden. Nur so kann echter Wandel entstehen. Wenn wir nach viel Selbstreflexion beispielsweise zu dem Schluss kommen, dass wir unsere mentale Gesundheit mehr in unseren Alltag integrieren wollen, ist die Reise an der Stelle nicht vorbei, sondern fängt erst an. Unsere neuronalen Verbindungen im Gehirn bilden sich vor allem durchs Tun neu, nicht durchs Denken. Und es braucht Zeit, wenn wir mit wachsender Selbsterkenntnis – auch in kleinen Schritten – Veränderungen in unserem Leben vornehmen.

Unser Fühlen spüren

Gefühle assoziieren viele Menschen damit, sie klein zu machen, ändern zu wollen oder loszuwerden. Gesunde Selbstführung bedeutet aber, unsere Emotionen überhaupt erst einmal wahrzunehmen und ausdrücken zu können. Selbstführung ist deshalb gewissermaßen auch Selbst*fühlung*. Während unser Empfinden als Kind noch unsere stärkste Kompetenz ist, verlieren wir die Verbindung zu ihm auf dem Weg ins Erwachsenenleben und müssen sie uns mühevoll wieder aneignen.

Warum ist es bei der Arbeit wichtig, dass wir unsere Emotionen erkennen, benennen und regulieren können? Eine gute emotionale Introspektionsfähigkeit ermöglicht es uns, unsere Gefühle zu verbalisieren (»Bei dem Thema fühle ich mich unsicher«), Gefühlsmuster zu erkennen (»In solchen Situationen bin ich immer sehr angespannt«) und unsere Interaktionen mit anderen emotional einzuordnen (»Meine Reaktion eben hatte nichts mit dir zu tun, sondern ich war gerade ganz woanders«).

Der US-Forscher Lauri Nummenmaa hat in einer spannenden Untersuchung eine Art Kartografie von Gefühlen vorgenommen.[100] Er bat Menschen aufzumalen, wo im Körper sie bestimmte Gefühle spüren und legte die Angaben aller Teilnehmenden zusammen.

Eine zentrale Erkenntnis dabei war, dass jedes Gefühl an einer anderen Stelle im Körper wahrgenommen wird. Das trennscharf zu erkennen, ist Gold wert, um unser Handeln gut steuern zu können. Magdalena Rogl, Diversity & Inclusion Lead bei Microsoft Deutschland, sagte in meinem Podcast einmal: »Emotionen sind wie Daten, die unser Körper uns sendet.« Diese Daten können wir durch Selbstführung lesen, akzeptieren, ausdrücken und regulieren lernen. Es macht in der Praxis einen großen Unterschied, ob wir zum Beispiel Traurigkeit und Wut gut auseinanderhalten können. Wenn wir traurig sind, suchen wir eher Trost bei unseren Teamkolleg:innen. Wenn wir wütend sind, möchten wir unsere Grenzen deutlich machen.

Vgl. Nummenmaa et al., 2014[13]

13 Was ich im Kontext von Mental Health besonders spannend finde: Depressionen werden oft mit traurig sein gleichgesetzt. Doch diese Karte zeigt sehr gut, dass Depressionen und Traurigkeit sich sehr unterschiedlich anfühlen. Bei Traurigkeit fühlen wir zum Beispiel einen Kloß im Hals, bei Depressionen fühlen wir gar nichts, wir sind leer. Depressionen und Traurigkeit fühlen sich also nicht gleich an, sie sind unterschiedliche Zustände. Mental Health Aufklärung zeigt genau solche Feinheiten auf.

Leider gibt es einige Emotionen, die in der Arbeitswelt eher toleriert werden. Wut (Klischee: »Der cholerische Chef ist halt so«) ist beispielsweise deutlich akzeptierter als Traurigkeit (Klischee: »Die weinerliche Kollegin soll sich einfach mal zusammenreißen«). So kann es passieren, dass akzeptiertere Emotionen wie Wut weniger akzeptierte Emotionen wie Traurigkeit oder Angst überdecken. Nach außen hin sind wir wütend auf die Chefin, weil sie uns ein Projekt nicht bewilligt hat, während wir innerlich traurig sind, dass wir etwas nicht weiterverfolgen durften, in das wir bereits viel Mühe gesteckt haben. Durch gesunde Selbstführung können wir solche emotionalen Schichten detaillierter verstehen und die dahinter liegenden Bedürfnisse viel besser ausdrücken. Wir sollten uns daher in der Arbeitswelt auch weniger »normschöne« Emotionen wie Traurigkeit, Angst oder Scham erlauben, damit wir besser auf die Bedürfnisse der Menschen eingehen können. Das hat letztlich einen positiven und deutlich nachhaltigeren Effekt als das Unterbinden von Gefühlen.

Unser Verhalten steuern

Unsere Gedanken- und Gefühlswelt bildet das Fundament für unser Tun. Um wirksam zu werden, müssen wir das Fundament auf stabilen Säulen aufbauen, um dann mit Selbstkontrolle und situativer Flexibilität bewusst handeln zu können. Durch ein gesundes Selbstmanagement handeln wir nach unseren Werten und Zielen, halten unsere Motivation aufrecht und helfen uns selbst, auch in schwierigen Momenten zu wissen, was zu tun ist.

Letztes Jahr hatte ich eine Speaking-Anfrage von einem Unternehmen aus der Tabakindustrie. Ich war in einer schwierigen Situation: Einerseits fand ich es ethisch problematisch, die Tabakindustrie und damit Suchtmittel zu unterstützen. Andererseits dachte ich, dass es positiv ist, wenn mentale Gesundheit in einem Unternehmen endlich thematisiert wird und ich einen Beitrag dazu leisten kann. Letztendlich habe ich mich dazu entschieden, meine Bedenken dem Unternehmen offen zu kommunizieren, weil Transparenz auch eines meiner Werte ist.

So hatte ich das Gefühl, werteorientiert zu handeln. Solche Momente brauchen eine klare Haltung und einen festen Wertekompass, damit sie uns nicht zerfressen. Das hilft unserer Psyche, ein Gefühl von Stimmigkeit zu entwickeln.

Um zu überprüfen, ob wir auf einem gesunden Weg sind, können wir uns stets fragen: Komme ich mit dem Schritt, den ich gehe, ein Stückchen näher an mein Ziel beziehungsweise bleibe ich nah an meinen Werten oder bewege ich mich von ihnen weg? Diese Momente gibt es jeden Tag: Wenn ich heute den Sport sausen lasse, wird das meinem Ziel, den Marathon zu laufen, schaden oder nicht? Wenn ich die Anfrage für die Zusatzarbeit heute zusage, ignoriere ich meinen Wert »Familienzeit« – möchte ich das? Jeder Tag ist voll mit diesen Mikroentscheidungen, die unser Wertesystem fordern. Ein gutes Selbstmanagement hilft uns, in diesen ambivalenten Momente Klarheit zu bekommen und fester hinter unserem Tun zu stehen. Und nebenbei werden wir so auch zu Vorbildern. Indem wir stimmig zu unseren Werten und Worten handeln, schenken wir unserem Umfeld Sicherheit und Orientierung. Wenn wir sagen, dass wir Wert auf mentale Gesundheit legen, offenbart sich die Ehrlichkeit dieser Absicht in unserem Tun: nämlich dann, wenn es wirklich okay ist, dass wir ein paar Tage weniger leistungsfähig sind, wenn unser Workload wirklich langfristig (!) reduziert wird oder wir uns wirklich ohne schlechtes Gewissen auskurieren können.

Unseren Körper nähren

Körper und Geist sind untrennbar miteinander verbunden. Gesunde Selbstführung braucht deshalb auch einen Fokus auf Bewegung, Regeneration, Entspannung und Schlaf. Gerade Schlaf ist in unserer Arbeitswelt immer noch massiv unterschätzt. Es wird fast wie eine Auszeichnung behandelt, wenn man trotz wenig Schlaf arbeiten geht. Wer jedoch nur fünf Stunden Nachtruhe hat, ist in der Konzentration, im Gedächtnis und in der Reaktionsfähigkeit eingeschränkt. Immerhin 48% der Deutschen schlafen weniger als sechs Stunden[101] – das ist alles andere als gesund. Auf ausreichend körperliche Erholung zu achten, ist essenziell, um gesund arbeiten und leben zu können. Gerade Menschen, die viel Wissensarbeit leisten und damit viel mit dem Kopf arbeiten, brauchen unbedingt ausgleichende Aktivitäten wie Sport, wo sie ihren Körper ansprechen.

Ich habe Sport während meines jungen Erwachsenenalters nur mäßig betrieben. Zwar habe ich mich gerne bewegt und war gerne draußen, habe aber nie eine Sportart konsequent verfolgt. Mit 28 Jahren hatte ich einen schweren Skiunfall, von dem ich mich sehr lange erholen musste. Über Jahre hinweg habe ich unzählige Stunden in Arztbesuche, Übungen und Reha investiert, um buchstäblich wieder auf die Beine zu kommen. Damals hatte ich jegliche Freude und Lust an Bewegung verloren. Für mich war es nur noch eine mechanische Aufgabe, um wieder funktionsfähig zu werden. Und ich entwickelte eine eher ablehnende Haltung zu Bewegung, weil sie mir immer wieder zeigte, wo es überall in meinem Körper wehtut und was mir alles nicht mehr möglich war. Ich wusste irgendwann gar nicht mehr, wie sich ein Leben ohne Schmerzen anfühlt – bis ich zu einem fantastischen Physiotherapeuten kam (danke, Nik!), der mich aus dem Tiefpunkt meines körperlichen Daseins holte und wie einen verlorenen Hundewelpen aufpäppelte. Seit vier Jahren mache ich jede Woche konsequent Krafttraining und habe inzwischen wahnsinnig viel Spaß daran. Mein wöchentlicher Termin bei ihm ist einer meiner drei unverhandelbaren Termine in der Woche. Ich fahre zwar eine Stunde hin und eine zurück, aber es ist mir jede Minute wert. Warum erzähle ich das? Wir alle brauchen diese unverhandelbaren, unverrückbaren Gesundheitsmomente im Alltag, in denen wir uns bewusst unserem Körper oder unserem Geist widmen. Sport ist für mich inzwischen »first in, last out«: Er ist das Erste, was in meinem Kalender steht und das Letzte, das ich im Notfall streiche. Schmerzfrei zu laufen, Fahrrad fahren zu können oder mir ohne Hilfe meine Socken anzuziehen, ist für mich nicht selbstverständlich, ich habe es mir hart zurückerkämpft. Wie so viele andere Menschen habe ich den Wert von

Gesundheit erst begriffen, als ich sie nicht mehr hatte. Deshalb sind mir diese Zeiten heute heilig.

Körperliche Gesundheit ist eine wichtige Säule für gesunde Selbstführung. Sie ist Ausgleich, Energiegeber und Gesundheitsgarant zugleich. Die aktuelle Longevity-Bewegung macht ebenfalls deutlich, wie elementar körperliche Gesundheit für ein langes, gesundes (Arbeits-)Leben ist. Darin finden sich unter anderem folgende Säulen:

- **Bewegung.** Regelmäßige körperliche Bewegung verbessert Hirnfunktionen wie Konzentration, Aufmerksamkeit und Gedächtnisleistung und kann depressive Symptome maßgeblich mildern.[102]
- **Schlaf.** Er ist für den Stressabbau, die Zellerneuerung und die Immunabwehr wichtig. Außerdem senkt ausreichend Schlaf das (Arbeits-)Unfallrisiko, weil wir aufmerksamer sind.
- **Ernährung.** Wie wir uns heute ernähren, scheint einen Einfluss darauf zu haben, welche Erkrankungen unsere Kinder und Enkel entwickeln.[103] Außerdem können wir durch die Einnahme von Aminosäuren unsere kognitiven Funktionen verbessern und das Alzheimerrisiko senken.[104] Die American Psychological Association empfiehlt die Einnahme von Omega-3-Fettsäuren zudem als Therapiebaustein bei affektiven Störungen (z. B. Depressionen).[105]

Gesunde Selbstführung sorgt für eine bessere Auseinandersetzung mit uns selbst und strahlt auf andere aus. Sie hört niemals auf und entwickelt sich immer weiter. Gedankenmuster und Gefühle besser zu verstehen und unsere Muster zu durchbrechen, ist nicht nur für ein Kohärenzgefühl – für uns verstehbare, stimmige und sinnvolle Handlungen – und unser Wohlbefinden wichtig, sondern bedeutet immer auch persönlichen Fortschritt. Unser Gehirn liebt Lernen – deswegen sagen so viele Menschen, dass sie an der Auseinandersetzung mit ihrer Selbstführung so viel Freude haben. Statt diese also als eine stumpfe Aufgabe zu betrachten, sollten wir sie als einen natürlichen, positiven Teil unseres Lebens sehen, der uns jeden Tag wachsen lässt. Es liegt in unserer Hand, wie viel Aufmerksamkeit wir ihr schenken möchten, um unser Handeln besser, bewusster und stimmiger zu machen.

Gesund im Stress

In meinen Webinaren kommt häufig die Frage auf: »Wie kann ich selbst in stressigsten Phasen für mich sorgen? Ich weiß, dass ich dann eigentlich mehr auf meine Gesundheit achten müsste, bekomme es aber einfach nicht hin.« Es ist vollkommen nachvollziehbar, dass es uns schwerfällt, in kräftezehrenden Phasen alle Bälle in der Luft zu halten. Die gute Nachricht ist: Stress und Gesundheit schließen sich nicht zwingend gegenseitig aus. Ich empfehle, in diesen Phasen eine Minimalroutine von all dem zu finden, was wir in weniger anstrengenden Phasen für unsere Gesundheit tun. Leo Babauta bringt es auf den Punkt: »Make it so easy you can't say no.«[106] Wir müssen Gesundheitsroutinen so einfach machen, dass sie immer umsetzbar sind und wir nicht Nein sagen können. Und da kommt die Minimalroutine ins Spiel: Versuche, für Bewegung, Schlaf, Ernährung und psychische Gesundheit eine Kleinstversion zu finden. Für mich bedeutet das zum Beispiel, in stressigen Phasen jeden Tag eine gesunde Mahlzeit zu essen, mindestens zwei Liter Wasser zu trinken, 6,5 Stunden Schlaf zu bekommen, mindestens 20 Minuten spazieren zu gehen und zehn Minuten etwas zu tun, das meiner Seele guttut, beispielsweise auf dem Balkon zu gärtnern. Das ist meine ganz persönliche Minimalroutine, die ich selbst unter hohem Stress aufrechterhalten kann. Sie gibt mir das Gefühl, trotzdem noch wirksam zu sein.

In weniger stressigen Phasen können wir das Ganze dann ausweiten. Wir können mehr auf gesunde Ernährung achten, länger schlafen, ausgiebiger sporteln und mehr Zeit in unsere mentale Gesundheit investieren. Dieses flexible Hoch- und Runterregeln ermöglicht es, uns den Umständen anzupassen und uns weniger unter Druck zu setzen. Und es minimiert die Wahrscheinlichkeit, dass wir uns Vorwürfe machen und in negative Gedankenspiralen abrutschen, wenn wir unsere hochgesteckten Gesundheitsziele in stressigen Zeiten nicht einhalten können. In stressigen Phasen ist das Wichtigste, unsere Tiefenbatterien nicht leerlaufen zu lassen. Denn dann braucht es eine ganze Weile, bis sie wieder anspringen – ähnlich einem Handy, dessen Bildschirm erst einmal schwarz bleibt, obwohl wir es gerade an den Strom gehängt haben. Routinen wie Erholung und Bewegung gehören zu diesen Tiefenbatterien dazu, während andere Aktivitäten wie etwas Neues lernen eher die oberflächlichen Batterien aufladen. Deshalb sollten wir in stressigen Phasen unbedingt darauf achten, dass wir eine Minimalversion von Gesundheit haben und einhalten.

Was geht, wenn nichts mehr geht?

Manche Phasen verlangen so viel von uns ab, dass aus chronischer Überlastung ein Burn-out oder eine psychische Erkrankung wird. Auf dem Weg dorthin übertreten wir immer wieder schleichend unsere Grenzen. Wir nehmen das Zusatzprojekt an, obwohl alles in uns Nein schreit. Wir versuchen, nach außen motiviert zu wirken, obwohl wir innerlich nur noch die Tage bis zum Wochenende zählen. Wir stehen morgens auf, obwohl unser Körper sich seit Wochen bleischwer anfühlt.

Wenn man als Führungskraft eine Pause braucht.

Linda Janek, Head of Performance Management & Efficiency bei Boehringer Ingelheim

Linda, was hat zu deinem Burn-out geführt?

Der Weg zu meinem Burn-out war ein schleichender Prozess, der sich durch Warnsignale ankündigte, die ich jedoch nicht bewusst wahrgenommen beziehungsweise ignoriert habe (z. B. sehr prägnante Situation einer Panikattacke, im Wasser zu ertrinken, obwohl ich jahrelang Leistungsschwimmerin war). Letztlich erkannte ich mit etwas Abstand, dass meine Muster – Strategien, die ich mir im Laufe des Lebens angeeignet hatte, um Herausforderungen zu bewältigen – zu meinem Burn-out geführt hatten. Mein hoher Anspruch an mich selbst, der Drang, alles allein zu bewältigen, und die innere Kritikerin, die mich ständig antrieb, führten dazu, dass ich mir keine »Schwäche« eingestehen wollte. Ich hatte verlernt oder nie gelernt, was eine ausgeglichene innere Balance oder Selbstfürsorge bedeutet.

Woran hast du gemerkt, dass du eine Pause brauchst? Wie hast du das deinem Arbeitgeber kommuniziert und wie hat er reagiert?

Irgendwann erreichte ich den Punkt, meinen sogenannten Zusammenbruch, an dem ich vor allem im Umgang mit meinen Kindern an meine nervliche Grenze kam. Ich wollte nur noch aus diesem aktuellen Leben fliehen, weil ich den Situationen mit ihnen nicht mehr gewachsen war. Meine innere Kritikerin bestärkte mich darin, dass das, was ich tat, »nicht ausreicht«. An diesem Punkt betrieb ich zum ersten Mal echte Selbstfürsorge und kontaktierte den Arbeitsmedizinischen Dienst im Unternehmen. Dank meiner Erfahrung als Führungskraft wusste ich, dass wir hier auch in psychischen Belangen Hilfe bekommen können. Die Unterstützung war großartig und mein direkter Vorgesetzter reagierte verständnisvoll und verschwiegen. Für die Kolleg:innen und Mitarbeitenden war meine längere Auszeit geplant.

Was hat dich dazu bewegt zurückzukommen? Was stach bei deiner Rückkehr besonders positiv heraus?

Für mich war klar, dass ich nach etwa sechs Wochen zurückkehren würde. Ich musste jedoch erkennen, dass dies utopisch war und meine Seele länger Zeit brauchte. Dennoch stellte ich nie infrage zurückzukehren. Die wertschätzende Art des Betriebsarztes sowie die Freude der Kolleg:innen und Mitarbeitenden, mich nach längerer Zeit wiederzusehen, halfen mir dabei. Durch die gestaffelte Wiedereingliederung fand ich mein Maß und kehrte zu meiner ursprünglichen %-Anstellung zurück. Mittlerweile habe ich sogar wieder auf 100 % erhöht und mich dem für mich »schädlichen« Druck der Zeiterfassung entledigt.

Wie sorgst du heute dafür, dass du nicht erneut in einen Burn-out rutschst?
Das Bewusstsein, dass mich das Erlebte ein Leben lang begleiten wird, sehe ich mittlerweile als Chance. Ich darf mich intensiv und bewusst mit mir und meiner Lebensart auseinandersetzen. Feste Rituale, Zeit für Seelenbalsam (Yoga, Schwimmen, Spaziergänge, Treffen mit lieben Menschen) helfen mir dabei. Ein viel wichtigerer Faktor ist, dass ich die Challenge »Linda, wer bist du wirklich?« angenommen habe. Ich verstehe meine Bedürfnisse und Erwartungen besser und stelle meine Vergangenheit und meinen Weg bis zum Burn-out nicht unter einen negativen Stern, sondern in ein positives Licht. Gezielte Offenheit an der einen oder anderen Stelle hilft mir, nicht mehr in das Muster zurückzufallen, dass ich alles selbst wuppen muss. Es ist völlig in Ordnung, auch mal um Hilfe oder Unterstützung zu bitten. Mittlerweile ist es immer wieder so, dass Situationen im Gespräch oder im Coaching tiefergreifende Themen hervorbringen. Zum Beispiel wenn ich es zulasse, Gefühle, die sich beispielsweise im ersten Moment als Wut zeigen, genauer anzuschauen. Der Umgang mit den eigenen Gefühlen ist für mich nach wie vor schwierig und verletzend, aber inzwischen auch befreiend und heilsam, weil sie mir zeigen, was mir wichtig ist, wo ich auf mich achten und an welcher Stelle ich etwas anders machen muss,

> um mich vor einem Rückfall zu beschützen. Die Angst und Sorge begleiten mich auch weiterhin bewusst. Dafür bin ich dankbar und mit ihnen im Einklang.

In jeder Burn-out-Geschichte finden wir Warnsignale, die Betroffene kontinuierlich ignoriert haben, bis sie in der völligen Erschöpfung gelandet sind. Um diese Signale frühzeitig zu erkennen, empfehle ich als Faustregel, a) auf die Dauer und b) auf die Intensität der Anzeichen zu achten. Jede Person mag mal einen stressigen Tag haben, aber wenn wir seit Wochen fast durchgehend stressige Tage haben (= Dauer) und der Stress so hoch ist, dass wir schlecht abschalten, runterfahren, zur Ruhe kommen können (= Intensität), dann ist es Zeit, sich Hilfe zu holen. Vielen Menschen mag es merkwürdig vorkommen, schon »so früh« nach Support zu suchen. Aber wenn wir wirklich weg von reaktiver hin zu proaktiver Gesundheit kommen wollen, ist genau das der richtige Weg. Ich habe in meiner gesamten beruflichen Laufbahn noch nie (!) eine Person erlebt, die im Nachhinein sagte, sie hätte sich zu früh Hilfe geholt. Ganz im Gegenteil: Die meisten bereuen es, sich nicht schon viel eher Unterstützung gesucht zu haben. Das beste Signal dafür ist: Sobald du daran denkst, dass es gut wäre, dir professionelle Hilfe zu suchen, ist der Zeitpunkt gekommen.

Reflexion

- Was sind deine Annahmen darüber, wie Arbeit sich anfühlen muss? Wie hat deine Biografie dazu beigetragen?
- Wo bist du in puncto Selbstführung besonders stark – deinem Denken, deinem Fühlen, deinem Handeln oder deinem Körper? Was ist deine Geschichte dahinter?
- Was gehört zu deiner Minimalroutine zur Versorgung deiner Tiefenbatterien dazu? Welche Gesundheitsroutinen sind dir selbst in stressigen Phasen noch möglich?

8.2 (Heraus-)Forderung Gesundheit

Führung wirkt nach. Die Führungskräfte, die uns weitergebracht, gefordert und gefördert haben, sowie jene, die verbrannte Erde, Tränen und dunkle Erinnerungen zurücklassen: Ihr Verhalten hallt erstaunlich lang nach. Auch mir kommen Beispiele aus meinem Arbeitsleben in den Sinn – die positiven prägen meine Haltung und mein Handeln bis heute. Als ich meinen schweren Skiunfall hatte, kam ich mit großer Mühe und Schmerzen am ganzen Körper nach etwa fünf Wochen auf Krücken zurück ins Büro. Rückblickend gesehen war es die falsche Entscheidung, so früh wieder arbeiten zu gehen. Was aber in dieser Zeit für mich und meine Genesung von enormer Bedeutung war, war die Unterstützung meiner Vorgesetzten. Ich musste mehrfach die Woche zur Physiotherapie und meine Arbeit tagsüber unterbrechen. Meine Chefin hat das zu 100% unterstützt und mir immer wieder ihr vollstes Verständnis signalisiert. Ihr Rückenwind hat mir sehr viele Zweifel und Gewissensbisse erspart, sodass ich die wenigen Energien, die ich hatte, in meine Projekte und meine Genesung stecken konnte. Zwar war ich in erster Linie körperlich eingeschränkt, aber mir hat der Unfall auch sehr stark auf die Psyche geschlagen. Ich wusste nicht, ob ich wieder flüssig würde laufen können, hatte schlimme Flashbacks vom Unfallgeschehen, Albträume und war durch den Schlafmangel aufgrund der Schmerzen extrem erschöpft.

Diese Zeit hat mich entscheidend darin geprägt, wie ich Menschen sehe, die trotz Erkrankungen oder großer Belastungen arbeiten gehen. Ich bin viel feinfühliger dafür geworden, ob jemand arbeitet, weil es der Person Struktur und Halt gibt oder ob die Person die Zähne zusammenbeißt und nach außen einen Schein bewahren möchte. Wir müssen solche Momente jedoch nicht erst am eigenen Leib erfahren, um eine gesunde Haltung zu entwickeln. Wenn wir führen, sollten wir uns grundlegend damit beschäftigen, welches Menschenbild wir vertreten und in unsere Führung einbringen wollen.

Die meisten gesundheitsschädlichen Führungsstile passieren unbewusst. Die meisten gesundheitsförderlichen Führungsstile werden jedoch bewusst praktiziert. Genau hier liegt der Schlüssel: Führung muss etwas sein, mit dem wir uns aktiv und bewusst auseinandersetzen. Viele Führungskräfte kommen wegen ihrer fachlichen Expertise oder starker Ergebnisse in ihre Rollen, aber die wenigsten landen dort, weil sie Menschen herausragend führen können. Führung passiert bis heute meist leider »on the fly« – als Begleiterscheinung zum Tagesgeschäft oder bei besonders motivierten Führungskräften als Freizeitvergnügen, weil sie neben der Arbeit Weiterbildungen besuchen oder Literatur zum Thema lesen. Das ist fatal, weil es suggeriert, dass Führung a) ein Nebenprodukt der inhaltlichen Führungsarbeit sei und b) wir Führung beherrschen würden, als sei sie uns in die Wiege gelegt. Ähnlich ist es mit mentaler Gesundheit: In weiten Teilen der Arbeitswelt wird so getan, als wüssten wir, wie es geht, dabei ist dem nicht so.

Wenn ich in meine Vita schaue, erkenne ich einige spannende Gemeinsamkeiten aus meiner Zeit als Psychotherapeutin und in meiner Rolle als Führungskraft. Und je länger ich mit Führungskräften zusammenarbeite, desto stärker sehe ich die Überschneidungen:

- **Man sollte ein grundlegendes Interesse an Menschen haben, um den Job zu machen.** Wer für das Ego oder einen schillernden Titel führt, ist in der Rolle falsch.
- **Man sollte sich im Klaren sein, was man kann und was man (noch) nicht kann.** Wenn etwas deutlich die eigene Expertise

übersteigt, sollte man diese Grenzen offen mitteilen. Man sollte wissen, wo es Unterstützung oder weitere Ressourcen gibt.

- **Man sollte dem Gegenüber gute Intentionen unterstellen.** Menschen können manchmal kompliziert wirken. Aber je mehr man ihrem Bauplan auf den Grund geht, desto mehr macht ihr Verhalten in den jeweiligen Situationen Sinn. Man sollte ein ehrliches Interesse daran haben, die Motive und Gefühle der Menschen zu verstehen.
- **Die Weiterentwicklung der anderen sollte im Fokus stehen.** Führung bedeutet Förderung. Man sollte die Räuberleiter für andere sein, damit sie sich weiterentwickeln können, sowohl in erfolgreichen Zeiten als auch auf den steinigen Teilen des Weges.
- **Man sollte aufrichtig menschlich sein.** Manchmal hat man selbst keine Antwort, übersieht auf den ersten Blick etwas oder trifft eine falsche Entscheidung. Das ist normal und gehört zum Menschsein dazu.

Führung besteht zu großen Teilen aus Menschenmanagement und demnach aus zwischenmenschlichen Fähigkeiten. Und wo Menschen sind, ist auch mentale Gesundheit. Deshalb ist gesunde Führung in einer modernen Arbeitswelt unerlässlich. Auch die WHO empfiehlt deutlich, Führungskräfte hinsichtlich ihrer Mental Health Literacy zu trainieren.[107] Es geht dabei allerdings nicht darum, Führungskräfte zu Therapeut:innen zu machen, sondern darum, in der Lage zu sein, die passenden Hilfestellungen zur richtigen Zeit zu bieten. Das können zum Beispiel individuelle Vereinbarungen mit Betroffenen oder der Verweis auf die richtige Hilfestellen sein. Auch Studien zeigen, dass Führungskräfte ihre Mitarbeitenden positiv darin beeinflussen können, sich Hilfe zu holen.[108] Das lohnt sich gleich doppelt: Zum einen, weil Mitarbeitende ein Hilfsnetzwerk aufbauen können. Zum anderen – und das vergessen wir oft –, um Führungskräfte zu entlasten. Sie sollten sich nicht allein um alles kümmern müssen, da sie mit Zielerreichung, Strategie, operativen Aufgaben, Menschenmanagement und eigenen Themen ohnehin schon genug auf dem Teller haben. Die richtigen Ressourcen zu kennen, mag also in erster Linie aussehen, als sei es ein Angebot für die Betroffenen – dabei ist es mindestens zur Hälfte auch eine Entlastung für Führungskräfte selbst, um Gesundheit auf mehreren Schultern zu verteilen.

Fördern und Fordern

Führung muss nicht nur gesundheitsfördernd sein, sondern auch gesundheits*fordernd*. Es muss zum Standard werden, dass Führungskräfte die Auslastung ihrer Teams proaktiv statt reaktiv steuern, dass sie die Mitarbeitenden zu einer gute Work-Life-Balance anhalten und unmittelbar das Gespräch suchen, wenn sich Überlastungen abzeichnen. Leider sieht die Realität noch anders aus. In einer großen internationalen Umfrage mit über 1000 Mitarbeitenden und über 1000 Führungskräften gaben nur 32% der Mitarbeitenden an, dass sie das Gefühl haben, ihrer Führungskraft sei die mentale Gesundheit der Mitarbeitenden wichtig. Gleichzeitig sagten 73% der Führungskräfte, dass sie zwar wissen, dass sie als Vorbild selbst ein positives Gesundheitsverhalten zeigen *sollten*, jedoch gaben nur 30% an, das auch zu tun.[109] Wie kommt diese große Lücke zustande? 70% der Führungskräfte berichteten von hohen organisationalen Barrieren, um die mentale Gesundheit ihrer Mitarbeitenden zu unterstützen. Dazu gehörten starre Unternehmensrichtlinien, ein hoher Workload, strenge Zielvorgaben, fehlender Support von weiter oben und ein Mangel an entsprechenden Skills. Daraus können wir schließen, dass gesunde Führung sich häufig eher wie eine Last anfühlt, weil Führungskräfte selbst nur auf kargem Boden agieren können. Der Wille ist da, aber die Strukturen erschweren die Umsetzung.

Dennoch sollten Führungskräfte nicht den Mut zu verlieren. Denn ihnen stehen zwei entscheidende Hebel zur Verfügung. Zum einen der Hebel in höhere Entscheidungsgremien, da die Wege, um gesunde Strukturen einzufordern, für sie deutlich kürzer sind als für ihre Mitarbeitenden. Zum anderen der Hebel ins Team hinein, der es ihnen ermöglicht, mentale Gesundheit in ihrem unmittelbaren Umfeld zu fördern. Folgende Impulse möchte ich dafür geben:

Walk the Talk. Meine erste Mentorin sagte mir in einer unserer Sessions: »Manchmal lasse ich einfach alles liegen und gehe mit meinen Kindern in den Park ein Eis essen.« Dabei hatte sie als renommierte Professorin mit einem großen Team definitiv genug auf dem Schreibtisch liegen. Es überraschte mich sehr, dass sie sich manchmal trotz des hohen Workloads ohne Gewissensbisse eine Pause nahm. Diese Aussage war das Wertvollste, was ich aus unserem Mentoring mitnahm und hat meine eigene Führung sehr geprägt. Arbeit ist nicht alles im Leben und das dürfen wir als Führungskraft auch zeigen – denn das schafft Raum für Gesundheit und Menschlichkeit. Ein anderes Beispiel: Als ich während eines Angestelltenverhältnisses mit meiner Vorgesetzten am 22.12. vormittags einen Call hatte, sagte sie zum Abschluss: »Ich mache jetzt den Computer aus und schmücke mit meiner Familie den Weihnachtsbaum.« Auch das hat mich sehr überrascht, weil sie eine zentrale Rolle im Unternehmen hatte. Und auch sie lebte mir vor, dass wir Arbeit einfach mal Arbeit sein lassen können. Solche scheinbar beiläufigen Sätze haben einen großen Impact auf uns. Gesunde Führung bedeutet nicht nur, ein Role Model für die Arbeit zu sein, sondern auch eines fürs Leben – es ist »Work-Life-Leadership«.

Sei ein Mental Health Ambassador. Ambassadorship kann viele Formen haben. Es ist okay, wenn wir als Führungskräfte erst einmal leise Botschafter:innen für mentale Gesundheit sind und uns zunächst in unserem Team dafür stark machen. Damit setzen wir die Weichen für Enttabuisierung und Offenheit. Wir sollten uns aber bewusst damit auseinandersetzen, welche Art von Botschafter:innen wir mittelfristig sein möchten. Wir können uns beispielsweise engagieren, indem wir als Executive Sponsor das Thema in Entscheidungsgremien vertreten oder indem wir eine Ausbildung zum Mental Health First Aider machen. Mehr zu den unterschiedlichen Formen von Ambassadorship erläutere ich in Kapitel 9.2.

Hab einen Regenschirm. Meine wichtigste Botschaft in Mental Health Trainings ist: Wenn wir uns viel um andere kümmern, brauchen wir auch jemanden, der sich um uns kümmert. Viele Führungskräfte sagen, dass sie immer mehr Menschen managen und immer weniger in fachlichen Themen involviert sind. Das steigert die Komplexität, weil wir zunehmend individuelle Bedürfnisse und Anliegen jonglieren. Mentale Gesundheit kann sich dann in Anbetracht des ohnehin schon hohen Workloads schnell lästig anfühlen und die Aufforderung »gesunde Führung« wird eher mit Augenrollen als mit Begeisterung angenommen. Ob wir es wollen oder nicht, als Führungskraft sind wir in einer Fürsorgerolle, die Energie kostet. Deshalb brauchen wir immer jemanden, der sich auch um unsere Belange kümmert. Das ist nicht zwingend die eigene Führungskraft, denn für viele Führungskräfte sind ihre nächsthöheren Manager:innen dafür nicht die erste Anlaufstelle, auch wenn es auf dem Papier so steht. Es sollte jemand sein, mit dem wir die eigenen Herausforderungen, Schwierigkeiten und Bedürfnisse ehrlich besprechen können, beispielsweise unabhängige Psycholog:innen oder Coaches.

Coaching für Führungskräfte: Drei (zweidrittel) Benefits.

Christian Thiele, Coach, Autor & Speaker für Positive Leadership

Erster Benefit: Ein besseres Bewusstsein für Stärken – die eigenen, die anderer, die emotionalen wie Bescheidenheit, Zuversicht, Humor, die kognitiven wie analytisches Denkvermögen oder Ambiguitätstoleranz und die des Verhaltens wie Elan oder Gründlichkeit – und auch konstruktiv mit Stärken umgehen können: Das ist einer der Effekte, die Coaching von Führungskräften haben kann.

Zweiter Benefit: Emotionen konstruktiver handhaben und nutzen können, die angenehmen und die unangenehmen, die auf mich bezogenen, die auf andere bezogenen, die schwachen wie die intensiven.

Dritter Benefit: Stimmiger handeln, entscheiden und kommunizieren können – und zwar so, dass es einerseits den eigenen Werten, der inneren Haltung entspricht und gleichzeitig zur Rolle, zur Aufgabe, zu den Erwartungen passt. Und das Ganze jenseits von Kochrezepten oder Verhaltensschemata.

Aus meiner Praxis sowie aus der wissenschaftlichen Forschung weiß ich, dass neben diesen Themen auch das Handhaben von Konflikten und die Abgrenzung zwischen Job und Nichtarbeit zu immer wichtigeren Themen der Führung und damit auch des Führungscoachings werden – aber das wären schon drei zweidrittel Benefits.

Tell your story. Geschichten geben uns Charakter, Kontur und Authentizität. Wir verbinden uns untereinander, wenn wir persönliche Geschichten hören. Als Führungskraft müssen wir nicht zu allen Mental Health Themen eine Story parat haben, aber wenn wir eine haben, lohnt es sich, sie zu teilen – natürlich in einem Umfang, mit dem man sich wohlfühlt. Ich kenne keine Führungskraft, die nicht schon mal über ihre Grenzen gegangen ist, eine herausfordernde Phase hatte oder ihre Gesundheitssignale ignoriert hat. Jede Führungskraft bringt ihre persönlichen Lernerfahrungen daraus mit. Statt also nur »starting the conversation about mental health« zu betreiben, sollten wir »starting the conversation about mental health with a story« machen. Das trägt zur Normalisierung bei.
Die magische 80. Erinnere dich kurz an einen Moment zurück, in dem du einmal in die Überlastung gerutscht bist. Dann stell dir zwei

Fragen: 1. Wann hast du gemerkt, dass es zu viel wird? 2. Wann hast du deinem Umfeld signalisiert, dass du Entlastung brauchst? Die meisten Menschen sagen, dass sie sich oft erst dann melden, wenn sie bereits bei 110% Auslastung sind, obwohl sie es schon viel früher bemerkt haben. Das ist fatal, weil wir in diesem Zustand deutlich weniger Handlungsspielraum haben, um gegensteuern zu können. Wir können es uns vorstellen wie einen überhitzten Motor. Sobald er einmal überhitzt ist, braucht es Zeit, bis er wieder runterkühlt und das Auto wieder vollständig nutzbar ist. Hier kommt die magische 80 ins Spiel. Wir müssen uns angewöhnen, nahende Überlastung bei 80% statt bei 110% aufzuzeigen. Als Führungskraft sollten wir also gut im Blick haben, wo unser Team steht und bei 80% anfangen, neu zu priorisieren, nötige Ressourcen zu mobilisieren etc. Jenseits der 80% rutschen wir schnell in einen Bereich, in dem wir gesunde Routinen schleifen lassen, auf wichtige Check-ins verzichten und Stress im Team schlechter abpuffern können. Die magische 80 einzuhalten, mag einigen Führungskräften ungewohnt »niedrig« vorkommen, aber genau das ist Früherkennung: Es geht um proaktives statt reaktives Handeln.

Gesund durch Krisen. Zweifelsohne werden wir immer wieder mit Krisen konfrontiert sein. Aus der Resilienzforschung wissen wir inzwischen gut, was es in diesen Momenten braucht, um das Team durch schwierige Zeiten zu bringen. Drei zentrale Mittel möchte ich vorstellen:

– **Soziale Verbindungen stärken.** Ein fester Zusammenhalt hat mit Abstand die größte Resilienzwirkung (▶ Kap. 6.1). Wir sollten also zwischenmenschliche Beziehungen, Vertrauen und Verbindung proaktiv fördern, damit wir darauf zurückgreifen können, wenn es unruhig wird. Die verschiedenen Formen der sozialen Unterstützung habe ich in Kapitel 4.2 beschrieben. Wichtig ist, dass die Investition in starke Teambeziehungen nicht erst in Krisen beginnt, sondern bereits weit vorher – wer in seiner Führungspraxis von Anfang an belastbare Teambeziehungen sät, wird in Krisen davon ernten können.

- **Realistischen Optimismus kultivieren.** Optimismus ist eine positive Haltung, mit der wir auch unter schwierigen Bedingungen Zuversicht behalten. Manche Menschen übersteuern ihren Optimismus jedoch und kippen in eine toxische Positivität (»Lasst uns einfach positiv denken, es ist nur eine Frage des Mindsets!«). Das lässt jedoch völlig außer Acht, dass schwierige Situationen uns durchaus Energien kosten – und das auch in Ordnung ist. Statt das Leben also auf toxisch-positive Weise in Pastellfarben zu malen, sollten wir in Krisen einen realistisch-optimistischen Blick einnehmen. Das bedeutet, die Lage ehrlich als herausfordernd anzuerkennen und gleichzeitig eine zuversichtliche Haltung einzunehmen, welche die Stärken und Fähigkeiten des Teams hervorhebt: »Es ist eine schwierige Situation für alle. Was hat uns in der Vergangenheit geholfen, um ähnliche Phasen erfolgreich zu meistern?«
- **Kontrollierbarkeit fördern.** Wenn wir Situationen als unkontrollierbar empfinden, wird unser Stress- und Angstzentrum im Gehirn aktiv. Wir fühlen uns gelähmt und sehen kein Handlungsspektrum. Wenn wir uns stattdessen darauf konzentrieren, was wir tun und wo wir ansetzen können oder was ein nächster kleiner Schritt ist, den wir aktiv beeinflussen können, bekommen wir ein Gefühl von Kontrolle und Machbarkeit. In Krisen ist es deshalb wichtig, im Team immer wieder zu schauen, was im Bereich des Beeinflussbaren liegt. Das schafft Kontrollerleben und schaltet unser Angstzentrum im Gehirn aus (▶ Kap. 6.2). Das Gefühl von Kontrollierbarkeit kann nachweislich das Stressempfinden senken.[110]

Wo hört meine Verantwortung auf?

Eine häufig gestellte Frage bei meinen Vorträgen ist: Bis zu welchem Punkt kann ich als Führungskraft unterstützen und wo hört meine Verantwortung auf? Rechtlich gesehen müssen Arbeitgeber im Rahmen ihrer Fürsorgepflicht dafür sorgen, dass das Leben und die Gesundheit der Arbeitnehmenden geschützt wird. Dennoch gibt es

Fälle, in denen unklar ist, wie viel Zutun es vom Arbeitgeber braucht und welchen Anteil Arbeitnehmende tragen. Um abzuschätzen, wann unsere Verantwortung als Führungskraft aufhört, gibt es einige Leitplanken, an denen wir uns unter Berücksichtigung des individuellen Falles gut orientieren können:

- **Rollenklarheit.** Als Führungskraft besteht unsere Rolle darin, unser Team so zu führen, dass wir gemeinsam unsere Ziele erreichen. Dazu gehören transparente Prozesse, Aufgabenklarheit, eine angemessene Arbeitslast sowie ein respektvoller Umgang, Wertschätzung und der Schutz vor Diskriminierung. Als Führungskräfte sind wir jedoch keine Therapeut:innen. Das heißt, wir unterstützen Teammitglieder zwar mit dem strukturellen Rahmen der Organisation und zeigen ihnen passende Hilfemöglichkeiten auf, aber wir geben weder eine Diagnose noch ersetzen wir eine Behandlung. In unserer Rolle sollten wir deshalb für eine wohlwollende, aber professionelle Distanz sorgen.
- **Optionen ausschöpfen.** Arbeitgeber haben eine gesetzliche Verpflichtung dazu, gesunde Arbeitsbedingungen zu schaffen. Im Dialog mit Betroffenen ist es ratsam, HR zu involvieren, um durch angepasste Arbeitsbedingungen einen erkrankungsgerechten Arbeitsplatz zu schaffen (z. B. durch Option auf mehr Homeoffice) oder um durch betriebliche Wiedereingliederungsprogramme eine stufenweise Rückkehr an den Arbeitsplatz zu gestalten. Oft erlebe ich, dass der Einbezug weiterer Abteilungen eher stiefmütterlich erfolgt und nur wenige der genannten Optionen in Bewegung gesetzt werden. Wir sollten uns also ehrlich um diese Möglichkeiten bemühen und sie vollumfänglich ausschöpfen.
- **Eigenverantwortung.** Während der Maßnahmen sollte für die Beteiligten deutlich sein, dass Betroffene aktiv an ihrer Genesung mitarbeiten müssen, zum Beispiel in Form einer psychotherapeutischen Behandlung. Das befreit den Arbeitgeber nicht von seiner Verantwortung, mit seinen Möglichkeiten beizutragen, aber es sollte für alle klar sein, dass sich jede Partei ihren Verantwort-

lichkeiten entsprechend engagiert. Wenn sich trotz deutlicher arbeitgeberseitiger Bemühungen auch nach längerer Zeit keine Verbesserung einstellt, sollte die Lage mit allen Beteiligten erneut evaluiert werden. Möglicherweise wurden einige Optionen noch nicht ausgeschöpft oder es ist sinnvoll, dass sich Betroffene eine Weile mithilfe einer Rehabilitation vollständig ihrer Genesung widmen. Wichtig in diesem Kontext zu wissen ist, dass manche psychischen Erkrankungen wiederkehrend verlaufen können, das heißt, die Betroffenen können zeitweise vollständig gesund sein und dann erneut Symptome entwickeln. In diesen Fällen sollten wir als Führungskraft genau besprechen, was wir präventiv tun können, um die Gesundheit zu lange wie möglich zu erhalten.

Reflexion

- Wie haben deine bisherigen Führungskräfte Gesundheit in ihrer Führung berücksichtigt? Was davon färbt bis heute auf deine Haltung und dein Handeln ab?
- Wenn du selbst Führungskraft bist: Wie viel Wert legst du auf gesunde Führung und welche Barrieren gibt es?
- Wenn du dich in deiner Rolle viel um die Belange anderer kümmerst, wer ist dein Regenschirm und sorgt für dich?

8.3 Ein Handwerk am Menschen

Führung lernt man nicht durch Bücher, sondern in der Begegnung mit Menschen. Wie alle Tätigkeiten, die mit Menschen zu tun haben, mögen unsere Haltung und unser Wissen uns zwar unterstützen, aber was wir am Ende in der konkreten Führungspraxis auf die Straße bringen, steht auf einem anderen Blatt. Dabei gibt es gibt mindestens drei Mental Health Skills, die Führungskräfte haben *müssen,* wenn sie mentale Gesundheit in ihrer Führungspraxis umsetzen wollen: Gesprächsführung, Früherkennung und ressourcenorientiertes Handeln.

Gesprächsführung

Für eine konstruktive Gesprächsführung braucht es deutlich mehr Kompetenzen als ein einfaches »Wie geht es dir?« und »Erzähl doch mal«. Ein Mental Health Gespräch zu führen ist wie kochen: Sicherlich kann jede:r irgendwie ein paar Sätze austauschen oder ein simples Gericht kochen. Damit wir es aber richtig gut hinbekommen, braucht es Übung, ausgewählte Zutaten und ein grundlegendes Verständnis davon, wie die einzelnen Zutaten anzuwenden sind. Das ist keine selbstverständlich vorhandene Fähigkeit und deshalb müssen wir sie proaktiv lernen.

Mental Health Gespräche müssen wir üben, denn sie verlaufen selten gradlinig. Manchmal werden wir von Situationen überrascht, für die es kein Skript gibt, die im jeweiligen Moment aber trotzdem klares und kompetentes Handeln erfordern: Was tun, wenn jemand Suizidgedanken äußert? Was mache ich, wenn jemand meine Unterstützungsvorschläge ablehnt und ich nicht mehr weiterweiß? Es gibt Methoden, mit denen man entsprechende Situationen gut moderieren kann, nur müssen wir sie anwenden lernen.

Folgender Leitfaden[14] hilft, um gute Mental Health Gespräche zu führen:
1. 80 % zuhören. Es mag abgedroschen klingen, aber bei Mental Health Gesprächen geht es in erster Linie um empathisches Zuhören. Ich behaupte, dass das sogar mehr als die halbe Miete ist. Wenn jemand das Gespräch mit uns sucht, geht es in erster Linie darum zu verstehen, warum genau diese Person zu genau diesem Zeitpunkt mit genau dieser Vorgeschichte und diesen Bedürfnissen Kontakt zu uns aufnimmt. Die meisten Menschen warten (zu) lange damit, sodass wir zunächst dem Was-bisher-geschah Aufmerksamkeit schenken sollten, statt sofort in den Lösungsraum zu springen. Das schafft Vertrauen und Sicherheit. Es hilft, viele W-Fragen zu stellen, um die Lebensrealität unseres Gegenübers wirklich zu verstehen. Wie lange geht es dir schon so? Warum hast du dich jetzt entschieden, dich an mich zu wenden? Wo bei der Arbeit ist es aktuell am herausforderndsten für dich? Was fällt dir vergleichsweise leichter? Was müsste passieren, damit es dir noch schlechter geht? Was ist dir wichtig zu beachten, wenn wir über Lösungen sprechen? Diese Fragen helfen uns, genau zu verstehen, wo der Schuh am meisten drückt und wie wir die Situation verbessern (oder sogar verschlechtern) könnten. Die meisten

14 Angelehnt an LinkedIn Live »Let's talk mental health« von Nora Dietrich und Dr. Eva Elisa Schneider vom 12.10.2023.

Menschen wollen zudem weiterarbeiten und wenden viel Anstrengung dafür auf. Das dürfen wir würdigen: »Danke, dass du mir das so offen erzählst, das ist nicht selbstverständlich. Ich kann mir gut vorstellen, dass die letzten Wochen ein großer Kraftakt für dich waren.« Wir sollten außerdem betonen, dass das Gespräch vertraulich ist und nur das nach außen dringt, wofür das Okay gegeben wird.

2. Containing. In der Psychotherapie gibt es den wundervollen Prozess des »Containing«. Er beschreibt, dass wir Gefühle unseres Gegenübers aufnehmen und halten, ohne sofort in Aktion zu treten. Containing ist wie eine Art Co-Regulation. Indem wir die Emotionen des Gegenübers aufnehmen und aushalten, ohne sie verändern zu wollen, kann die andere Person sie besser verarbeiten. In Mental Health Gesprächen im Job ist Containing sehr wichtig, denn oft wollen wir sofort Lösungen finden und übergehen damit die Gefühlswelt unseres Gegenübers.

Das ist fatal, denn wenn wir zu schnell in den Lösungsraum gehen, werden Entscheidungen aus dem Affekt oder aus Unsicherheit, aber nicht aus Ruhe und Klarheit heraus getroffen. Deshalb müssen wir unser Gegenüber eine Weile sprechen und die Gefühle einfach da sein lassen und sie nicht bewerten, bevor wir in den Doing-Modus übergehen. Das schafft Vertrauen. Auch wenn wir selbst anders reagieren würden, sollten wir uns mit vorschnellen Kommentaren zurückhalten. Um schließlich den richtigen Moment zum Besprechen von Lösungen zu finden, hilft es zu fragen: »Wäre es okay, wenn wir einen Schritt weitergehen und uns anschauen, welche Möglichkeiten es für dich gibt? Was ist dir davor noch wichtig zu sagen?«

3. Lösungen finden. Die meiste Arbeit für gute Lösungen ist schon weit früher passiert, als wir es im konkreten Gespräch vermuten würden. Denn wir sollten als Führungskraft immer parat haben, welche internen und externen Ressourcen es im Unternehmen gibt und für welche Situationen sie infrage kommen – dieses Wissen sammeln wir bereits, *bevor* wir in einem Gespräch mit Mitarbeitenden sitzen. Besonders EAPs werden gerne als Gießkannenmethode auf alle möglichen Fälle gegossen, jedoch sind sie nicht für jede Situation passend (wenngleich sie eine enorm wichtige Ressource sind!). Bevor wir der Person allerlei Möglichkeiten präsentieren, empfehle ich zunächst, sie nach ihrer Sichtweise zu fragen: »Ich habe einige Optionen, die ich dir gerne nennen kann. Bevor ich aber an deinen Bedürfnissen vorbeirede: Hast du eine Idee, was dir gerade am meisten helfen würde?« Lösungen sind immer partizipativ und keine Einbahnstraße. Oft liegen die größten Entlastungschancen in kleinen strukturellen Veränderungen, zum Beispiel mehr Flexibilität. Wenn die Person selbst keine Bedürfnisse äußert und wir daher anfangen, zahlreiche Optionen auf dem Silbertablett zu präsentieren, die Person aber alles ablehnt, sollten wir zwei Dinge beachten. Zum einen kann es manchmal Teil der psychischen Belastung sein, dass Menschen sehr passiv und antriebslos wirken, beispielsweise bei Depressionen. Was dann hilft, ist zu fragen: »Was davon kannst du dir am ehesten vorstellen?« So finden wir vielleicht nicht die optimale Lösung, aber eine, die für diesen Moment angenommen wird und später erneut evaluiert werden sollte. Zum anderen brauchen wir uns nach mehrfachem »Nein, das möchte ich nicht« oder »Weiß nicht« nicht um Kopf und Kragen reden, sondern können unser Gegenüber mit in die Verantwortung nehmen. Dafür hilft eine einfache, aber sehr kraftvolle Frage: »Was wäre besser?« Wenn Mitarbeitende keine Option annehmen und wir uns in immer mehr Vorschlägen verheddern, können wir sie mit dieser Frage wohlwollend mit ins Boot holen.

4. **Mehrwochen- statt Eintagsfliege.** Nach einem ersten Mental Health Gespräch sollten wir zwei Dinge tun. Erstens sollten wir uns bei der Person unbedingt für die Offenheit bedanken. Es ist nicht selbstverständlich, dass jemand uns etwas Persönliches erzählt und sich damit verletzlich zeigt. Zweitens sollten wir immer ein zeitnahes Follow-up vereinbaren. Ich empfehle, spätestens nach zwei bis drei Wochen erneut zu sprechen. Aber Achtung: Das soll nicht wie eine Leistungskontrolle wirken, denn manche Belastungen brauchen sehr lange, bis sie vorüber sind. Wer zum Beispiel ein Familienmitglied verloren hat, kann nicht nach zwei Wochen wieder völlig fröhlich daherkommen. In Follow-ups sollte kurz besprochen werden, ob die vereinbarten Maßnahmen immer noch hilfreich oder weitere Aspekte dazugekommen oder weggefallen sind. Außerdem sollten wir stets signalisieren, dass unsere Tür weiterhin offensteht: »Schön, wenn es aktuell erst mal so für dich passt. Wenn sich vor unserem nächsten Check-in etwas ändert, kannst du auch davor jederzeit zu mir kommen.«

5. **Regenschirm aufklappen.** Dieser Teil wird am häufigsten vergessen: Nach einem Mental Health Gespräch sollten wir dafür sorgen, dass wir unsere eigenen Batterien wieder auffüllen und einen Regenschirm suchen (▶ Kap. 8.2). Manche Gespräche können uns ratlos, überrascht oder überfordert zurücklassen, weshalb wir unbedingt – unter Beachtung von Vertraulichkeit – gute Nachsorge betreiben müssen. In der Arbeit mit Menschen ist es unerlässlich, manche Fälle nachzubesprechen. Das kann zum Beispiel durch den Einbezug von

HR (sofern dem zuvor zugestimmt wurde) oder im Austausch mit externen Anlaufstellen passieren.

Wenn's brennt

Es gibt Momente, in denen wir direktiver handeln müssen, beispielsweise wenn jemand Suizidabsichten äußert. In diesem Fall müssen wir wissen: Suizidgedanken sind nicht mit konkreten Suizidplänen gleichzusetzen, sollten aber *immer* ernst genommen werden. Wenn Menschen Suizidgedanken mitteilen, ist das häufig ein Hilferuf. Man kann es sich vorstellen wie jemand, der in einem brennenden Haus steht: Die Person möchte nicht wirklich aus dem Fenster springen, aber es ist für sie der einzige Weg, um dem Feuer zu entfliehen. Wenn Mitarbeitende uns Suizidgedanken mitteilen, sollten wir deshalb drei Dinge beachten. Erstens sollten wir betonen, dass uns das Wohl der Person wichtig ist und wir ihre Aussage ernst nehmen. Das bedeutet auch, dass wir umgehend weitere Stellen informieren *müssen*, unter anderem HR. Wir sollten dabei unbedingt engmaschigen Kontakt zu der betroffenen Person halten und die Beziehung stärken. Zweitens sollten wir auf die richtigen Hilfemöglichkeiten hinweisen, weil die Person sich rasch professionelle Hilfe einholen sollte. Dabei hilft es, konkret zu erfragen, wer der/die Hausarzt/-ärztin ist, wann die Person in die Praxis geht und welche Bezugspersonen aus dem privaten Umfeld sie dabei unterstützen können. Wenn die Person hausärztlich nicht angebunden ist, ist die wohnortnächste Klinik die richtige Anlaufstelle. Außerdem kann man den Kontakt zur Telefonseelsorge mitgeben: 0800 1110111. Intern kann beispielsweise der Kontakt zu Drittanbieter-Krisenhotlines oder Arbeitsmediziner:innen hergestellt werden. Drittens kommt auch hier die Selbstfürsorge ins Spiel: Solche Situationen sind Ausnahmemomente, die uns in der Führungskarriere nur sehr selten oder nie begegnen, auf die wir oft nicht vorbereitet sind und die emotional einschlagen. Wir sollten uns deshalb auch für uns um eine gute Nachsorge kümmern – etwa indem wir den Fall mit anderen Unterstützer:innen nachbesprechen oder ein psychologisches Gespräch in Anspruch nehmen.

Früherkennung

Psychische Belastungen frühzeitig erkennen zu können, ist ein zentraler Mental Health Skill (▶ Kap. 5.2). Je früher wir einlenken, desto höher sind die Chancen zur Besserung und desto geringer die Kosten unter anderem durch Verschlechterung, Chronifizierung und Ausfälle. Bisher bedienen wir am Arbeitsplatz vorrangig zwei Präventionsformen: zum einen die Primärprävention, also den Erhalt mentaler Gesundheit, zum anderen die Tertiärprävention, also das Ergreifen von Maßnahmen, wenn eine psychische Erkrankung bereits vorliegt (▶ Kap. 4.1). Zwischen vollständiger Gesundheit und Krankheit liegen jedoch viele Anzeichen, die in der Regel nicht unbemerkt an uns vorbeigehen. Nur schauen wir oft nicht so genau hin, weil wir glauben, es sei ja (noch) nicht so ernst. Genau hier liegt der Trugschluss: Zwar mögen einige Signale noch nicht so markant sein, aber dadurch, dass Betroffene sie selbst oft lange ignorieren, brauchen sie bereits in ihrem frühen Stadium einen sozialen Spiegel. Deshalb sollten wir als Führungskräfte typische Anzeichen unbedingt erkennen und ansprechen können. Ein paar Beispiele:

- **Gedanken.** Jemand kann sich schlecht konzentrieren, denkt vermehrt pessimistisch, wirkt zerfahren, kann den Erzählsträngen nur schwer folgen.
- **Gefühle.** Jemand ist schlechter drauf als sonst, ist nervös oder ängstlich, schnell gereizt und wütend, ausgelaugt, abgeschlagen oder überfordert.
- **Verhalten.** Jemand lässt Pausen aus, ist ständig zu spät, nimmt nicht an sozialen Zusammenkünften teil, hat die Kamera bei Videocalls ständig aus, hat weniger Redebeiträge, kommt nicht mehr ins Office, gibt Aufgaben zu spät ab, ist kurz angebunden, schickt E-Mails zu ungewöhnlichen Zeiten, meldet sich häufiger krank.
- **Körper.** Jemand berichtet von Schmerzen, Schlafproblemen oder anderen körperlichen Problemen wie Migräne oder ständiger Müdigkeit.

Drei Dimensionen können wir nur grob erahnen: wie die Person denkt, fühlt oder was körperlich gerade los ist. Aber vor allem eine Dimension können wir von außen gut beobachten: das Verhalten. Das ist für die Früherkennung wichtig, denn wann immer sich das Verhalten einer Person – schleichend – ändert, müssen wir sehr aufmerksam sein. Zunächst sind es vielleicht nur ein paar Tage, an denen die Person immer am Arbeitsplatz zu Mittag isst, obwohl es ungewöhnlich für sie ist. Wenn dieses und andere Anzeichen jedoch andauern, kann das ein Signal von Überlastung sein. Um einen Maßstab dafür zu haben, wann etwas im gelben Bereich ist, können wir uns immer fragen: Wie verhält sich die Person normalerweise? Wie würden die meisten Menschen sich verhalten, wenn sie bei guter Gesundheit sind? Dieser Abgleich gibt uns eine erste Einschätzung. Und wir sollten unbedingt das Gespräch suchen. Darin sollte es zunächst darum gehen, unsere Beobachtungen wertfrei zu teilen und ein Feedback von der Person zu bekommen, bevor wir sofort Vereinbarungen zum Gegensteuern treffen. Insbesondere wenn Mitarbeitende viel Homeoffice machen, ist Früherkennung sehr wichtig, weil uns viele typische Signale durch den mangelnden Face-to-Face-Kontakt verloren gehen. Deshalb gilt, uns lieber einmal zu viel als einmal zu wenig nach einer Person erkundigen.

Ressourcenorientiertes Handeln

Ressourcenorientiertes Handeln ist weit mehr, als schnelle Lösungen zu finden, ohne Probleme richtig anzuschauen. Es zielt darauf ab, eine Person zu befähigen, mit ihren eigenen Stärken und Fähigkeiten proaktiv etwas an ihrer Situation zu ändern. Das nimmt uns als Führungskraft nicht komplett aus der Verantwortung, für das Wohlergehen unserer Mitarbeitenden zu sorgen, aber wir können einige Techniken aus dem ressourcenorientierten Handeln nutzen, die zur Selbsthilfe beitragen:

Stärkenorientierung. Was kann die Person besonders gut? Welche Fähigkeiten hat sie bisher oft durch stressige Zeiten gebracht? Wo können ihre individuellen Stärken ihr in der aktuellen Situation helfen? Wichtig dabei ist, Schwierigkeiten und Probleme nicht wegzubügeln, sondern sie mit einem realistisch-optimistischen Blick zu betrachten (▶ Kap 8.2) und der Person aufzuzeigen, welche Fähigkeiten wir in ihr sehen.

– Ein Beispiel: »Im letzten Projekt konntest du die Aufgaben sehr gut priorisieren. Wie hast du das geschafft? Ich kann mir vorstellen, dass es dir auch in deiner aktuellen Lage helfen kann, um dich auf das Wesentliche zu konzentrieren und dich nicht auf Nebenschauplätzen zu verheddern.«

Verdaubare Zukunftsvision. Den Blick nach vorne zu behalten kann helfen, um nicht in Selbstvorwürfen oder verpassten Chancen zu verharren. Aber Achtung: Eine zu große Zukunftsvision zu zeichnen, kann für belastete Menschen überfordernd sein. Deshalb sollte der Fokus darauf liegen, wo es mittelfristig hingehen kann und mit welchen kleinen Schritten das möglich wird. Was würde deine Situation um einen Prozentpunkt verbessern? Was wäre eine kleine Handlung, die du heute schon machen kannst, um das zu erreichen? Was hast du schon lange im Kopf, was du eigentlich tun müsstest, um deine Situation zu verbessern, aber etwas hält dich noch zurück? Gerade bei dieser Frage wissen die Menschen oft sehr gut, was sie brauchen, nur trauen sie sich bisher noch nicht, es einzufordern.

– Ein Beispiel: »Ich weiß, dass du aktuell viel um die Ohren hast und ich möchte gerne mit dir zusammen schauen, wie wir dafür sorgen können, dass das in zwei Monaten nicht immer noch so ist. Wie sähe ein Tag in zwei Monaten konkret aus, an dem du dich gut fühlst und deine Aufgaben gut bearbeiten kannst? Welchen Grundstein müssten wir heute dafür legen?«

Verhalten ändern. Wenn sich erste Belastungsanzeichen eingenistet haben, mögen Mitarbeitende sie zwar hin und wieder auf dem Schirm haben, aber (noch) nichts an ihnen ändern. In dieser Phase haben

Menschen oft Gedanken wie »Eigentlich müsste ich ...« oder »Nur noch das Projekt, dann wird es besser«. Doch damit bleiben sie in konjunktiven Denkschleifen hängen und hoffen auf Tag X, an dem sie vom Stress erlöst werden. Dieser Tag mag zwar kommen, wird aber mit großer Wahrscheinlichkeit kurz darauf durch ein anderes Projekt verdrängt. Die Person wird immer ein Argument haben, warum es ihr gerade jetzt nicht möglich ist, besser für sich zu sorgen. Deshalb ist es so wichtig, auch unabhängig von den Umständen kleine Schritte in Richtung regelmäßiger Gesundheit zu unterstützen. Als Führungskraft können wir Mitarbeitende dazu animieren, aktiv zu werden. Eine Minimalroutine kann dafür eine gute Orientierung bieten (► Kap. 8.1).

– Ein Beispiel: »Wodurch erhoffst du dir Veränderung? Wie kannst du diese Woche mit einem kleinen Schritt dazu beitragen, auch wenn die Umstände es dir erschweren?«

Selbstwirksamkeit fördern. Selbstwirksamkeit ist das Vertrauen in die eigenen Kompetenzen und Fähigkeiten. Sie steigt, wenn wir die Erfahrung machen, dass wir eine Situation durch unser Zutun zu unseren Gunsten beeinflussen können. Als Führungskräfte können wir Mitarbeitende darin unterstützen, dass sie Erfolge durch ihr Verhalten und ihre Initiative erzielen. Das verstärkt ihr Vertrauen, künftige Herausforderungen gut meistern zu können.

– Ein Beispiel: »Du hast im Endspurt des letzten Projekts gezeigt, dass du selbst in stressigsten Situationen den Überblick behältst. Ich habe den Eindruck, dass du das auch momentan tust. Ich kann mir gut vorstellen, dass dir das sehr hilft, um die Kontrolle zu behalten.«

Reflexion

- Wie sicher fühlst du dich darin, ein Mental Health Gespräch zu führen?
- Welche Elemente von Mental Health Gesprächen möchtest du gerne mehr berücksichtigen?
- Wo im Alltag könnte dir ressourcenorientierte Gesprächsführung nützlich sein?

09 Sichtbarkeit

Es darf kein Karrierekiller sein, sich für mentale Gesundheit einzusetzen.

9.1 Wo findet Gesundheit statt?

Als ich mit einem Kunden in einem Vorbereitungsgespräch für eine Paneldiskussion saß, betonte eine beteiligte Person, sie wolle das Publikum während der Diskussion unbedingt auf die internen Angebote des Unternehmens aufmerksam machen. Dazu gehörten eine Hotline und einige Onlinekurse im Intranet. So weit, so gut – auch ich finde es sehr bedeutsam, bei Gesundheitsveranstaltungen auf die bestehenden Angebote des Unternehmens hinzuweisen, weil viele Mitarbeitende nicht von ihnen wissen oder sie nicht finden können. Gleichzeitig stellte ich eine Rückfrage: Wissen die Mitarbeitenden, dass sie diese Angebote *während* der Arbeitszeit nutzen dürfen? Die Antwort fiel verhalten aus. Auf die Inhalte hinzuweisen, ist nur ein Teil der Geschichte. Denn viele Mitarbeitende betrachten Gesundheitsangebote als ein Add-on und somit als Freizeitvergnügen. Deshalb müssen sie proaktiv informiert werden, dass sie entsprechende Inhalte während ihrer Arbeitszeit aufsuchen können und das vom Arbeitgeber unterstützt wird. Wer jetzt denkt, »Oje, dann verbringt die Belegschaft ihre Zeit nur noch mit Onlinekursen zu Gesundheit«, der irrt sich. Mitarbeitende haben mehr als genug zu tun. Die eigentliche Herausforderung liegt darin, sich bewusst Zeit für entsprechende Angebote zu schaffen. Dass dies noch nicht ausreichend geschieht, sieht man an den meist geringen Besuchsraten von Gesundheitsveranstaltungen. Deshalb braucht es einen klaren kommunikativen Rückenwind, der die Teilnahme nicht nur erlaubt, sondern bekräftigt und damit priorisiert. So senden Unternehmen das Signal, dass Gesundheit ein integraler Bestandteil von Arbeit ist.

Mental Health Marketing

In Kapitel 7.3. habe ich anhand des Employee Life Cycle gezeigt, an welchen Stellen wir mentale Gesundheit im gesamten Mitarbeitendenzyklus integrieren können. Wenn wir bereits attraktive Angebote haben, wie können wir diese Initiativen sichtbarer machen? Beschäftigte in HR oder dem BGM haben oft zwar fantastisches Fachwissen zu People-Themen und Gesundheit, aber vergleichsweise wenig Erfahrungen mit Marketing. Dabei müssen wir entsprechende Angebote im Grunde wie ein eigenständiges Produkt mit allen Schritten der Produktentwicklung und Vermarktung behandeln. Schließlich wollen wir erreichen, dass die Mitarbeitenden Lust bekommen, sich mit mentaler Gesundheit auseinanderzusetzen. Dabei helfen folgende Überlegungen.

Wer sind unsere Endkund:innen und welche konkreten Bedürfnisse haben sie? Wie ist die demografische Verteilung in der Belegschaft, welche Cluster entdecken wir? Gibt es bestimmte Subgruppen, die wir noch nicht ausreichend in ihren Bedürfnissen berücksichtigen, zum Beispiel marginalisierte Gruppen, Eltern, etc.? Gibt es bestimmte Personen, für die bestehende Angebote unattraktiv sind, etwa weil sie eine andere Form von Unterstützung brauchen, beispielsweise Beschäftigte im Außendienst oder in der Produktion? Wie müsste ein Gesundheitsangebot für sie aussehen? Wo drückt der Schuh am meisten? Welchen Kanal, welche Inhalte, welche Dauer würden die Menschen am ehesten in ihren Alltag einbinden? Bevor wir im Gießkannenprinzip loslegen, müssen wir die Zielgruppe(n) also erst mal gründlich verstehen.

Wie muss mentale Gesundheit aussehen und sich anfühlen? Mentale Gesundheit braucht ein eigenes Look & Feel. Wie bei der Gestaltung einer neuen Marke sollten wir deshalb überlegen, welches Gefühl und welche Impulse die Angebote bei den Beschäftigten auslösen sollen und welche kommunikativen Mittel wir dafür nutzen. Das können bestimmte Slogans, Farben oder Schriften sein. Es muss eine Art »Health Identity« geben: ähnlich wie wir auch im Sinne einer Corporate Identity eine Unternehmensmarke mit entsprechendem Logo etc. haben, brauchen wir das für Gesundheitsinitiativen ebenfalls. Ein tolles Beispiel: Das BGM-Team von Audi hat 2019 seine großflächige Entstigmatisierungskampagne »Jede_r hat Psyche! Wir reden darüber!«[111] mit Gesprächsrunden, Flyern, Infoständen und Seminaren gestartet. Das Kampagnenlogo ist mit knalligen Farben wie Gelb, Blau und Pink bunt gestaltet und hebt sich stark vom üblichen Look & Feel der Marke Audi ab (googel es mal!), die man sonst eher mit silbrigen, gedeckten Tönen und Status, Design und Qualität assoziiert. Trotzdem wirkt das Kampagnenlogo nicht deplatziert, sondern wie ein eigenständiges Produkt der Marke. Dem Gesundheitsmanagement ist es fantastisch gelungen, eine Kampagnenmarke zu erstellen, die das Gefühl von Nahbarkeit, Vielfalt und Freude an der Sache vermittelt. Eine solche Marke ermöglicht es Unternehmen zum einen, sämtliche Gesundheitsinitiativen unter einem Dach zu vereinen und zum anderen, den Wiedererkennungswert zu steigern. Angesichts des labyrinthartigen Angebotegeflechts, das viele Unternehmen haben, ist Audi ein überzeugendes Beispiel dafür, wie es anders gehen kann.

Wo müssen wir Gesundheitsangebote platzieren, damit die Beschäftigten sie leicht und schnell finden? Gesundheitsangebote in den archäologischen Schichten des Intranets zu verbuddeln, hilft niemanden. Sichtbarkeit und leichter Zugang sind das A und O. Deshalb müssen wir dafür sorgen, dass entsprechende Ressourcen schnell und auf kürzestem Wege erreichbar sind – sei es eine Veranstaltungsanmeldung, ein unterstützendes Gespräch durch einen externen EAP-Anbieter oder ein Termin bei der internen arbeitspsychologischen Beratung. Ein Vergleich: Wenn es schnell gehen muss, greifen wir im Supermarkt schließlich auch nicht zum Getränk ganz hinten links unten, sondern zu dem vor unserer Nase.

Welchen Mehrwert bieten die Angebote? Damit Gesundheitsangebote interessant sind, braucht es vor allem drei Dinge: Nahbarkeit, Mehrwert und einen Vertrauensvorschuss. Es muss sich einfach anfühlen, ein Angebot in Anspruch zu nehmen. Zudem müssen der Nutzen und die Qualität für die Zielgruppe vorab klar sein. Beschäftigte müssen das Gefühl haben, dass durch das Angebot für sie ein Benefit entsteht und ihre Zeitinvestition sich lohnt. Das schönste Feedback, dass ich beim EAP-Anbieter nilo.health von einer Nutzerin nach einer psychologischen Beratung gelesen habe, war: »Das war mit Abstand die am besten investierte Stunde meines Lebens.« Solch ein Mehrwert entsteht vor allem durch eine genaue Passung zwischen Zielgruppe und Angebot und eine hohe Qualität.

Welche Markenbotschafter:innen gibt es? Formelle wie informelle Weiterempfehlungen sind für Gesundheitsangebote unabdingbar, etwa indem eine Kollegin von ihren positiven Erfahrungen berichtet. Ähnlich wie im Influencer-Marketing braucht mentale Gesundheit eine aktive Vermarktung durch Schlüsselpersonen. Wir sollten deshalb auch außerhalb von HR und dem BGM die Healthfluencer unserer Organisation finden und in die Gesundheitsangebote einbinden. Wer begeistert sich für welche Initiativen und warum? Was überzeugt sie? Welche Erfahrungen haben sie gemacht? Diese Testimonials haben durch ihren Social Proof (▶ Kap. 7.2) einen immensen Wert und sollten unbedingt sichtbar gemacht werden. Eine besonders wichtige Rolle spielen dabei Führungskräfte. Einige Unternehmen, mit denen ich zusammenarbeite, führen ausschließlich dann Gesundheitsveranstaltungen durch, wenn die Führungskräfte auch daran teilnehmen. Mitarbeitende fühlen sich dadurch stärker darin unterstützt, es ihnen gleichzutun.

Was braucht es für eine gelungene Kommunikation von Mental Health Initiativen?

Linh Grethe, CEO & Founder HR Collective GmbH

Mental Health Initiativen gewinnen immer mehr an Bedeutung. Doch wie können diese Initiativen effektiv kommuniziert werden, um ihre volle Wirkung zu entfalten und Stigmatisierung zu bekämpfen? Ich sehe fünf Erfolgsfaktoren für die Unternehmenskommunikation.

1. Ehrlichkeit und Transparenz. Offene und ehrliche Kommunikation über das Thema psychische Gesundheit schafft Vertrauen und baut Stigmata ab. Es ist wichtig, auch die Herausforderungen und Grenzen der Unternehmenspolitik in diesem Bereich anzusprechen.

2. Zielgruppenorientierung. Die Bedürfnisse und Interessen der Mitarbeitenden sind vielfältig. Stimmt eure Botschaften und Kommunikationskanäle daher auf die jeweiligen Zielgruppen ab. Junge Mitarbeitende erreicht ihr beispielsweise eher über Social Media, während ältere Mitarbeitende klassische Informationskanäle wie das Intranet bevorzugen.

3. Vielfalt der Perspektiven. Gebt unterschiedlichen Stimmen Gehör! Betroffene Mitarbeitende, Führungskräfte, Expert:innen sowie Vertreter:innen von Selbsthilfegruppen können wertvolle Einblicke und Erfahrungen einbringen und die Kommunikation authentischer und glaubwürdiger gestalten.

4. Kontinuierlicher Prozess. Mental Health Kommunikation ist kein einmaliges Ereignis, sondern ein fortlaufender Prozess.

Integriert sie daher in die gesamte Unternehmenskommunikation und nutzt verschiedene Kanäle, um die Botschaften regelmäßig aufzufrischen.

5. Messbarkeit. Der Erfolg der Kommunikationsmaßnahmen sollte anhand von Kennzahlen (z. B. Mitarbeiterzufriedenheit, Inanspruchnahme von Hilfsangeboten) evaluiert werden. So können Verbesserungspotenziale identifiziert und kann die Kommunikation stetig optimiert werden.

Bei der Umsetzung einer effektiven Mental Health Kommunikation spielt HR eine zentrale Rolle, etwa durch die Bereitstellung von Kommunikationsmaterial, den Einbezug von Multiplikator:innen oder Sensibilisierungskampagnen. So kann Mental Health ein fester Baustein für ein gesundes und produktives Arbeitsumfeld werden.

Storytelling

Storytelling hat hierzulande einen ambivalenten Ruf. Informationen werden in der Regel sachlich, deskriptiv und neutral vermittelt. Emotionen oder eine Spannungskurve sucht man vergeblich – ist »zu amerikanisch«. Dabei saßen unsere Vorfahren schon vor Urzeiten am Lagerfeuer und erzählten Geschichten, um ihre Erlebnisse und Erfahrungen zu teilen. Es sind die Held:innengeschichten und Emotionen, die uns unsere Ohren spitzen und Augen weit öffnen lassen. An einen knarztrockenen Vortrag erinnert sich selten jemand, an bildliche Sprache, plötzliche, unerwartete Wendungen und Happy Ends hingegen schon. In der heutigen Welt ist Storytelling deshalb ein unerlässliches Werkzeug, um kulturellen Wandel zu unterstützen. Um die Zutaten für erfolgreiche Storys in unternehmerischen Veränderungsprozessen zu finden, hat Jay Barney, Professor für strategisches Management, die Geschichten von 150 Führungskräften untersucht, die für einen

Kulturwandel in ihren Unternehmen gesorgt haben. Er fand sechs gemeinsame Faktoren[112]:

1. Die Geschichten enthalten authentische Handlungen.
2. Die Geschichten heben die Führungskraft als Held:in hervor.
3. Die Geschichten signalisieren einen klaren Bruch mit der Vergangenheit und einen klaren Weg in die Zukunft.
4. Die Geschichten sprechen sowohl Kopf als auch Herz der Mitarbeitenden an.
5. Die Geschichten sind meist theatralisch oder dramatisch.
6. Die Geschichten verbreiten sich in der gesamten Organisation und werden auch in Folgegenerationen immer wieder erzählt.

Als ich das erste Mal von diesen Faktoren hörte und mich fragte, wie man sie auf den Kulturwandel hinsichtlich mentaler Gesundheit übersetzen könnte, musste ich bei zwei Attributen kurz die Nase rümpfen: zum einen, dass die Geschichten einen Held:innencharakter hätten, zum anderen, dass sie theatralisch oder dramatisch sein würden. Beides passte für mich nicht wirklich zu Mental Health, weil Held:innentum oft mit Unkaputtbarkeit und Stärke assoziiert wird, aber nicht mit Verletzlichkeit und Unvollkommenheit, wie wir es für mentale Gesundheit eigentlich brauchen. Auch Theatralik kann schnell ein Bild zeichnen, das die Vorurteile über psychische Gesundheit eher verschärft, statt sie abzubauen. Mit diesen zwei Anmerkungen im Hinterkopf lassen sich die sechs Faktoren dennoch wunderbar für Kulturwandel nutzen. Denn was wir in erster Linie mitnehmen können, ist, dass wir mutige Vorreiter:innen mit ihren individuellen Geschichten sichtbar machen müssen. Authentizität ist hier wichtiger als reißerische Dramaturgie. Eine Person muss keine schwere Depression haben, um eine starke Mental Health Story zu erzählen. Denn allein das Tabu zu brechen und als Führungskraft offen über das eigene psychische Befinden zu sprechen, hat bereits genügend »Dramatik«.

Storytelling sorgt für Sichtbarkeit, es zeichnet Zukunftsbilder und unterstreicht wichtige Werte. Wenn wir eine Geschichte darüber erzählen, wie wir eine Kollegin sensibel auf ihre vielen Überstunden angesprochen haben, legen wir einen Fokus auf soziale Beziehungen und Common Care. Wenn wir davon erzählen, wie nervös wir bei unserem ersten psychologischen Beratungsgespräch waren und es uns letztendlich sehr geholfen hat, fördern wir hilfesuchendes Verhalten. Storytelling ist das Werkzeug, mit dem strategische Werte ein Gesicht bekommen und sozial angenommen werden. Gerade mentale Gesundheit lebt von den vielen Geschichten, von denen wir alle dachten, wir seien mit ihnen ganz allein, und die sich plötzlich als große Gemeinsamkeit entpuppen. Überforderung, Stress und Einsamkeit, aber auch Befreiung, inneres Wachstum und das Loslassen toxischer Ansprüche sind universelle menschliche Eigenschaften, über die wir bei der Arbeit mehr erzählen müssen.

Reflexion

- Kennst du die Mental Health Angebote deines Unternehmens?
- Weißt du, wo die Angebote zu finden sind? Wo müssten sie sichtbar(er) sein, damit du sie wahrnimmst?
- Welche deiner Führungskräfte hat bereits eine persönliche Mental Health Story erzählt? Warum erinnerst du dich ausgerechnet an diese Geschichte?

9.2 Potenziale durch Multiplikator:innen

Mentale Gesundheit muss flächendeckend stattfinden. Die Zeiten, in denen Gesundheit nur durch einige wenige Professionals gefördert wurde, sind längst vorbei. Gerade in großen Organisationen mit mehreren Standorten können wenige Betriebsärzt:innen oder interne Arbeitspsycholog:innen bei Weitem nicht sämtliche Präventionsformen abdecken (▶ Kap. 4.1). In der Regel werden sie erst aufgesucht, wenn es bereits ein konkretes Gesundheitsproblem gibt. Menschen, die leichte Belastungen haben, konsultieren diese Anlaufstellen meist nicht. Das ist fatal, weil wir zum einen wissen, dass wir viel größere Chancen zur Besserung haben, je früher wir eingreifen und zum anderen, weil wir so die Stigmatisierung unbemerkt weitertragen (»So schlimm ist es jetzt auch wieder nicht. Ich würde erst dort hingehen, wenn es mir richtig schlecht geht«). Im Bereich der frühen Hilfe klafft deshalb eine große Lücke, die wir vor allem durch Multiplikator:innen schließen können. Multiplikator:innen sind Schlüsselpersonen, die die mentale Gesundheit der Mitarbeitenden unterstützen und fördern. Damit sind sie wahre Botschafter:innen für mentale Gesundheit. Dieses Ambassadorship kann verschiedene Formen haben.

Aus: Mental Health Masterclass, Eva Elisa Schneider & Nora Dietrich

Informell versus formell. Formelle Multiplikator:innen sind Mitarbeitende, die qua ihrer Rolle die Gesundheit der Belegschaft unterstützen, zum Beispiel HR, Mitarbeitende aus dem BGM, Gesundheitsbeauftragte oder der Betriebsrat. Es können auch Personen sein, deren Jobprofil eigentlich ein anderes ist, sie aber durch Rahmenprogramme wie Mental Health First Aid (MHFA) sogenannte Ersthelfer:innen für mentale Gesundheit werden. Das MHFA-Konzept hat seinen Ursprung in Australien und gewinnt in Deutschland seit einigen Jahren zunehmend an Popularität. In übersichtlichen Kursen werden MHFA-Teilnehmende darin geschult, spezifische psychische Belastungen und Erkrankungen zu erkennen (Depressionen, Ängste, Sucht, Psychosen, Suizidalität), ressourcenorientierte Gespräche zu führen und auf die richtigen internen und externen Ressourcen hinzuweisen. Für Unternehmen sind diese Gatekeeper:innen Gold wert, da sie diese Basiskompetenzen breit in die Belegschaft streuen, sie hautnah an ihren Kolleg:innen dran sind, Veränderungen rasch bemerken und proaktiv auf die entsprechenden Personen zugehen, um erste Hilfe zu leisten. Erste Hilfe meint in diesem Zusammenhang nicht ausschließlich akute Krisengespräche, sondern auch Hinweise zu passenden Hilfemöglichkeiten bei milden Belastungen. Darüber hinaus kann es auch sogenannte Employee Ressource Groups (ERGs) geben. Das sind formelle Gruppen von freiwilligen Interessierten, die ein bestimmtes Thema in der Organisation durch Impulse, Netzwerk und den Austausch mit bestimmten Stakeholdern vorantreiben.

Selbst versus Organisation. Ambassadorship kann durch jede Person im Unternehmen erfolgen – ein offenes Ohr zu haben kann schon ein kleiner informeller Beitrag sein. Manchmal finden sich einige Menschen in ersten Initiativen zusammen, um das Thema anzuschieben. Außerdem kann es im Unternehmen einzelne Führungskräfte geben, die das Thema selbst zwar nicht aktiv umsetzen, es aber in Entscheidungsgremien als Executive Sponsor unterstreichen und damit die Weichen für wichtige finanzielle Ressourcen stellen. Darüber hinaus sind hier alle formellen Unternehmensstrukturen zur Gesundheitsförderung wie das betriebliche Gesundheitsmanagement verortet.

Die zwei Achsen zeigen, dass Ambassadorship viele Gesichter haben kann und nicht auf eine Personengruppe begrenzt ist. Wir alle können Botschafter:innen für mentale Gesundheit sein. Meistens gab es in Unternehmen bislang vor allem einzelne Personen, die sich leidenschaftlich für das Thema einsetzten oder maximal ein kleines formelles Gesundheitsmanagement, aber darüber hinaus passierte lange Zeit nur wenig. Inzwischen wird mehr und mehr auf formelle Initiativen gesetzt, in der Personen über die Organisation hinweg verteilt werden, um mentale Gesundheit breitenwirksam zu fördern. Multiplikator:innenkonzepte wie MHFA sorgen somit für ein gesteigertes Gesundheitsbewusstsein von innen heraus. Einige Praxisbeispiele, in denen auf Multiplikator:innen gesetzt wird:

- **Johnson & Johnson.** In einem internen Programm bildet Johnson & Johnson Mental Health Diplomats aus (siehe auch Kapitel ►7.3). Unter dem Leitspruch »#imhere« starteten 2020 in Deutschland 40 Mitarbeitende als Mental Health Diplomats, um sich für die Entstigmatisierung psychischer Erkrankungen und mehr Achtsamkeit in Unternehmen einzusetzen. Und es werden jährlich mehr.[113]

- **Allianz.** Die Allianz bildet pro Team ein:e Gesundheitsbeauftragte:n (GBA) aus, die regelmäßig zu Gesundheitsthemen aller Art informieren. An jedem Standort gibt es zentrale Koordinator:innen, die mit den einzelnen GBAs Best Practices teilen und in übergeordneten Gesundheitsausschüssen vertreten sind. Inzwischen gibt es fast 500 Gesundheitsbeauftragte.[114] Chapeau!
- **Spotify.** Das Kernstück der globalen »Heart & Soul« Kampagne von Spotify sind ausgewiesene Mental Health Ambassadors an allen Standorten. Sie stecken einige Stunde pro Woche in den Ausbau der Kampagne, das Antreiben lokaler Initiativen und die Sichtbarkeit unternehmensweiter Angebote.[115]

Mental Health First Aid als Teil der Wellbeing-Strategie.

Dr. Miriam Baumgärtner, Senior Manager Culture & Change und Wellbeing Lead bei PwC Schweiz

Miriam, ihr habt bei PwC Schweiz erfolgreich das Mental Health First Aid Programm ausgerollt. Welche Weichen mussten dafür gestellt werden?

Die mentale Gesundheit der Mitarbeiter:innen hat bei PwC Schweiz strategische Priorität, sodass die generellen Weichen dafür bereits gestellt sind. Wir bieten seit 2020 verschiedene Trainingsformate zu mentaler Gesundheit an. 2022 haben wir als erstes Big4-Unternehmen in der Schweiz das umfangreiche MHFA-Training eingeführt. Um das Programm bewusst nicht nur im HR anzusiedeln, wurden firmenweit einflussreiche People Leader nominiert. Viele unserer Mental Health First Aider gehören zum Leadership-Team. Darüber hinaus reservieren wir einen Teil der Plätze für »Mental Health Ambassadors«, das heißt sehr engagierte Mitarbeiter:innen, die sich selbst nominieren können. So stellen wir ein hohes Commitment der Teilnehmenden sicher.

Wie sorgt ihr dafür, diese Initiative sichtbar zu machen?
Mental Health First Aid ist keine Stand-Alone-Initiative, sondern ein integraler Bestandteil unserer Wellbeing Strategy, People Strategy und People Experience, die auf vertrauensvolle, nachhaltige und gesunde Zusammenarbeit, Führung und Selbstführung abzielen. Die Community besteht aus Change Agents, die aktiv mitwirken. Wir kommunizieren regelmäßig über das Intranet. Hier lassen sich auch alle Namen der zertifizierten Personen im Unternehmen finden. Zusätzlich erhöhen wir die Sichtbarkeit, indem wir farbige Rahmen für die Teams- und Outlook-Profilbilder verwenden, auf denen »#MentalHealthFirstAider« steht. Außerdem verteilen wir Give-aways, um das Bewusstsein zu schärfen und Aufmerksamkeit zu erzeugen. Ein Beispiel dafür sind Sticker, die auf den Laptop geklebt werden können, um schnell erkennbar zu sein.

Wie trägt MHFA zu eurer Kulturarbeit bei?
MHFA ist Teil unserer Kulturarbeit unter dem Titel »Be Well, Work Well«, die Gesundheit als Basis für hohe Leistungsfähigkeit fördert. Dazu gehört auch, dass wir thematisieren und normalisieren, wenn es uns nicht gut geht. Das hat viel mit füreinander da sein zu tun. »Care« ist einer unserer zentralen Firmenwerte. Die Reise als Mental Health First Aider endet nicht mit dem Training, sondern beginnt dort erst. Die wachsende Community trifft sich regelmäßig, um sich auszutauschen, Beobachtungen und Ideen aus verschiedenen Firmenbereichen

zu teilen, gemeinsam zu brainstormen und neue Maßnahmen zu initiieren. Dabei geht es neben der Frühintervention bei Personen mit psychischen Problemen insbesondere um proaktives Energiemanagement und den gezielten Aufbau von (Selbst-)Führungsverhalten. Unsere Mental Health First Aider sind Vorbilder für offene, vertrauensvolle Gespräche und bieten gleichzeitig niederschwellig die Möglichkeit, intern mit jemandem sprechen zu können, wenn es mal nicht rundläuft. Beides erhöht die psychologische Sicherheit und trägt zur Entstigmatisierung psychischer Erkrankungen bei. Zentrale Führungsverhalten wie das Stellen offener Fragen, aktives Zuhören, das Zeigen von Empathie und Vertrauen spielen dabei eine wesentliche Rolle. Darüber hinaus sind die Mental Health First Aider Teil einer größeren Change Community, die gemeinsam mit dem Leadership Human Sustainability und gesundes Arbeiten firmenweit vorantreibt.

Nicht ohne einen Rahmen

Alle Arten von Ambassadorship, die nicht in das Feld »formell & Organisation« fallen, werden oftmals durch passionierte und engagierte Menschen ausgeübt, die aus persönlichen Gründen einen starken Bezug zum Thema haben. Das kann erfüllend und anstrengend zugleich sein. Einerseits setzen sich diese Menschen für ein Thema ein, das sie aus tiefster Überzeugung oder aufgrund eigener Erfahrungen vertreten. Gerade im Hinblick auf die Entstigmatisierung ist das enorm wirksam.[116] Andererseits betreiben sie neben der Arbeit kostenlose Aufklärung, die Zeit und Energie kostet. Das sollten Unternehmen unbedingt berücksichtigen, wenn sie auf Multiplikator:innen setzen. Wichtige Punkte dabei sind:

- **Kulturwandel braucht einen Rahmen.** Es hilft nichts, die besten Multiplikator:innen wie Mental Health First Aider oder engagierte ERGs zu haben, wenn die Strukturen drumherum nicht angefasst werden. Das Engagement läuft dann ins Leere und sorgt obendrein für Frustration. Wer Multiplikator:innen einsetzt, muss diese in eine übergeordnete Gesundheitsstrategie einbetten.

- **Anerkennung.** Ein »Danke, dass du dich engagierst« reicht nicht aus. Wer sich für eine gesündere Belegschaft einsetzt, sollte dafür Ressourcen bekommen. Es sollte zum Beispiel eine feste Anzahl an Stunden für diese Arbeit vereinbart werden und das Engagement in Performance Reviews berücksichtigt werden. Es darf kein Karrierekiller sein, sich für mentale Gesundheit einzusetzen.
- **Helfersyndrom.** Oftmals werden von Unternehmen einige Plätze für einen MHFA-Kurs reserviert und die Kosten dafür übernommen. Es können sich dann freiwillige Personen für die Plätze melden. Diese Mitarbeitenden haben meist schon ein großes Interesse am Thema und bringen eine Fürsorgetendenz mit. Das kann dazu führen, dass sie sich mit ihrer Rolle als Ersthelfer:in verausgaben und sich so stark für eine hilfesuchende Person engagieren, dass sie sich selbst dabei vergessen. Deshalb ist es wichtig, Rückhalt durch ein dahinter liegendes Hilfsnetz zu haben, um die Möglichkeiten und Grenzen von Multiplikator:innenrollen im Blick zu behalten.
- **Supervision.** Es gibt immer Fälle, die man nicht einordnen kann oder die einen überfordern können. Eine regelmäßige Supervision von (betriebs-)ärztlichen oder psychotherapeutischem Fachkräften ist unerlässlich, um die Qualität des Angebots zu sichern und zudem einen Radar für aktuelle Trends im Unternehmen zu haben. Sind gerade besonders viele Menschen ausgelaugt? Berichten viele von Unsicherheiten? Solche Entwicklungen können durch Supervision und regelmäßige Zusammenkünfte frühzeitig entdeckt werden.
- **In der Übung bleiben.** Wer an und mit Menschen arbeitet, sollte seine Skills regelmäßig üben. Ein MHFA-Kurs ist ein guter Startpunkt, aber die meisten Erfahrungen sammelt man im Tun. Mental Health Skills (▶ Kap. 5.2) sollten deshalb regelmäßig aufgefrischt und erweitert werden, am besten in praxisorientierten Trainings. Was ich immer wieder feststelle: In der Theorie können viele

Menschen sehr gut wiedergeben, was in Mental Health Gesprächen wichtig ist. Sobald ich das Ganze aber praktisch mit ihnen übe und einen kleinen unerwarteten Aspekt einstreue, geraten viele ins Wanken. Solche Situationen brauchen die richtigen Techniken und Methoden, die wir lernen und/oder auffrischen können.

Wie genau sieht die Arbeit als Multiplikatorin aus? Insights aus der Praxis.

Isabell Bredtmann, Executive Clinical Consultant bei Johnson & Johnson

Isabell, du bist Mental Health Diplomat bei Johnson & Johnson. Wie bist du das geworden und was gehört zu deinen Aufgaben?

Als ich vor circa sieben Jahren bei Johnson & Johnson gestartet bin, habe ich früh gemerkt, dass die Firmenkultur ganz besonders und für so einen großen Konzern sehr familiär ist. Eine Sache, die mit Sicherheit dazu beiträgt, sind die verschiedenen Mitarbeiter:inneninitiativen. Deswegen war mir recht früh klar, dass ich mich ebenfalls engagieren möchte, um die Firma nicht nur in meiner eigentlichen Jobposition, sondern auch kulturell mitgestalten zu können. Das Thema Mental Health hat mich dabei besonders gereizt, weil wir im Gesundheitsunternehmen tagtäglich dafür arbeiten, dass wir die Gesundheit von möglichst vielen Patient:innen mit unseren Lösungen und Produkten positiv beeinflussen können. Genauso wichtig fand ich es daher, dass wir auch intern auf uns achtgeben, eine offene Kultur leben und auf unsere physische wie auch psychische Gesundheit achten.

2018 haben wir mit einer kleinen Gruppe von 14 Kolleg:innen die Initiative der Mental Health Diplomats (MHD) in

Deutschland gestartet. Inzwischen sind wir über 50 MHDs, die sich ehrenamtlich für die Initiative engagieren. Wir decken alle Firmenstandorte in Deutschland und fast alle Funktionsbereiche ab, von Marketing über Vertrieb bis hin zur Produktion.

Um professionell und empathisch handeln zu können, aber auch unsere Grenzen in den Gesprächen zu erkennen, wurden wir geschult und zertifiziert. Wir ersetzen keine Psychiater:innen oder Psycholog:innen, sondern sind kollegiale Ansprechpartner:innen, die ein offenes Ohr haben. Zudem haben wir ein tolles betriebliches Gesundheitsmanagement, HR und eine Liste an externen professionellen Kontaktmöglichkeiten, mit denen wir eng zusammenarbeiten, um die Kolleg:innen bei Bedarf an diese Stellen verweisen zu können.

Da wir auf Deutschland verteilt sind, treffen wir uns regelmäßig virtuell. Zudem haben wir kleine Projektgruppen, in denen wir an konkreten Initiativen arbeiten. Eine Beispielinitiative ist ein Führungskräfteseminar, in dem wir unter anderem über Frühwarnsignale zu Burn-out oder anderen Krankheitsbildern aufklären. Wir erarbeiten zu verschiedenen Themen monatliche Newsletter, beispielsweise zum Thema »Was macht Social Media mit unserer mentalen Gesundheit?« oder zur Entstigmatisierung psychischer Erkrankungen. Zudem haben wir einige interne Testimonials, mit denen wir Videos drehen, in denen sie über ihre Erfahrungen sprechen. Dieses offene Teilen eigener Geschichten führt nachhaltig zu einer Entstigmatisierung und offenen Kultur. Unser jährliches Highlight ist der World Mental Health Day, zu dem wir beispielsweise Workshops mit externen Speaker:innen anbieten oder einen Roundtable initiieren.

Wie hat sich durch deine Rolle dein Blick auf psychische Belastungen verändert?

In den letzten Jahren hat sich mein Blick auf psychische Belastungen durch meine Rolle stark verändert. Ich bin der Überzeugung, dass jeder Mensch im Leben mental schwierige Zeiten durchmacht und es völlig in Ordnung ist, wenn man nicht immer 100 % geben kann. Ein stabiles soziales und berufliches Umfeld kann in solchen Phasen unterstützen. Deswegen wird es zum Glück immer normaler, auch im Berufsleben offen über mental herausfordernde Zeiten zu sprechen. Es sollte aber genauso akzeptiert werden, wenn man dies nicht möchte.

Ich habe den größten Wandel in der engen Zusammenarbeit mit Führungskräften gespürt.

Die Offenheit und Wissbegierde der Führungskräfte helfen bei der Verbreitung des Themas im Unternehmen und dabei, unsere Mental Health freundliche Kultur zu etablieren. Je mehr Führungskräfte über ihre eigenen Erfahrungen sprechen, desto offener wird die Kultur. Das haben wir deutlich in den Feedbacks zu den Testimonial-Videos von Führungskräften gespürt.

Mit welchen Anliegen kommen Kolleg:innen auf dich zu und wie unterstützt du sie?

Die Anliegen sind sehr breit gestreut und werden vertraulich behandelt. Oftmals sind es private Themen, die von Trennung, Krankheits- und Todesfällen bis hin zu Problemen im beruflichen Kontext mit Kolleg:innen oder der Führungskraft reichen können. Manchmal kann es helfen, wenn man als außenstehende Person einfach ein offenes Ohr hat und durch Fragestellungen mit der Person einen kleinen Fahrplan aufstellt. In anderen Situationen helfen Informationsmaterialien oder ein Verweis an unsere professionelle externe Hotline. Diese steht unseren Kolleg:innen sowie allen volljährigen Mitgliedern ihrer Haushalte 24/7 zur Verfügung.

Wie tragen die Mental Health Diplomats bei euch zur Arbeitskultur bei?
Gerne möchte ich ein sehr persönliches Beispiel teilen, an dem der Wandel zu einer Mental Health freundlichen Kultur deutlich wird: Mein Vater hat vor circa drei Jahren bei einem allgemeinen Gesundheitscheck die Diagnose Bauchspeicheldrüsenkrebs erhalten. Das war erst einmal ein großer Schock für mich, weil mein Vater ein sehr aktiver und sportlicher Mann ist, der immer kerngesund war. In dieser Situation habe auch ich das offene Ohr eines Mental Health Kollegen in Anspruch genommen und ebenfalls mit meinem Chef gesprochen. In diesen Gesprächen wurde mir immer wieder signalisiert, dass es okay ist, wenn es mir auch mal nicht gut geht. Ich habe die volle Rückendeckung in Projekten und Arbeitszeiten bekommen, sodass wir als Familie zusammen sein konnten. Das hat mir gezeigt, dass der Mensch bei uns wirklich an erster Stelle steht und wir durch unsere Initiative genau das Richtige tun. Und jetzt, drei Jahre später, geht es meinem Vater wieder sehr gut. Er wird dieses Jahr 70 und ist sportlicher und gesünder denn je. Die schwere Zeit hat nicht nur uns als Familie noch enger zusammenwachsen lassen, sondern auch meine Verbundenheit mit Johnson & Johnsin und meinem Chef gestärkt, der in meiner neuen Funktion, in der ich nun selbst Führungskraft bin, immer noch mein Chef ist.

Multiplikator:innenkonzepte sind ein grandioses Instrument, um mentale Gesundheit voranzutreiben. Aber sie brauchen ein Fundament, auf dem sie stehen können. Die genannten Punkte können als Orientierung dienen. Aktuell fehlen leider noch hochwertige Studien, um die Wirksamkeit von MHFA einheitlich belegen zu können[117], aber aktuelle Forschungsarbeiten zeigen erste positive Effekte psychologischer Ersthilfe auf ein verbessertes Wohlbefinden und geringere Belastungssymptome[118]. Die noch sehr junge wissenschaftliche Lage ist ein Hinweis darauf, dass das Konzept gerade erst aufkeimt und die Forschung dazu noch in vollem Gange ist. In jedem Falle sollten wir im Hinterkopf behalten, dass wir für die Implementierung von MHFA immer die richtigen Rahmenbedingungen setzen müssen und sie nicht als alleinstehende Medizin für ungesunde Unternehmenskulturen dienen kann.

Reflexion

- In welchen der oben stehenden Quadranten findest du Initiativen in deinem Unternehmen? Wo gibt es gegebenenfalls Lücken?
- Wo in deinem Unternehmen kannst du dich selbst niedrigschwellig für mentale Gesundheit engagieren?
- Wie wird dieses Engagement innerhalb der Arbeitsaufgaben berücksichtigt, zum Beispiel zeitlich, finanziell oder hinsichtlich deiner Karriereentwicklung?

9.3 Datenkompetenz – There's no health without data

Daten sind enorm wichtige Grundpfeiler, um mentale Gesundheit sichtbar zu machen. Bisher wird das Wohlbefinden der Belegschaft oft in die Ecke »softes Thema« gestellt, was mich angesichts der vielen Möglichkeiten, mentale Gesundheit messbar zu machen, wundert. Inzwischen gibt es sehr einfache Wege, die Relevanz und Entwicklungen von Gesundheit mithilfe von Daten zu untermauern. Das ist zum Beispiel wichtig, um Entscheider:innen mit Argumenten zu überzeugen, Kulturentwicklungen zu beobachten und zeitnah auf Veränderungen reagieren zu können. Meiner Meinung nach wird Datenkompetenz für Gesundheitsverantwortliche in Unternehmen zu einem zentralen Skill werden, da sie für eine langfristige Gesundheitsstrategie unerlässlich ist.

Bevor ich einige Möglichkeiten aufzeige, wie wir Mental Health Daten erhalten, möchte ich zunächst die vier unterschiedlichen Formen von People Analytics, also Mitarbeitendendaten, aufzeigen:

- **Deskriptive Analytics** = aktuelle Situation erfassen
  Beispiele: Anzahl der AU-Tage (Arbeitsunfähigkeit) wegen psychischer Beschwerden, Einschätzung der aktuellen Stressbelastung im Team

- **Diagnostische Analytics** = Gründe für eine Situation erfassen
  Beispiele: qualitative Analyse von Mitarbeiterfeedback, Analyse von Stressfaktoren wie Personalkürzungen, Unterbrechungen, Informationsflut
- **Prädiktive Analytics** = Vorhersagen machen
  Beispiel: Auf Basis früherer Burn-out-Fälle und Stressfaktoren Vorhersagen zum künftigen Burn-out-Risiko
- **Präskriptive Analytics** = Simulationen machen oder Empfehlungen geben
  Beispiel: Simulationen zum Burn-out-Risiko durch Hinzugabe oder Wegnahme von Präventionsmaßnahmen

Je weiter wir auf der Liste nach unten gehen, desto komplexer werden die Analysen. Deswegen ist es wichtig, bei größeren Datenmodellen und aufwendigen Analysen mit Data Professionals zusammenzuarbeiten, welche die Daten sinnvoll analysieren und interpretieren können. Denn oftmals werden in der Praxis vorschnelle Schlüsse gezogen, die die Daten gar nicht hergeben. Dennoch müssen Mental Health Daten uns keine Angst machen. Es geht darum, Klarheit darüber zu haben, welche Daten wir haben (wollen) und was wir mit ihnen machen können. Wichtig: Gesundheitsdaten sind hochsensible Daten und müssen immer anonymisiert und unter den Regeln der DSGVO erfasst werden. Das muss auch in der Kommunikation ausdrücklich betont werden.

Um den Prozess in Bewegung zu bringen, empfehle ich, folgende Schritte zu gehen:
1. Ist-Analyse. Welche Daten erheben wir generell im Unternehmen und in welchen Zeiträumen? Gibt es bereits Daten, die mit Gesundheit in Verbindung stehen? Das können zum Beispiel regelmäßige Mitarbeitendenbefragungen, die Bewertung von Gesundheitsangeboten, die Beurteilung des Wohlbefindens vor und nach psychologischen Beratungsgesprächen oder kumulierte Krankschreibungsdaten

von Betriebskrankenkassen sein. In diesem Schritt geht es darum zu sichten, welche quantitativen Daten bereits vorliegen.

2. Soll-Analyse. Welche Fragestellungen interessieren uns? Welche Informationen wollen wir aus welcher Gruppe erhalten? Geht es darum, das Wohlbefinden der gesamten Belegschaft zu erfassen, Gesundheitsrisken im Unternehmen herauszufinden oder einzelne Angebote zu evaluieren? Hier müssen wir genau eingrenzen.

3. Auswahl der richtigen Fragen und des Rahmens. Welche Fragen müssen wir stellen, um die Informationen zu bekommen, die wir brauchen? Mit welcher Beteiligung sind wir zufrieden? Wie sorgen wir dafür, dass unterschiedliche Gruppen (z. B. Hierarchiestufen, Abteilungen, Standorte) ausreichend repräsentiert sind? Nutzen wir bestehende Befragungszyklen und hängen uns mit einigen Fragen dort dran oder konzipieren wir eine eigene Befragung?

4. Durchführung. Was kommunizieren wir an die Belegschaft? Welche Kanäle nutzen wir? Welche Schlüsselpersonen können »Werbung« machen? Braucht es gegebenenfalls eine Incentivierung? Beachtet dabei das Prinzip der Datensparsamkeit: Erhebt nur, was unbedingt nötig ist.

5. Evaluation & Maßnahmen. Wo laufen die Daten zusammen? Wer bereitet sie auf und interpretiert sie? Wie können wir der Belegschaft zeitnah (!) eine transparente Einsicht in die Ergebnisse ermöglichen? Wie stellen wir sicher, dass aus den Daten Taten folgen? Wer plant potenzielle Maßnahmen? Wie können wir diese zielgruppenspezifisch umsetzen? Brauchen wir gegebenenfalls externe Partner:innen, die uns in der Evaluation, Planung oder Maßnahmenumsetzung unterstützen?

6. Wiederholung. Brauchen wir eine regelmäßige Wiederholung, um Entwicklungen beobachten zu können? Wenn ja, in welchen Zeiträumen? Welche Möglichkeiten zur Erfolgskontrolle gibt es?

In einem Livetalk mit dem Harvard Business manager wurde ich gefragt, wie man mentale Gesundheit direkt messen könne, ob es beispielsweise ein Fragetool gäbe, mit dem man das mentale Wohlbefinden der Mitarbeitenden konkret abbilden könne. Kleine Enttäuschung an dieser Stelle: Leider gibt es bis dato kein solches Instrument, das mentale Gesundheit als Ganzes erfasst. Das liegt schlichtweg daran, dass selbst die Forschung sich noch nicht darüber einig ist, was im Detail darunterfallen würde. Die gute Nachricht ist: Wir wissen durchaus, dass es viele Faktoren gibt, die unser Wohlbefinden beeinflussen und die wir mit Daten abbilden können. Einige davon sind sehr eng mit Mental Health assoziiert wie das persönliche Stressempfinden, andere stehen peripher mit ihr in Zusammenhang wie die Mitarbeitendenzufriedenheit. Das, was wir also in Befragungen abbilden, ist immer nur ein Teil davon, was mentale Gesundheit als Ganzes ausmacht.

Das sollte uns aber nicht entmutigen, denn es gibt viele nützliche Möglichkeiten, mit Gesundheit assoziierte Themen durch Daten sichtbar zu machen. Jedes Tool fokussiert unterschiedliche Bereiche und bietet sich für verschiedene Kontexte an. Einige eignen sich eher für regelmäßige und engmaschige Mitarbeitendenbefragungen, andere sind komplexer und daher auf längere Befragungsintervalle von mehreren Jahren angelegt. Auch wenn die Auswahl der passenden Befragung sehr individuell ist, möchte ich drei Beispiele vorstellen, die ein gutes Radar für mentale Gesundheit sein können, und das letzte besonders hervorheben.

- **Stress-Satisfaction-Index (SSI) von SAP**[119]. SAP setzt einen eigens entwickelten, wissenschaftlich evaluierten Kurzfragebogen ein, der das Stressempfinden und die Zufriedenheit von Mitarbeitenden erfasst. Die Mitarbeitenden werden auf einer Skala von 1 bis 10 gefragt, wie ihr Stresserleben bei der Arbeit ist und wie zufrieden sie mit ihrem Job sind. Jetzt kommt das Spannende: In einem zweiten Schritt werden sie gefragt, wie hoch ihr Stressempfinden in ihrem idealen Job wäre und was bislang die höchste Zufriedenheit war, die sie in einem Job hatten. Diese zweite Einschätzung bildet eine persönliche Benchmark. Das ist eine sehr elegante Möglichkeit, Erwartungen und Möglichkeiten abzustecken. Wenn wir beispielsweise unser Stressempfinden auf der Skala mittelgradig bei einer 6 einschätzen und dann angeben, dass der eigene Stress im idealen Job bei 5 läge, dann entspringen daraus ganz andere Handlungskonsequenzen, als wenn wir keinen Stress (auf der Skala eine 1) als Benchmark ansetzen würden. Der Fragebogen eignet sich durch seine Kürze sehr gut, um ihn an bestehende Befragungen anzudocken oder ihn nach Bedarf als Selbsteinschätzung oder im eigenen Team durchzuführen. Weitere Informationen zum SSI finden sich in der Quelle zu Anfang des Absatzes.

- **Wohlbefindens-Index (WHO-5)**[120]. Der WHO-5 ist ein wissenschaftlich evaluierter Kurzfragebogen mit fünf Fragen, die das allgemeine Wohlbefinden und die Lebensqualität erfassen. Man schätzt auf einer fünfstufigen Skala ein, inwiefern man sich in den letzten zwei Wochen zum Beispiel »ruhig und entspannt« oder »energetisch und aktiv« gefühlt hat.[121].Der Fragebogen ist eine Momentaufnahme und liefert keine Informationen über spezifische Stressfaktoren oder arbeitsbezogene Stressquellen, ist aber durch seine solide wissenschaftliche Evidenz und seine breiten Einsatzmöglichkeiten gut geeignet für einen allgemeinen Pulse-Check oder um das Wohlbefinden von Mitarbeitenden vor und nach einer spezifischen Maßnahme abzubilden.
- **Gefährdungsbeurteilung psychischer Belastung (GB Psych).** Die GB Psych ist ein Verfahren, um spezifische Risikofaktoren für die psychische und körperliche Gesundheit bei der Belegschaft aufzudecken. Sie erfasst systematisch potenzielle Belastung in fünf Bereichen: Arbeitsinhalte (z. B. Überforderung), Arbeitsorganisation (z. B. Arbeitszeit, Unterbrechungen), Arbeitsumgebung (z. B. Arbeitsmittel, Informationsfluss), soziale Beziehungen (z. B. zu Kolleg:innen und Vorgesetzten) und neue Arbeitsformen (z. B. mobiles Arbeiten, zeitliche Flexibilität). Was viele Unternehmen nicht wissen, ist, dass die GB Psych für jedes Unternehmen in Deutschland

laut Arbeitsschutzgesetz Pflicht ist und regelmäßig durchgeführt werden muss – spätestens dann, wenn sich Arbeitsbedingungen deutlich verändern (z. B. durch Change-Prozesse). Das mag sich für viele wie ein gesetzliches Korsett anfühlen, tatsächlich ist die GB Psych aber ein fantastisches Tool, das enorm viel zu bieten hat und nicht nur Risikofaktoren identifiziert, sondern auch Schutzfaktoren aufdeckt und somit zeigt, was im Unternehmen sich positiv auf die psychische Gesundheit der Mitarbeitenden auswirkt. Außerdem kann man mithilfe der GB Psych bestimmte Standorte, Teams oder Rollen genauer fokussieren, um ein detailliertes Bild von diesen Subgruppen zu erhalten – Arbeitnehmende in der Produktion haben sicher ganz andere Belastungen als Führungskräfte in der Softwareentwicklung.

Drei gute Gründe, die GB Psych zu machen.

Dr. Amelie Wiedemann, Co-CEO von DearEmployee

Die Gefährdungsbeurteilung psychischer Belastung (GB Psych) ist eine gesetzliche Anforderung aus dem Arbeitsschutzgesetz. Die GB Psych hat aber weitaus mehr zu bieten als die Erfüllung einer gesetzlichen Pflicht:

1. Die Gesundheit durch gute Arbeit stärken. Psychische Belastungen können zu diversen psychischen und physischen Gesundheitsproblemen führen. Eine systematische Gefährdungsbeurteilung hilft, Belastungen frühzeitig zu erkennen und Maßnahmen zu ergreifen, um die Gesundheit der Teams zu fördern. Dies reduziert krankheitsbedingte Fehlzeiten – ein Win-Win für alle!

2. Förderung einer offenen Kommunikationskultur. Mit einer engagiert durchgeführten GB Psych ermutigt ein Unterneh-

men die Beschäftigten, ihre Ansichten und Ideen einzubringen, und signalisiert, dass es Wert auf das Feedback seiner Teams legt. Dies fördert eine offene und transparente Kommunikationskultur und schafft darüber hinaus Awareness für mentale Gesundheit am Arbeitsplatz. Das ist heute wichtiger denn je.
3. Arbeitgeberattraktivität stärken. Gute Führung, flexibles Arbeiten, eine bedeutsame Tätigkeit: Mit der GB Psych finden Unternehmen eigene Stärken heraus und können Verbesserungspotenziale aufdecken und gezielt angehen. Warum diese Stärken und das Engagement des eigenen Unternehmens nicht auch mal im Employer Branding nutzen? Das stärkt die Arbeitgebermarke und somit die Wettbewerbsfähigkeit.

Damit ist die GB Psych vor allem eins: eine große Chance für jede Organisation!

In der Realität nehmen viele Arbeitgeber ihre Pflicht leider nicht ernst: Nur 54% der Unternehmen führen eine solche Gefährdungsbeurteilung durch, die allerdings nicht in allen Fällen auch dokumentiert wird[122]. Besonders erschreckend ist, dass kaum ein Unternehmen den Erfolg der darauffolgenden Maßnahmen prüft. Dabei gibt es viele hilfreiche Anbieter wie DearEmployee, die die Befragung mit minimalem Aufwand softwaregestützt durchführen, fantastische Visualisierungen der Ergebnisse bieten und Unternehmen bei der passgenauen Maßnahmenplanung begleiten. Was mich besonders begeistert: Das kürzlich veröffentlichte Workplace Insights Dashboard von DearEmployee[123] bietet ein offen zugängliches, interaktives Tool, bei dem man nach Jahr und Branche anonymisierte Daten zu mentaler Gesundheit, Motivation, Beschwerden und Bindung von nahezu 50.000 Beschäftigten einsehen kann. Wer also wissen möchte, was die größten Risikofaktoren für mentale Gesundheit in der eigenen Branche sind, kann dort Vergleichsdaten finden. Um ein paar Einblicke zu bieten: Die drei größten Risikofaktoren für mentale Gesundheit über alle Branchen und Jahre hinweg sind die Arbeitsintensität, Arbeitsunterbrechungen und der Kontakt mit Dritten. Was wir also vielleicht schon lange im Bauchgefühl hatten, wird hier endlich mit Daten belegt.

Insgesamt schafft die GB Psych eine starke Ausgangslage, um anhand von Daten granulare Einblicke in die Belastungen und Ressourcen der Belegschaft zu bekommen. Sie sollte von ausnahmslos jedem Unternehmen durchgeführt werden, unabhängig von Branche und Größe. Abseits davon liefert sie eine Grundlage, um Entscheider:innen zu überzeugen, etwa wenn es um nötige Veränderungen, Maßnahmenplanung oder die Bereitstellung finanzieller Ressourcen geht.

Wer bis zur Umsetzung der GB Psych nicht warten möchte und auch abseits der zwei anderen Beispiele klein anfangen möchte, dem empfehle ich, einige gesundheitsbezogene Fragen an bestehende Befragungen anzudocken, um erste deskriptive Daten zu erhalten. Fragen mit einer mehrstufigen Antwortskala eignen sich in der Regel gut, zum Beispiel: »Wie schätzt du deine aktuelle Stressbelastung ein?« – »Wie gut kannst du aktuell von der Arbeit abschalten?« – »Wie wohl fühlst du dich damit, über dein Wohlbefinden mit deinen Vorgesetzten zu sprechen?« Dabei sollten wir beachten, dass diese Fragen zwar den Status quo abbilden, aber sich daraus nur sehr bedingt Handlungsempfehlungen ableiten lassen.

Wenn nach den Daten keine Taten folgen

Es gibt einige typische Stolperfallen bei Befragungen, die ich inklusive Lösungsempfehlungen skizzieren möchte.

Es nimmt kaum jemand teil. Wer Daten möchte, braucht Mitarbeitende, die sich Zeit für eine Befragung nehmen. Leider ist die Befragungsmüdigkeit groß und viele Mitarbeitende sehen keinen Mehrwert in ihrem Beitrag. Deshalb nimmt die Kommunikation eine zentrale Rolle ein. Wir sollten erklären, warum die Befragung gemacht wird, die Anonymität betonen und aufzeigen, wann und wie die Ergebnisse der Befragung geteilt werden. Gerade Letzteres wird oft sehr stiefmütterlich behandelt. Dabei ist es enorm wichtig, Ergebnisse zeitnah und transparent zurückzumelden und mit einem klaren Aktionsplan zu verbinden. Wer das Gefühl bekommen soll, dass sein Beitrag zählt, der muss diesen kurz darauf auch sehen können. Darüber hinaus sollten wir uns ein Ziel bezüglich der Teilnahmequote setzen. Dafür empfehle ich mindestens zwei Drittel der Belegschaft. Noch ausschlaggebender ist es aber, dass die Teilnahmezahl repräsentativ ist, sprich, dass verschiedene Standorte, Rollen etc. entsprechend der Realität abgedeckt sind.

Ende der Befragung – und nun? Ein typisches Phänomen ist, dass nach den Daten keine Taten folgen. Das kann viele Gründe haben. Es kann an Zeit, Motivation oder Kompetenz mangeln, um die nächsten Schritte zu planen. Zum einen kann man sich hierfür extern unterstützen lassen, denn viele Anbieter können Unternehmen engmaschig in der Planung und Umsetzung von Maßnahmen beraten. Zum anderen hilft es aus Mitarbeitendensicht, genau zu schauen, ob wirklich keine Folgeschritte aus den Daten entsprungen sind. Denn oftmals gibt es zwar Maßnahmen, aber sie werden mit den Befragungen nicht in Verbindung gebracht, zum Beispiel weil sie zeitlich sehr weit auseinanderliegen. Eine gute unternehmensseitige Planung und Kommunikationsstrategie sind hier das A und O.

Es stellen sich keine Veränderungen ein. Wenn sich trotz aller Maßnahmen und Bemühungen in den Folgebefragungen keine Veränderungen abzeichnen, heißt das nicht, dass alles umsonst war. In diesem Fall müssen wir auf Spurensuche gehen, um die Lage genauer zu verstehen. Zum einen hilft es, die inhaltliche Passung von Problem und Maßnahme zu überprüfen. Wenn beispielsweise allgemeine Unzufriedenheit mit der Wertschätzungskultur im Unternehmen herrscht, ist eine wertschätzende E-Mail der Geschäftsführung vermutlich kaum hilfreich, sondern man muss eher am Wertschätzungsverhalten in den Teams, unter Mitarbeitenden und Führungskräften ansetzen. Auch kann man die Mitarbeitenden um Feedback zu den Maßnahmen bitten. Womöglich empfinden sie einige Angebote als irrelevant, unpassend oder bemängeln die Qualität. Außerdem kann es sein, dass trotz einer Maßnahme zunächst eine Verschlechterung eintritt – das ist nicht sofort ein Alarmzeichen, sondern ein häufiges Phänomen. Wenn zum Beispiel innerhalb einer Maßnahme Prozesse verschlankt werden, brauchen Mitarbeitende eine Weile, um sich umzustellen und sich an die neuen Prozesse zu gewöhnen. Das kann kurzfristig zu mehr Unzufriedenheit führen, weil es in der Momentaufnahme mehr Kapazitäten schluckt, aber langfristig eine Verbesserung bringen. Neben den quantitativen Daten sollten wir also immer auch qualitative Informationen einbeziehen, um den Gesamtkontext zu verstehen.

Die Themen Daten und Datenkompetenz können eigene Bücher füllen, in diesem Buch sind daher nur erste Impulse. Wichtig ist, sich nicht einschüchtern zu lassen und anzufangen, denn nur so können wir losen Beobachtungen Hand und Fuß geben. Wie beschrieben gibt es viele Wege, von sehr einfachen Möglichkeiten bis hin zu groß angelegten systematischen Befragungen. Dabei sollten wir immer Augen und Ohren offenhalten, denn Daten ersetzen nicht den kontinuierlichen Austausch mit den Mitarbeitenden. Sie sind ein Baustein von vielen, die in Kombination zu einer gesünderen Arbeitswelt beitragen.

Reflexion

- Wird in den regelmäßigen Befragungen deines Unternehmens auch nach mentaler Gesundheit gefragt?
- Weißt du, was mit den Befragungsergebnissen passiert, wo du sie einsehen kannst und welche Maßnahmen bisher daraus entsprungen sind? Wenn nicht, weißt du, wie du es herausfinden kannst?
- Wurde in deinem Unternehmen schon mal eine GB Psych durchgeführt? Wenn nein, woran liegt das deiner Meinung nach?

10 Unternehmen

Solange wir weiter einzelne Angebote einwerfen, ohne sie in ein langfristiges Vorgehen einzubinden, erreichen wir allenfalls Schönheitskorrekturen, aber keinen tiefgreifenden Kulturwandel.

10.1 Arbeit als Wohlfühloase?

Besonders in den Medien wird laut gerufen, was uns alles noch fehlt, um Mental Health freundliche Arbeitskulturen zu schaffen. Selten finden wir Stimmen, die sagen, wann Unternehmen eigentlich genau richtig sind. Stattdessen finden wir meist Folgendes auf:

Zu wenig: Unternehmen voller Defizite. Überwiegend herrscht die Meinung, dass Unternehmen noch viel zu wenig für mentale Gesundheit machen. Auf viele Unternehmen trifft das leider auch zu, wenngleich nicht alle pauschal zu wenig tun – aber einige konzentrieren sich einfach nicht auf die passenden Maßnahmen oder überprüfen bestehende Angebote nicht auf ihren Nutzen. Ein häufiges Problem, das mir zudem oft begegnet, ist die fehlende Verbindung aller Mental Health Initiativen unter einem strategischen Dach (▶ Kap. 10.3). Organisationen sollten sich deshalb fragen: Wie kann sich eine Mental Health freundliche Arbeitskultur bei uns konkret äußern? Woran können wir das festmachen? Wo verbinden sich alle Gesundheitsinitiativen zu einer übergeordneten Strategie? Genauso sollte sich jede:r Einzelne fragen: Wann könnte ich über mein Unternehmen sagen, dass es genug für meine und unsere mentale Gesundheit tut? Wann ist es genau richtig? Wo in meinem Alltag würde ich das bemerken?

Trotz aller »Zu-wenigs« in der Debatte um Mental Health im Job wehrt sich ein Teil in mir auch gegen diese Mainstream-Haltung, weil sie alle Organisationen über einen Kamm schert. Sicher gibt es immer Verbesserungspotenzial, aber es gibt auch Unternehmen, die ehrlich am Wohlbefinden ihrer Belegschaft interessiert sind und dafür viel in Bewegung setzen. Ich finde es wichtig, diesen Unternehmen Anerkennung zu schenken und sie zu animieren, sich zu zeigen, denn sonst verlieren wir uns in Negativismus, statt bereits Aufgebautes wertzuschätzen. Unternehmen sollten sich nicht verstecken, sondern in ihrer Vorbildfunktion zeigen, was sie bereits tun. Denn das sogenannte Wellhushing (▶ Kap. 7.3) ist kontraproduktiv für unser aller Fortschritt.

Zu viel: Unternehmen als Wellnesstempel. Die Forderungen nach gesunder Arbeit kann auch ins andere Extrem kippen, nämlich wenn der Arbeitgeber zur eierlegenden Wohlfühl-Wollmilchsau werden soll. Wir vergessen manchmal, dass Arbeit nicht alles bieten kann. Und auch nicht soll. Der Arbeitgeber hat unbedingt für gute Rahmenbedingungen und gesunde Arbeitsstrukturen zu sorgen – aber kein Job ist ein multifunktionaler Alleskönner, der sämtliche Bereiche des Lebens ausfüllt. Zweifelsohne ist es wichtig, mentale Gesundheit aktiv einzufordern. Aber es ist auch wichtig zu wissen, was der eigene Beitrag für ein erfülltes Leben ist. Arbeit ist nur eine Säule davon (▶ Kap. 4.2). Kein HR-Team, kein Gesundheitsmanagement, keine Führungskraft kann persönliche Sinnkrisen, generelle Unzufriedenheiten oder schlechte Selbstfürsorge kompensieren. Ein Arbeitgeber kann unsere fachliche und persönliche Weiterentwicklung fördern, Zugehörigkeit und Verbundenheit stärken, uns angemessen finanziell entlohnen und gesunde Arbeitsbedingungen sicherstellen. Was er aber nicht kann, ist, für ausgleichende Freizeitaktivitäten zu sorgen, als Ersatz für einen Freundeskreis oder Familie zu fungieren und Alleinversorger für unsere Gesundheit zu sein. Arbeit ist ein wichtiger Teil des Lebens, aber nicht alles. Unsere Forderungen sollten wir deshalb hin und wieder liebevoll auf den Prüfstand stellen und uns fragen: Was projiziere ich auf meinen Arbeitgeber, was ich eigentlich anderswo in meinem Leben angehen sollte?

Zu falsch: Unternehmen mit Wohlfühllüge. Anlässlich des Mental Health Awareness Month im Mai 2024 veröffentlichte McDonald's einen Werbespot, in dem das »Smile« auf der Verpackung des »Happy Meal« gestrichen war.[124] Damit wollte die Fast-Food-Kette insbesondere Kindern signalisieren, dass es okay ist, wenn man sich auch mal nicht fröhlich fühlt. Ist das eine perfide Marketingmasche oder stecken ernst gemeinte Absichten dahinter? Die Wahrheit liegt vermutlich irgendwo in der Mitte. Einerseits ist es gut, wenn Unternehmen derartiger Größe bewusst ihre Verantwortung zur öffentlichen Entstigmatisierung nutzen. Andererseits ist es fraglich, wie groß die Mental Health Bemühungen innerhalb des Konzerns tatsächlich sind. Deshalb sollten wir entsprechende Kampagnen kritisch hinterfragen und ein Auge auf Wellwashing haben. Wellwashing beschreibt das Phänomen, wenn Unternehmen mentale Gesundheit als Aushängeschild missbrauchen oder irreführende Aussagen über ihr Engagement hinsichtlich mentaler Gesundheit machen. Ich finde es dennoch wichtig, dass solche Kampagnen nicht sofort zerrissen werden, weil die Sichtbarkeit und der öffentliche Dialog über mentale Gesundheit so elementar sind. Sonst traut sich niemand mehr, das Thema auf die Agenda zu bringen. Um als Unternehmen Wellwashing vorzubeugen, ist eine fundierte Gesundheitsstrategie unerlässlich. Dann findet sich mentale Gesundheit auch jenseits von Marketingkampagnen in allen Phasen des Employee Life Cycle wieder.

Fakt ist, dass wir uns bei allen Forderungen und Bemühungen rund um mentale Gesundheit auch verlieren können. Damit möchte ich nicht kleinreden, dass es an vielen Stellen noch reichlich Verbesserungspotenzial gibt. Aber ich möchte dafür sensibilisieren, dass zu gesundem Arbeiten auch ein gesundes individuelles Erwartungsmanagement gehört. Wir sollten deshalb auseinanderhalten, was wir dringend einfordern müssen und wo wir an anderen Stellschrauben in unserem Leben drehen sollten.

Lieblingskollege Stress

Kaum ein Thema bekämpfen wir seit so langer Zeit so erfolglos wie Stress. In der repräsentativen Stressstudie »Entspann dich, Deutschland!« der Techniker Krankenkasse (2021) gaben 64% der Menschen an, sich gestresst zu fühlen.[125] Als häufigste Belastungen wurden zu viel Arbeit (32%), Termindruck (32%) sowie Unterbrechungen und Störungen (28%) genannt.

Unternehmen reagieren auf Stress gern mit Entspannungsangeboten. Das ist jedoch zu kurz gedacht, denn die meisten Mitarbeitenden, die wegen zu viel Arbeit gestresst sind, werden in ihren ohnehin schon viel zu vollen Kalendern nicht noch versuchen, einen weiteren Termin reinzustopfen. Um psychologischen Stress[15] sinnvoll anzugehen, müssen wir uns das Thema holistischer anschauen.

Psychologischer Stress verläuft in drei Schritten:[126] Wir haben einen *Stressauslöser*, der zusammen mit *Stressverstärkern* eine *Stressreaktion* auslöst. Ein Beispiel: Wir bekommen kurzfristig eine ungeplante Aufgabe mit einer knappen Deadline (= Stressauslöser), wollen sie wegen unserer hohen inneren Ansprüche unbedingt gut machen (= Stressverstärker) und fühlen uns dadurch den ganzen Tag angespannt und nervös (= Stressreaktion). Um Stress gut entgegenzuwirken, müssen wir an allen drei Ebenen ansetzen, statt auf die Stressreaktion nur

---

15 Man kann zwischen biologischem und psychologischem Stress unterscheiden. Biologischer Stress kommt zustande, wenn der Körper Energien für eine Aktivität bereitstellen muss und damit kurzzeitig aus seinem homöostatischen Gleichgewicht gebracht wird. Das geschieht beispielsweise, wenn wir Treppen steigen, weil wir kurzfristig einen erhöhten Sauerstoffbedarf haben und unsere Körperfunktionen uns dies ermöglichen. Psychologischer Stress hingegeben entsteht, wenn wir den Eindruck haben, die Anforderungen einer Situation mit den uns zu Verfügung stehenden Ressourcen nicht meistern zu können. Das passiert beispielsweise, wenn wir unter zeitlichem Druck stehen, während wir eine Aufgabe fertigstellen möchten – gefühlt reichen unsere Ressourcen (Zeit) nicht aus, um den Anforderungen (Aufgabe erledigen) gerecht zu werden. Bei diesem inneren Bewertungsprozess, der Anforderungen und Ressourcen gegeneinander abwägt, kann psychologischer Stress entstehen.

mit Entspannungsangeboten zu reagieren. Genau deshalb bleiben viele Angebote in Unternehmen unwirksam, weil sie nur einen Teil des Stressprozesses ansprechen. Und dann wundern wir uns, warum das Yogaangebot uns alle nicht tiefenentspannt werden lässt. Außerdem konzentrieren sich die meisten Maßnahmen nur auf Verhaltens- statt auch auf Verhältnisprävention (▶ Kap. 4.1). Effektives Stressmanagement adressiert alle drei Bereiche sowohl auf Individual- als auch auf Unternehmensebene.

Stressauslöser minimieren durch instrumentelles Stressmanagement. Hier geht es darum, alle Stressauslöser anzugehen, denen Mitarbeitende im Alltag ausgesetzt sind, wie ein voller Terminkalender, ein zu hoher Workload, plötzliche Planänderungen oder schwierige Gespräche.

- **Individuell:** Was Mitarbeitenden hier hilft, ist, konkrete Kompetenzen auszubauen –beispielsweise hinsichtlich Zeitmanagement, eigenverantwortlichem Priorisieren und Delegieren, Grenzen setzen, kommunikativen Fähigkeiten oder Digitalkompetenz.
- **Unternehmensseitig:** Ein absolutes Muss sind klare Aufgaben- und Zielvereinbarungen, Verlässlichkeit und Planbarkeit, effektive Kommunikationswege und ein realistisches Workload Management. Auch Werte gehören dazu. Wenn beispielsweise Effizienz ein theoretischer Unternehmenswert ist, aber im Alltag ständig Chaos herrscht, wird das immer wieder Stressmomente provozieren.

Stressverstärker bearbeiten durch mentales Stressmanagement. Das bedeutet, innere Antreiber, Glaubenssätze und Überzeugungen unter die Lupe zu nehmen und Bedingungen zu schaffen, die stressverstärkende Denkmuster unwahrscheinlicher machen.

- **Individuell:** Hier hilft die Arbeit mit Psycholog:innen und Coaches über zum Beispiel ein EAP, damit Mitarbeitende die Glaubenssätze hinter Gedanken wie »Ich schaffe das alles nicht« und »Ich will es perfekt machen« bewusst hinterfragen und gesündere Denkmuster entwickeln können. In Stressmomenten sollten sich Gedanken schließlich unterstützend statt strafend anfühlen: »Ich vertraue auf meine Fähigkeiten« statt »Ich werde es bestimmt wieder vermasseln«. Das braucht Übung und Zeit.

- **Unternehmensseitig:** Unternehmen können an ihrer Führungs- und Fehlerkultur arbeiten. Führungskräfte sollten in gegenseitiges Vertrauen investieren, denn erst dann offenbaren Mitarbeitende solche inneren Gedankengänge. Außerdem sollten sie eine offene und wertschätzende Beziehung mit dem Team führen, welche die psychologische Sicherheit (► Kap. 6.2) fördert, wozu auch ausreichend Fehlertoleranz gehört. Führungskräfte sollten zudem immer wieder überprüfen, ob sie realistische Ansprüche an das Team oder einzelne Personen haben und ein klares Erwartungsmanagement betreiben.

Stressreaktionen abmildern durch regeneratives Stressmanagement. Hier dreht sich alles um Erholung und Entspannung. Es muss einen gesunden Gegenentwurf zu ständiger Leistung geben, der nachhaltige Regeneration ermöglicht.

- **Individuell:** Hier haben die klassischen Yogakurse und Entspannungsangebote ihren Platz. Mitarbeitende sollten außerdem dazu animiert werden, Arbeitszeiten einzuhalten und für sich die richtige Form des Ausgleichs zu finden. Wer beispielsweise viel körperlich arbeitet, braucht zur Erholung eher »kopflastige« Aktivitäten wie ein Buch lesen. Wer viel Wissensarbeit macht, dem tut oft der körperliche Ausgleich gut.
- **Unternehmensseitig:** Eine solide Erholungs- und Pausenkultur ist hier das A und O. Pausen sollten von Unternehmen unbedingt systematisch unterstützt werden (► Kap. 2.2). Auch die Urlaubskultur können Unternehmen sehr stark beeinflussen. Wird Erholungsurlaub wirklich respektiert oder wird implizit davon ausgegangen, Liegengebliebenes in dieser Zeit abzuarbeiten? Werden Vorkehrungen getroffen, damit Mitarbeitende im Urlaub nicht kontaktiert werden oder »ausnahmsweise« an Meetings teilnehmen müssen? Darüber hinaus sollten Unternehmen den Wert von Offlinezeiten unterstreichen. Gerade in hybriden oder vollständig

remote arbeitenden Unternehmen muss Nicht-Erreichbarkeit außerhalb von Kernarbeitszeiten respektiert und bestärkt werden.

In meinem Webinar zu Stressmanagement frage ich die Teilnehmenden stets: Welcher dieser drei Bereiche braucht bei euch aktuell am meisten Aufmerksamkeit? Die Mehrheit antwortet durchgängig, es sei das instrumentelle Stressmanagement, also Stressauslöser minimieren. Das ist ein wertvoller Hinweis darauf, dass wir in vielen Unternehmen immer noch zu hohe Arbeitsbelastungen und ineffiziente Prozesse haben. Damit zurechtzukommen sollte nicht allein bei den Mitarbeitenden liegen, sondern ist auch Unternehmensaufgabe. Das größte Potenzial liegt darin, Stress gar nicht erst entstehen zu lassen oder zumindest in einem Rahmen zu halten, der bewältigbar und nur kurzfristig ist. Entspannungsangebote oder Workshops zu Stressmanagement setzen erst an, wenn der Stress bereits entstanden ist und wir ihn als gegeben tolerieren. Diese Angebote sind zwar wichtig, aber eben nur *eine* Säule von dreien. Deshalb sollten wir möglichst vorbeugend und damit sehr früh im Stressprozess ansetzen und ein Fundament bauen, das Überlastung umfassend angeht.

Reflexion

- Hast du schon mal erlebt, dass Gesundheitsinitiativen als Aushängeschild missbraucht wurden?
- Welcher der drei Bereiche braucht bei dir aktuell am meisten Stressmanagement?
- Wie sorgt dein Unternehmen dafür, dass Belastungen im Rahmen gehalten werden? Welche Bereiche des Stressmanagements sind unterrepräsentiert?

10.2 Was Organisationen tun können – und müssen

In diesem Kapitel geht es nicht um eine Generalabrechnung mit all dem, was Unternehmen falsch, zu wenig oder zu viel machen. Viele Unternehmen sind in den letzten Jahren erste wichtige Schritte in Richtung mentale Gesundheit gegangen. Und das möchte ich honorieren, denn hinter alldem stehen zähe Verhandlungen, sorgfältig gewählte Initiativen und hart erarbeitete Angebote, die von Menschen angeschoben wurden, die sich unermüdlich für mentale Gesundheit einsetzen. Danke für euren Einsatz!

Wo wir besser werden können, ist individuell, denn jede Organisation tickt anders und steht an einem anderen Punkt. Es gibt dennoch einige Mental Health Elemente, die jede Organisation für sich prüfen kann. Die wichtigsten zehn habe ich zusammengestellt, angelehnt an die globale Heart & Soul Strategie von Spotify[127].

1. Setzt eine Strategie auf

Must-do: Überlegt, wie Gesundheit in euren Unternehmenswerten verankert werden soll. Prüft, welche Grundsteine dieses Jahr gelegt werden müssen, damit in fünf Jahren eine Mental Health freundliche Kultur besteht. Schaut in die Gegenwart und in die Zukunft: Was machen

wir bereits? Welche Veränderungen werden auf uns zukommen? Wie können wir die psychischen Begleiterscheinungen dieser Neuerungen abfedern? Leitet eine Bedarfsanalyse ab und abstrahiert daraus einige wenige Kernelemente für eure Gesundheitsstrategie, zum Beispiel: 1. mentale Gesundheit normalisieren, 2. Arbeitsbedingungen verbessern, 3. Gesundheitskompetenzen der Mitarbeitenden stärken.
Can-do: Fragt euch, wo alle Angebote zusammenlaufen und wie mentale Gesundheit zu einer eigenen Mental Health Marke mit eigenem Look & Feel werden kann (► Kap. 9.1).

2. Sorgt für ein Buy-in aus dem Management
Must-do: Gewinnt Fürsprecher:innen aus dem Management, bestenfalls aus dem C-Level oder dem Vorstand. Definiert genau, welche Ressourcen ihr braucht (Zeit, Geld, Personal) und untermauert euer Anliegen mit Daten aus der Belegschaft (► GB Psych, Kap. 9.3), finanziellen Argumenten (► Kap. 4.1) und einem konkreten Plan für die ersten Schritte mitsamt ihren Quick-Wins.
Can-do: Findet Unterstützer:innen aus dem Management, die zu informellen Botschafter:innen für mentale Gesundheit werden (► Kap. 9.2). Zum Beispiel indem sie als Rollenmodelle eine eigene Mental Health Story teilen oder sich in ihren Abteilungen oder Teams für das Thema stark machen.

3. Platziert Healthfluencer
Must-do: Analysiert, wo es im Unternehmen abseits von HR und BGM interessierte Mitarbeitende gibt, die zu Multiplikator:innen werden können. Kartografiert diese Botschafter:innen systematisch, um zu sehen, ob es in bestimmten Abteilungen, Teams oder Standorten Lücken gibt und überlegt, wie ihr sie schließen könnt. Das muss nicht sofort durch ein groß angelegtes Programm geschehen, sondern kann auch informeller Natur sein (▶ Kap. 9.2).
Can-do: Formt ERGs oder etabliert großflächige Multiplikator:innenprogramme wie Mental Health First Aid. Sorgt dafür, dass diese Healthfluencer ihre Rolle nicht nur reaktiv, sondern proaktiv ausfüllen.

4. Akzeptiert Ambivalenzen
Must-do: Mentale Gesundheit muss gnadenlos langfristig angelegt werden. Auch wenn ihr gerne kurzfristige Erfolge sehen möchtet, findet den Sweet Spot zwischen Geduld und schnellen Ergebnissen. Setzt euch außerdem mit dem Seiltanz zwischen individueller und organisationaler Verantwortung auseinander, denn oft wollen wir die Verantwortung der jeweils anderen Partei zuschieben (▶ Kap. 2.1).
Can-do: Diskutiert das Spannungsfeld zwischen Fordern und Überfordern in euren Managementrunden. Besprecht, wie (lange) ihr Belastung und Leistung Hand in Hand gehen lassen wollt und welche Alarmzeichen ihr kontinuierlich beobachtet, um bei negativen Signalen rechtzeitig gegensteuern zu können (▶ Kap. 5.1).

5. Schafft Sichtbarkeit und Hörbarkeit
Must-do: Erstellt Mental Health Policies, in denen festgehalten wird, wie ihr als Organisation zum Thema steht. Setzt eine Antidiskriminierungsrichtlinie auf und haltet genau fest, welche Ansprechpersonen und Hilfsangebote es in welchen Fällen entlang des ganzen Mental Health Kontinuums (▶ Kap. 1.1) gibt. Sorgt dafür, dass eure Angebote einfach erreichbar sind und wiederholt in abteilungs- oder

unternehmensweiten Meetings stets, wo diese zu finden sind und wie die Sensibilität des Themas gewahrt wird (z. B. durch anonyme Kontaktmöglichkeiten). Macht mentale Gesundheit zu einem integralen Bestandteil der internen und externen Unternehmenskommunikation.
Can-do: Etabliert feste Formate für mentale Gesundheit in eurem täglichen Tun (► Kap. 3.3, ► Kap. 6.1). Nutzt auch andere Medien, nicht nur E-Mail-Kommunikation, um eure Haltung zum Thema sichtbar zu machen, zum Beispiel Plakate (»It's okay not to be okay«). Achtung: Macht das nur, wenn es wirklich im Einklang mit euren Unternehmenswerten steht, sonst lauft ihr Gefahr, das Vertrauen der Mitarbeitenden zu verlieren, statt es aufzubauen. Plant außerdem größere Aufmerksamkeitskampagnen an konkreten Terminen wie dem Mental Health Awareness Month im Mai oder dem jährlichen World Mental Health Day am 10. Oktober.

6. Deckt das gesamte Präventionskontinuum ab

Must-do: Setzt euch mit allen drei Präventionsformen auseinander (► Kap. 4.1) und stellt sicher, dass ihr jeweils entsprechende Maßnahmen etabliert. Schenkt insbesondere der Früherkennung Aufmerksamkeit und überlegt, wie ihr belasteten Mitarbeitenden hilfreich zur Seite stehen könnt, bevor sich Dinge verschlimmern.
Can-do: Baut eure Angebote entlang des individuellen Bedarfs aus, zum Beispiel indem ihr Online-Lernreisen zur Verfügung stellt, Schlüsselpersonen aus HR in spezifischen Mental Health Skills schult oder euch mit lokalen Hilfestellen vernetzt, um Betroffenen über eure Organisation hinaus helfen zu können.

7. Hört zu

Must-do: Sammelt strukturiert Daten zum Status quo, insbesondere in Form der GB Psych, die ohnehin gesetzlich vorgeschrieben ist (► Kap. 9.3). Haltet über rein quantitative Kennzahlen hinaus die Ohren offen und bleibt mit den Mitarbeitenden im Gespräch, denn

so manche wertvolle qualitative Information kann keine Befragung der Welt abbilden. Schafft außerdem ein Format für Multiplikator:innen, um komplexe oder emotionale Fälle in Form von Supervision nachbesprechen zu können – »taking care of the carers« ist hier das Motto.
Can-do: Gestaltet eine Plattform, auf der Mitarbeitende anonym Ideen oder Feedback für gesünderes Arbeiten hinterlassen können. Erstellt einen Kanal, auf dem Mental Health Tipps und Ressourcen gesammelt werden können wie ein eigener Slack- oder MS-Teams-Kanal.

8. Lasst euch unterstützen
Must-do: Holt euch Expert:innen an Bord und schafft durch ein EAP eine qualitativ hochwertige Anlaufstelle. Ihr müsst selbst keine Mental Health Expert:innen sein, aber wissen, wo und wie ihr auf die richtige Expertise verweisen könnt. Animiert zur Nutzung des EAP und analysiert außerdem die Kosteneffizienz: Welche direkten (Implementierung) und indirekten Kosten (Personal, Kommunikation, Instandhaltung) verursacht das EAP? Welchen Nutzen bietet es (gesundheits- und performancebezogene Outcomes, Kosteneinsparungen durch geringere Krankenstände, Employer Branding, kultureller Mehrwert)? Bildet zudem eure Führungskräfte durch externe Trainingsprogramme in ihrer Mental Health Literacy weiter (▶ Kap. 5.2).
Can-do: Analysiert in anonymisierten Reports, welche Themen im EAP am häufigsten angefragt werden. Meist sind es Ängste und Stress sowie Beziehungsthematiken und Konflikte. Überlegt, wie ihr diese Themen im Unternehmen an anderen Stellen berücksichtigen könnt. Überprüft regelmäßig die Struktur-, Prozess- und Ergebnisqualität eures EAPs.

Qualitätssicherung von Employee Assistance Programs

Es gibt drei Formen, wie EAPs auf ihre Qualität hin überprüft werden können:

Strukturqualität

- Integration in bestehende Angebote (integrierte vs. isolierte Plattform)
- Ausbildungs- und Erfahrungsstand der Endanbieter (Coaches, Psycholog:innen, Therapeut:innen, Jahre an Berufserfahrung)
- Angebote für Subgruppen (Eltern, pflegende Angehörige, Menschen mit Beeinträchtigung, People of Color, queere Menschen ...)
- Zugang und Nutzungsfreundlichkeit der Plattform (intuitiv statt sperrig)
- Transparenz von Inhalten, durchführenden Personen und Ablauf (In welchen Bereichen hilft die Plattform? Erfährt der Arbeitgeber davon, dass sie genutzt wird? Mit wem genau spricht man, wenn man einen Termin bucht? Was passiert danach?)
- Hotline/Support für Rückfragen (technische Probleme, Feedback)

Prozessqualität

- Verfügbarkeit (bestimmte Zeiten für reguläre Beratung, 24/7-Krisenhotline)
- Nutzungsraten (in bestimmten Monaten, im Zeitverlauf, durchschnittliche Anzahl der Sessions)
- Aufklärung über Möglichkeiten und Grenzen des Services (Grenzen durch Telefon-/Online-Set-up, kein Ersatz für vollwertige Psychotherapie)

- Qualität der durchgeführten Interventionen (wissenschaftlich fundiert)
- Kommunikation zwischen beteiligten Parteien (Serviceanbieter, Endnutzer:in, Beratungsdienstleister, Organisation)
- Feedbackmöglichkeiten (pro Session vs. pro durchlaufenem Prozess)
- Möglichkeit zum Berater:innenwechsel

Ergebnisqualität
- Zufriedenheit mit dem Service
- Verbesserung des Wohlbefindens
- subjektive Relevanz des Services
- subjektiver Zuwachs an Gesundheitskompetenzen
- langfristige Effekte (Absentismus, Fluktuation, Mitarbeitendenzufriedenheit)
- Wirtschaftlichkeit und Return on Invest

9. Gebt allen dieselbe Chance
Must-do: Sorgt dafür, dass euer EAP auch für marginalisierte Gruppen passende Angebote liefert, zum Beispiel Beratung speziell für People of Color, queere Menschen oder in bestimmten Sprachen. Bedenkt dies von vorneherein bei der Anbieterauswahl. Sensibilisiert die Belegschaft und besonders Führungskräfte im Rahmen von Diversity-Trainings für Minderheitenstress am Arbeitsplatz. Verhältnispräventive Maßnahmen und strukturelle Interventionen kommen für marginalisierte Gruppen immer noch deutlich zu kurz.[128]
Can-do: Formt Interessengruppen, in denen der Austausch spezifischer Subgruppen und der Zusammenhalt gefördert werden.

10. Incentiviert Gesundheit
Must-do: Integriert mentale Gesundheit in Performance Reviews (► Kap. 7.3). Gestaltet die Arbeitslast so, dass Gesundheit möglich

ist. Fördert das Einhalten von Grenzen wie Nicht-Erreichbarkeit nach Feierabend oder im Urlaub.

Sorgt dafür, dass die Teilnahme an Aktionstagen oder Trainingsformaten keinen zusätzlichen Stress bedeutet, weil sie on top stattfinden, sondern webt die Angebote in die Planung des Workloads ein. Gesundheit muss ein integraler Teil von Arbeit sein, nicht »draufgepackt« werden.

Can-do: Veranstaltet Wettbewerbe mit Spaßfaktor wie eine Walking Challenge, in der mehrere Teams gegeneinander antreten. Schafft ein festes Trainings- oder Weiterbildungskontingent für Mental Health Themen.

Natürlich können wir nicht mit allen Aspekten auf einmal loslegen. Ein absolutes Muss ist Punkt 1, um eine erste Skizze der Gesundheitsstrategie zu entwerfen. Mit dem Thema anzufangen kann sich anfangs unbequem und überwältigend anfühlen, weil es an lauter Ecken und Enden etwas zu tun gibt. Gleichzeitig wird es mit jedem Schritt, jedem Beschluss und jedem weiteren Puzzlestück bewältigbarer. Eine weitere gute Ressource, mit der man systematisch die Potenziale des eigenen Unternehmens hinsichtlich Gesundheit überprüfen können, ist der »Selbst-Check Gesundheit« der Initiative neue Qualität der Arbeit (INQA)[129].

Reflexion

- Gibt es in deinem Unternehmen eine Gesundheitsstrategie? Wenn ja, weißt du, worauf sie sich fokussiert?
- Welcher der zehn Punkte ist für dich besonders relevant und warum?
- Wann bist du in deinem Unternehmen zum ersten Mal mit dem Thema mentale Gesundheit in Kontakt gekommen? Was hat sich seitdem verändert?

10.3 Von Einzelinitiativen hin zur Unternehmensstrategie

Veränderungen manifestieren sich durch eine nachhaltige Strategie, nicht durch einen Gesundheitstag. Solange wir weiter einzelne Angebote einwerfen, ohne sie in ein langfristiges Vorgehen einzubinden, erreichen wir allenfalls Schönheitskorrekturen, aber keinen tiefgreifenden Kulturwandel. »We repeat what we don't repair« – bisher greifen wir meist auf dieselben Bewältigungsmuster zurück (»Stress? – ein Entspannungsangebot wird helfen!« ▶Kap. 10.1), was zu kurzsichtig ist. Statt also fröhlich immer mehr Angebote bereitzustellen, geht es vielmehr um die Frage, welche ausgewählten Maßnahmen für unsere Organisation die besten und nachhaltigsten Effekte erzielen.

Erfolg ist kein Zufall

Das Forschungs- und Beratungsinstitut Great Place To Work® zeichnet jährlich Unternehmen aus, die in puncto gesunde Arbeitskultur besonders glänzen. Dazu machen sie in den beteiligten Organisationen sowohl eine umfangreiche Mitarbeitendenbefragung zu Themen wie Führung, Vertrauen, Anerkennung, Förderung, Fürsorge, Teamgeist und Identifikation mit dem Unternehmen als auch ein umfangreiches Kulturaudit, in dem Unternehmensverantwortliche über die Maßnahmen und Instrumente der Personal- und Führungsarbeit berichten.[130] Auf dieser Basis verleihen sie den Titel »Great Place To Work« (GPTW). In einer spannenden Untersuchung ihres US-amerikanischen Pendants konnten sie zeigen, dass die hundert stärksten GPTW in den USA im Zeitraum zwischen 1998 und 2020 ein um 3,23-fach stärkeres Wachstum ihrer Aktienwerte im Vergleich zum Russell 1000 verzeichnete[16], ein Aktienindex, in dem die 1000 US-amerikanischen Unternehmen mit der höchsten Marktkapitalisierung gelistet sind[131]. Das zeigt sehr eindrücklich, dass es sich wirtschaftlich lohnt, eine menschenzentrierte Arbeitskultur zu gestalten.

In Deutschland hat GPTW® in seiner Auszeichnung im Jahr 2024 einen besonderen Fokus auf Wellbeing gelegt. In der Benchmark-Studie mit über 1000 Unternehmen konnte das Institut zeigen, dass in den Unternehmen, die 2024 als GPTW ausgezeichnet wurden, 83% der Mitarbeitenden angaben, dass ihre psychische und emotionale Gesundheit gewahrt würde. In den repräsentativen Vergleichsunternehmen, die keine GPTW-Auszeichnung erhielten, stimmten dem nur 43% der Mitarbeitenden zu.[132] Das zeigt, dass mentale Gesundheit ein zentraler Faktor ist, um sich bei der Arbeit wohlzufühlen, und zusammen mit anderen Faktoren wie Führungskultur und der Teamatmosphäre entscheidend dazu beiträgt, dass ein positives Arbeitserlebnis geschaffen werden kann.

Dass Gesundheit sich auszahlt, zeigt auch SAP. Ihr Business Health Culture Index (BHCI) misst, inwiefern das Unternehmen gesunde Rahmenbedingungen für die Mitarbeitenden schafft, die langfristige Beschäftigungsfähigkeit erhält und das aktive Engagement zur Erreichung

---

16 Für die Analyse wurden die 1000 Unternehmen des Russell 1000 gleich gewichtet, um eine Repräsentativität zu schaffen, da die 100 GPTW ebenfalls gleich gewichtet waren. Die Untersuchung ist demnach hypothetisch.

der Unternehmensziele unterstützt. Die Basis dafür bietet eine jährliche Umfrage über das persönliche Wohlbefinden, die Arbeitsbedingungen und die Führungskultur. Seit 2014 modelliert SAP mithilfe des BHCI, inwiefern sich die Veränderungen im BHCI auf das jährliche Geschäftsergebnis auswirken. Mit einem phänomenalen Ergebnis: Steigt der BHCI um nur 1%, steigert dies das Betriebsergebnis um 90 bis 100 Millionen Euro.[133] Dieser Business Case illustriert deutlich, wie sehr sich Investitionen in Gesundheit und Arbeitskultur lohnen. Generell ist SAP ein großer Vorreiter in Sachen Gesundheit. Es war eines der ersten Unternehmen in Deutschland, das auf niederschwellige Hilfe setzte und intern mentale Ersthelfende platzierte. Außerdem erkannte SAP schon 2012 das Potenzial von Achtsamkeit im Arbeitskontext. Bis heute haben über 14.000 Mitarbeitende ein 16-stündiges Trainingsprogramm zu Achtsamkeit durchlaufen und an über 50 Standorten sind mehr als 90 Mindfulness Ambassadors stationiert.[134] Diese Maßnahmen sind nicht aus Zufall entstanden – dahinter steht eine übergeordnete Strategie, die das Wohlbefinden der Mitarbeitenden in den Fokus rückt.

Eine effektive Strategie finden

Eine wirkungsvolle Gesundheitsstrategie braucht eine systematische Herangehensweise. Sie erfolgt grundsätzlich in vier Schritten:

1. Bedarfsanalyse
2. Ziele und Prioritäten festlegen
3. Interventionen ableiten, entwickeln und umsetzen
4. (Kontinuierliche) Erfolgskontrolle

Eine nachhaltige Strategie muss die spezifischen Bedürfnisse der Mitarbeitenden und der Organisation abdecken und flexibel sein, denn trotz bester strategischer Überlegungen können und werden unvorhergesehene Ereignisse eine Kursanpassung erfordern, wie es beispielsweise während der Covid-Pandemie der Fall war.

Es gibt keine One-size-fits-it-all Lösung, die sich über sämtliche Unternehmen stülpen lässt. Um der Individualität des jeweiligen Unternehmens gerecht zu werden, empfehle ich deshalb zunächst, eine SWOT-Analyse zu machen. SWOT steht für Stärken (Strengths), Schwächen (Weaknesses), Chancen (Opportunities) und Risiken (Threats). Eine SWOT-Analyse ermöglicht es, bisherige Initiativen zu reflektieren, Chancen zu erkennen und Verbesserungsbereiche zu identifizieren. Die Stärken und Schwächen konzentrieren sich dabei auf interne Faktoren aus dem Unternehmen, die Chancen und Risiken auf externe Einflüsse.

Zum Aufsetzen einer Gesundheitsstrategie können wir uns zunächst folgende Fragen für die vier Bereiche stellen[17], um anschließend mögliche Strategien abzuleiten.

Stärken (Strengths)

- Welche Initiativen und Angebote wurden in der Vergangenheit gut angenommen?
- Welche internen Stakeholder, Ressourcen und Infrastrukturen sind für unsere Gesundheitsstrategie abrufbar?
- Welche fachlichen Fähigkeiten und Expertisen liegen in unserem Unternehmen bereits vor?
- Wer im Management ist in Bezug auf die Förderung der Mitarbeitergesundheit bereits engagiert oder interessiert?
- Mit welchen Kommunikationskanälen erreichen wir unsere Mitarbeitenden bisher gut?
- Auf welche hochwertigen quantitativen Daten und qualitativen Erkenntnisse können wir bereits zurückgreifen?

---

17 In einer klassischen SWOT-Analyse beziehen sich Stärken und Schwächen auf unternehmensinterne Faktoren und Chancen und Risiken auf Faktoren außerhalb des Unternehmens. Die vorgestellten Beispielfragen für eine unternehmensinterne Gesundheitsstrategie beziehen bei den Chancen und Risiken auch einige interne Faktoren ein, um die Chancen und Risiken unter den Endnutzer:innen als »externe Faktoren« abzubilden.

- Gibt es bereits eine große Offenheit bezüglich des Themas in der Belegschaft?

Schwächen (Weaknesses)

- Welche bisherigen Angebote haben nicht den gewünschten Erfolg gebracht und warum?
- Welche Vorbehalte oder Widerstände könnten Mitarbeitende und das Management gegenüber einer neuen Gesundheitsstrategie haben?
- Welche finanziellen, zeitlichen und personellen Beschränkungen könnten die Umsetzung einer Gesundheitsstrategie behindern?
- Gibt es Informations- oder Wissenslücken im Bereich Gesundheit?
- Wie können wir sicherstellen, dass wir im Hinblick auf die Diversität unserer Belegschaft möglichst viele Bedürfnisse abdecken?

Chancen (Opportunities)

- Welche aktuellen Trends und Technologien können wir für uns nutzen?
- Wie können wir den Bedarf bestimmter Zielgruppen im Unternehmensverbund passgenau abdecken?
- Wie können wir mithilfe moderner Angebote Zugangslücken schließen?
- Wie können wir Synergien mit externen Partner:innen schaffen und nutzen?
- Gibt es Ressourcen in der Gesundheitsversorgung, zum Beispiel Krankenkassen, die wir an unser Unternehmen andocken können?
- Wo können wir auf externe Expertise zurückgreifen, um uns bei der Umsetzung zu unterstützen?
- Welche Stakeholder und welche Netzwerke können uns bei der Implementierung behilflich sein?
- Welche präventiven Maßnahmen könnten gesundheitsassoziierte Kosten in unserem Unternehmen senken?

- Wie können wir unsere Attraktivität als Arbeitgeber durch unsere Gesundheitsstrategie steigern?

Risiken (Threats)
- Wie könnten wirtschaftliche Veränderungen unsere Gesundheitsstrategie beeinflussen?
- Welche gesetzlichen Vorgaben könnten im Widerspruch zu unserer Strategie stehen?
- Wie können wir Datenschutzbestimmungen einhalten?
- Wir können wir sicherstellen, dass wir die eröffneten Initiativen auch langfristig verfolgen?
- Wir können wir dafür sorgen, dass Hilfegesuche auf die richtige Expertise treffen?
- Welche finanziellen Risiken gehen wir ein, wenn die Investitionen in unsere Gesundheitsstrategie nicht den erhofften Nutzen bringen?

Mögliche Strategien

Aus der SWOT-Analyse lassen sich vier Strategien ableiten. Welche davon für ein Unternehmen sinnvoll sind, muss im Einzelfall entschieden werden.

1. Stärken + Chancen (SO-Strategie). Die eigenen Stärken nutzen, um Gesundheit auf- oder auszubauen.

Ein Beispiel: Einer bereits sensibilisierten Belegschaft mithilfe moderner Technologien den Zugang zu Mental Health Angeboten ermöglichen.

2. Stärken + Risiken (ST-Strategie). Mit den organisationalen Stärken Risiken abmildern.

Ein Beispiel: Bestehende Infrastrukturen nutzen, um die psychologischen Auswirkungen einer angespannten wirtschaftlichen Lage abzufedern.

3. Schwächen + Chancen (WO-Strategie). Chancen nutzen, um Schwächen abzumildern.

Ein Beispiel: Externe Dienstleister:innen einbinden, um bestehende Wissenslücken zu schließen.

4. Schwächen + Risiken (WT-Strategie). Bestehende Risiken bei vorhandenen Schwächen vermeiden oder an Schwächen arbeiten.

Ein Beispiel: Vorbehalte von Entscheider:innen abbauen.

Mental Health goes global.

Nasrin Oskui, Global Head of Well-being bei Deutsche Bank

Babette Herzog, Well-being Specialist bei Deutsche Bank

Nasrin und Babette, ihr verfolgt bei der Deutschen Bank eine umfassende Well-being-Strategie. Welche Bausteine enthält eure Strategie und warum fokussiert ihr genau auf diese?

Nasrin: Für uns ist das Wohlbefinden unserer Mitarbeitenden eine strategische Notwendigkeit. Unser Ziel ist es, Wohlbefinden als Bestandteil unserer Unternehmenskultur weiter zu festigen. Dies muss sich in dem widerspiegeln, wie wir führen, wie wir managen und wie wir miteinander arbeiten. Um diesen Wandel herbeizuführen, haben wir zunächst Verhaltensänderungen angestoßen. Wir müssen aufklären, ausbilden und erklären, warum Wohlbefinden in der Arbeitswelt so wichtig ist – und so alle Stakeholder im Unternehmen abholen und es relevant für sie machen. Mitarbeitende müssen verstehen, dass es wichtig ist, um Hilfe zu bitten, wenn es ihnen nicht gut geht. Führungskräfte müssen einen sicheren Raum für Offenheit schaffen, aktiv zuhören und empathisch führen.

Das Thema wird regelmäßig in unterschiedlichen Formaten in unserem Unternehmen aufgegriffen, beispielsweise in unseren Townhalls, Vorträgen für Mitarbeitende und Führungskräftemeetings. Auch Zahlen spielen eine wichtige Rolle, da wir so nachvollziehen können, was bereits gut funktioniert und wo wir uns verbessern müssen. Zudem haben wir einen einfachen und transparenten Zugang zu Informationen geschaffen, indem wir unser sogenanntes »Well-being Hub« selbst zusammengestellt haben. Dort können Mitarbeitende mit einem Klick Informationen zu Unterstützungsangeboten, regionalen Benefits und unserem »Mental Health First Aider«-Netzwerk erhalten. Mittlerweile haben wir im Durchschnitt 140.000 Interaktionen pro Monat auf dem Hub. Zusätzlich haben wir ein »Manager Well-being Hub« speziell für Führungskräfte geschaffen, das Leitfäden, Einladungen zu Webinaren und Forschungsbeiträge enthält. Denn schließlich sind es unsere Führungskräfte, die beim Wandel vorangehen sollten.

Wie habt ihr ursprünglich angefangen und wie hat sich die Strategie im Laufe der Zeit entwickelt, oder sogar verändert?
Nasrin: Als ich die Rolle im Oktober 2021 angetreten bin, ist schon viel zum Thema Wohlbefinden in der Bank passiert – durch die Benefits-Teams, in den Geschäftsbereichen und Mitarbeitendennetzwerken. Aber es gab keinen strategischen Ansatz. Im ersten Schritt führte ich über 400 Interviews mit Mitarbeitenden, um zu verstehen, was gut läuft und wo wir uns verbessern müssen. Zwar lief schon ziemlich viel gut, doch Themen wie beispielsweise Stigmatisierung mentaler Gesundheit, Führungskräftekompetenz für das Thema Wohlbefinden, smartes Arbeiten und Transparenz zu unseren Angeboten benötigten einen größeren Fokus. Das war die Grundlage für unsere Well-being-Strategie.

Auch banden wir unser Senior Management aktiv ein – so ist beispielsweise einer unserer Vorstandsmitglieder globaler Sponsor des Themas Wohlbefinden. In jedem Führungsteam eines Bereichs haben wir einen sogenannten »Well-being-Champion« ernannt. Die Champions kommunizieren direkt innerhalb ihres Bereichs zum Thema Wohlbefinden. Damit sind die Botschaften besonders für den jeweiligen Bereich relevant. Wir sind sehr stolz auf dieses Modell. Als nächsten Schritt haben wir ein Entwicklungsprogramm für unsere Führungskräfte ausgearbeitet, in dem sie den direkten Zusammenhang zwischen dem eigenen Wohlbefinden, dem Wohlbefinden ihrer Teams und Leistung lernen. Bestandteil ist auch, wie Teams im hybriden Arbeitsmodell der Deutschen Bank geführt werden und wie eine positive Meetingkultur Stress aus dem Alltag nimmt. Wir organisieren auch regelmäßige Storytelling- und Kommunikationskampagnen mit Kolleg:innen, klären auf, laden Expert:innen ein und sprechen in zahlreichen Vorträgen über unsere Strategie und die Angebote der Bank – oft im erfolgreichen Tandem mit unseren Führungskräften.

Wie stellt ihr sicher, dass ihr global einerseits »aligned« seid, andererseits die individuellen Bedürfnisse der verschiedenen Standorte berücksichtigt?

Babette: Die globale Ausrichtung gelingt uns, indem wir alle Stakeholder einbinden und eng miteinander arbeiten. Wir arbeiten vor allem mit Führungskräften, Mitarbeitendennetzwerken und natürlich unseren Kolleg:innen vom Personalbereich zusammen – aus den unterschiedlichsten Regionen, Ländern, Geschäftsbereichen und Senioritätsstufen. Unsere strategischen Entscheidungen sind global ausgerichtet, die Umsetzung ist jedoch auf regionale oder auch bereichsweite Anforderungen abgestimmt. Im Mai 2024 haben wir beispielsweise eine Kampagne zur mentalen Gesundheit in China begleitet, was aufgrund des anderen kulturellen Hintergrunds besonders spannend war – diesen Faktor mussten wir auch bei der Ausgestaltung und im Wortlaut berücksichtigen. Die Offenheit dort war überwältigend. In Großbritannien besteht seit vielen Jahren ein sehr offener Umgang mit mentaler Gesundheit, auch in der Gesellschaft. Hier haben wir bereits im Jahr 2018 mit der Ausbildung von »Mental Health First Aiders« begonnen. Heute können wir uns auf spezifische Themen konzentrieren, die mentale Gesundheit beeinflussen können, zum Beispiel Trauer oder auch das Thema Wechseljahre. In Deutschland haben wir bereits zahlreiche Fortschritte gemacht. Immer mehr Kolleg:innen werden zu »Mental Health First Aiders« ausgebildet. Wir haben in diesem Jahr ein deutsches Neurodiversitätsnetzwerk gegründet und wir haben zudem die Unterstützung von deutschen Senior Leadern. Auch finden regelmäßige Besprechungen und Vorträge zu dem Thema statt.

Was ist ein entscheidender Erfolgsfaktor, um eure Strategie verfolgen zu können?
Babette: Unser entscheidender Erfolgsfaktor ist unser holistischer Ansatz. Well-being ist integraler Bestandteil unserer Unternehmenskultur. Wir fokussieren uns auf langfristige Themen wie Verhaltensänderung, die Einbindung aller Stakeholder, Aufklärung und Transparenz, anstelle uns nur auf Ad-hoc-Initiativen und präventive Maßnahmen zu konzentrieren. Diese haben zwar auch ihre Daseinsberechtigung, aber den wirklichen Wandel erreichen wir durch langfristige, strategische Entscheidungen. Es ist nicht einfach, aber es ist möglich und – das Wichtigste – es macht viel Spaß, den positiven Wandel zu begleiten und zu beobachten. Und wir alle wollen in einem positiven Arbeitsumfeld arbeiten, in dem wir so akzeptiert werden, wie wir sind, uns weiterentwickeln können und gefördert werden – auch wenn es uns mal nicht gut geht, denn: »It's okay not to be okay.«

Die passenden Inhalte finden

Um eine effektive Strategie mit Leben zu befüllen, müssen wir uns anschauen, welche Faktoren Mitarbeitenden und Unternehmen zu schaffen machen und wie wir ihnen entgegenwirken können. Im Vulnerabilitäts-Stress-Modell (▶ Kap. 1.3) haben wir gesehen, dass Belastungen vier unterschiedliche Formen haben können. Daraus lassen sich vier Ansatzpunkte ableiten, um mentale Gesundheit zu fördern und die Belastbarkeit zu erhöhen. Je nachdem, wo wir ansetzen, erzielen wir unterschiedliche Ergebnisse – alle mit dem Ziel, psychischen Belastungen vorzubeugen und eine Mental Health freundliche Arbeitskultur zu entwickeln. Beispielsweise hat ein Unternehmen mit hoher Grundbelastung weniger Spielraum für Stressoren, es sei denn, es erhöht seine Belastbarkeit. Auf der anderen Seite kann ein Unternehmen mit geringer Grundbelastung Stressoren weitaus besser abfedern, selbst wenn es nicht an der Belastbarkeit arbeitet. Diese unterschiedlichen Modellierungen sollten wir in unsere strategischen Überlegungen einbeziehen.

Grundbelastung reduzieren

Verhaltenspräventiv. Hier können wir dafür sorgen, dass Mitarbeitende dazu animiert werden, ungesunde Muster und Bewältigungsstrategien zu verändern und gesundheitskompetenter zu werden. Auch die Förderung eines guten Miteinanders und das Lösen chronischer Konflikte kann dazu beitragen, die Grundbelastung der Mitarbeitenden zu senken.

Verhältnispräventiv. Hier zielt eine Strategie darauf ab, Unterstützungssysteme zu etablieren, klare Ansprechpersonen, Guidelines und Policies zu haben, Flexibilität zu ermöglichen sowie Arbeitsplatzsicherheit herzustellen. Zudem trägt eine transparente Unternehmenskommunikation zur Nachvollziehbarkeit und Verlässlichkeit von Entscheidungen bei. Insgesamt sollten die Strukturen des Unternehmens so gestaltet sein, dass so wenig Ballast wie möglich vorhanden ist.

Alltagsstress verringern

Verhaltenspräventiv. Hier geht es darum, konkrete Stressoren im Alltag abzumildern. Wir können Mitarbeitende dazu befähigen, ihr Zeitmanagement zu verbessern, Aufgaben besser zu priorisieren und nahende Überlastung zu signalisieren.

Verhältnispräventiv. Die beste Vorsorge für Alltagsstress sind klare Zuständigkeiten, Planbarkeit, ein realistisches Workload Management sowie realistische Zielvorgaben. Ein vertrauensvolles Verhältnis zu Führungskräften unterstützt Mitarbeitende dabei, dass Stressoren sich nicht unnötig lang auftürmen, sondern frühzeitig mitgeteilt werden. Führungskräfte sorgen zum einen dafür, bei akutem Stress die richtigen Maßnahmen und Ressourcen zur Hand zu haben und zum anderen dafür, dass Mitarbeitende bewältigbare Aufgaben haben (zeitlich wie inhaltlich) Gerade bei psychischen Belastungen sollten Führungskräfte ihren Werkzeugkoffer im Sinne ihrer Mental Health Literacy gut beherrschen. Darüber hinaus können Unternehmen dafür sorgen, dass Stressoren wie ständige Unterbrechungen, fehlende Informationen oder kaputte Hard- und Software frühzeitig erkannt und behoben werden (► GB Psych, Kap. 9.3).

Belastbarkeit erhöhen

Verhaltenspräventiv. Hier sorgen wir dafür, dass Mitarbeitende ihre individuelle Belastbarkeitsgrenze erhöhen. Dafür helfen gesundheitsförderliche Maßnahmen wie ausreichend Schlaf, Pausen, regelmäßige Bewegung und Sport und ein positives soziales Miteinander.

Verhältnispräventiv. Die Belastbarkeit eines Unternehmens kann durch Aspekte wie Agilität, die Implementierung fortschrittlicher Technologien und finanzielle Sicherheit erhöht werden. Kulturell kann in eine positive und supportive Kultur investiert werden, um die organisationale Resilienz zu fördern. Alle verhältnispräventiven Maßnahmen zielen hier darauf ab, dass akute Stressoren nicht so schnell und nicht so stark einschlagen, weil das Unternehmen mit seinen Mitteln gut darauf eingehen kann.

Krisenkompetenz verbessern

Verhaltenspräventiv. Hier sollten Mitarbeitende dazu befähigt werden, in verschiedenen Krisenstufen die richtigen Anlaufstellen zu finden und zu nutzen.

Verhältnispräventiv. Unternehmen sollten unterschiedliche Krisenstufen differenzieren können (Störung, Notfall, Krise) und Strukturen bereithalten, um in den jeweiligen Stufen darauf zurückgreifen zu können und die richtigen Ressourcen zu finden. Führungskräfte und HR sollten im psychologischen Krisenmanagement mit Mitarbeitenden geschult sein.

Eine Gesundheitsstrategie muss uns nicht einschüchtern und ist stets individuell. Meine Überlegungen an dieser Stelle sind Orientierungspunkte, die helfen können, die ersten Puzzlestücke zu legen. Was ich betonen möchte, ist, dass eine Strategie immer verhaltens- *und* verhältnispräventive Elemente enthält. Die meisten Unternehmen haben bisher viel individuelle Gesundheitsförderung betrieben, aber die Arbeitsbedingungen ausgeklammert. Daher gilt es, vor allem die Strukturen gezielt anzugehen, damit Gesundheit langfristig fruchten kann. Auch aus der Forschung wissen wir, dass strukturelle Maßnahmen besonders wirksam sind und Einzelinitiativen vorgezogen werden sollten.[135] [136] Mitarbeitende von Beginn an mitzunehmen und die Elemente der Gesundheitsstrategie sichtbar zu machen, sollte ein zentraler Aspekt in der Unternehmenskommunikation sein. Eine transparente Strategie klärt darüber auf, welche Bereiche warum fokussiert werden. Sie schafft ein faires Angebot für alle und sorgt dafür, dass nach außen kommunizierte Bemühungen nach innen auch Bestand haben.

Reflexion

- Kennst du die Gesundheitsstrategie deines Unternehmens? Wenn nein, wo könntest du Informationen darüber finden?
- Welche Stärken deines Unternehmens kannst du in der SWOT-Analyse feststellen?
- Wo würdest du am ehesten ansetzen, wenn du heute starten würdest: Grundbelastung reduzieren, Stressoren abmildern, Belastbarkeit erhöhen oder Krisenkompetenz verbessern?

11 Wandel

Selbst wenn wir wissen, dass sich etwas ändern muss, heißt das noch lange nicht, dass wir es auch fühlen. Deshalb brauchen wir mehr mutige Menschen, die Wandel nicht nur verstanden, sondern ihn durchlebt haben und von ihrem Weg erzählen.

11.1 Das haben wir schon immer so gemacht!

Viele Unternehmen merken inzwischen, dass sie sich die Folgen von Ungesundheit nicht mehr leisten können. Sie leiden unter Absentismus, Präsentismus oder Fluktuation und wissen darum. Dennoch verharren sie auf ihrer Position. Das Spannungsfeld zwischen Handeln und Nichtstun ist deshalb sehr aufgeladen. Woran liegt das?

In der Psychotherapie gibt es einen Begriff dafür, warum wir trotz Leid in einem unangenehmen Zustand bleiben: »sekundärer Krankheitsgewinn«. Er beschreibt, dass psychische Erkrankungen oftmals mit unbewussten Vorteilen einhergehen. Beispielsweise kann eine Frau an einer Depression leiden und sich deshalb weniger um die Kinder kümmern, stattdessen übernimmt dies ihr Partner. Unbewusst kann ihr das Entlastung bringen, weil Kinderbetreuung sehr kräftezehrend sein kann. So hält ein unbewusster innerer Anteil sie in ihrer Depression, obwohl sie eigentlich unter der Erkrankung leidet. Würde sie vollständig genesen, müsste sie auch wieder Verantwortung übernehmen – nur fühlt sie sich damit überfordert. Damit hat die Depression für sie einen »sekundären Nutzen«: Sie muss sich nicht mit unangenehmen Aufgaben, Konflikten etc. konfrontieren, weil dies durch ihr Umfeld übernommen wird. Das kann dazu führen, dass sie zwar einerseits ihre

Depression bewältigen möchte, weil sie unter ihr leidet, aber durch den sekundären Gewinn nur wenig Veränderungsbereitschaft hat. Diese unbewusste Motivation lässt uns oft in unangenehmen Zuständen verharren und ist ein sehr kraftvoller Treiber, den wir auch in der Arbeitswelt vorfinden. Statt anzuerkennen, dass wir unter dem Status quo leiden und daran etwas ändern müssen, ziehen wir unbewusst etwas Positives daraus, weiterzumachen wie bisher. Uns locken kurzfristige Gewinne und alt eingeschliffene, bequeme Muster, deren Veränderung einen hohen Aufwand bedeuten würden.

Statt am System zu arbeiten, lassen viele Unternehmen die Mitarbeitenden weiter glauben, dass sie sich einfach noch ein bisschen mehr anstrengen und resilienter werden müssen. Dabei sollten wir eigentlich ungeschminkt in den Spiegel schauen und uns fragen: Wo tragen wir durch unsere unbewussten Motive zu Ungesundheit bei? Wo profitieren wir von den zusätzlichen Anstrengungen unserer Belegschaft? Wo könnten Veränderungen uns möglicherweise überfordern, weshalb wir gar nicht erst anfangen wollen? Deshalb ist es so wichtig, mentale Gesundheit über bloße Schönheitskorrekturen hinaus strategisch und unverrückbar in Unternehmen zu verankern.

Um unbewusste Kräfte wie den sekundären Nutzen zu überwinden, helfen drei Dinge:

– **Bewusstsein entwickeln.** Zunächst einmal müssen wir Unbewusstes ins Bewusstsein holen. Je häufiger wir mit dem Thema mentale Gesundheit konfrontiert sind, desto eher rückt es auf unser Aufmerksamkeitsradar. Wenn wir in Unternehmenskennzahlen zum Beispiel Veränderungen bemerken, Menschen in der Belegschaft offener werden oder die mediale Präsenz wächst, trägt das alles zur Bewusstseinsbildung bei. In Kapitel 2.3 hatte ich Bewusstseinsbildung innerhalb des Kompetenzmodells bereits ausführlicher besprochen.
– **Alternative Wege finden.** Im Zentrum jedes Unternehmens steht die Frage nach Wirtschaftlichkeit. Wir müssen also Möglichkeiten

finden, durch andere Wege ähnliche wirtschaftliche Ziele zu erreichen. Das ist möglich – einige Erfolgsbeispiele habe ich in Kapitel 10.3 genannt.

- **Positive Erfahrungen sammeln.** Viele Unternehmen haben die Sorge, dass sie Verluste schreiben, wenn sie sich auf die Stärkung mentaler Gesundheit konzentrieren. Es ist inzwischen jedoch gut belegt, dass Investitionen in Gesundheit einen stattlichen Return on Invest liefern (▶ Kap. 4.1). Wer nicht sofort eine vollumfängliche Gesundheitsstrategie aufsetzen möchte, dem empfehle ich, ähnlich wie bei internen Innovationsprogrammen, kleine Inkubatoren innerhalb des Unternehmens zu schaffen – zum Beispiel in einem Team oder einer Abteilung –, in denen kulturelle Maßnahmen oder Angebote im Arbeitsalltag im kleinen Rahmen erprobt werden. So können erste Erfahrungen gesammelt werden, bevor Initiativen großflächig ausgerollt werden. Wenn es bei der Erprobung alternativer Arbeitsweisen negative Erfahrungen geben sollte, muss am Ansatz geschraubt oder noch kleiner begonnen werden.

Gefühlter statt gedachter Wandel

Genau wie Unternehmen an vielen Stellen spüren, dass sich etwas ändern muss, finden wir auch in persönlichen Geschichten Momente, in denen Menschen realisieren, dass es so nicht weitergehen kann. Sie merken, dass alte Muster und Bewältigungsstrategien sie bis zu einem Punkt zuverlässig getragen haben, aber dieser Boden langsam Löcher bekommt. War eine Person beispielsweise über lange Zeit sehr fleißig, hoch ambitioniert und diszipliniert, merkt sie irgendwann, dass diese Eigenschaften sie zwar sehr weit gebracht, aber einen gesundheitlichen (und häufig auch sozialen) Preis haben. Das Tückische ist, dass wir uns in der Vergangenheit so sehr auf diese Strategien und Muster verlassen konnten, dass wir sehr überrascht sind, wenn es *wirklich* nicht mehr geht.

Zwischen Mustern und Veränderung.

Mona Ghazi, Seriengründerin, Gründerin des Neuropreneur Institute

Mona, du hast einen Burn-out erlebt. In welcher Phase deiner Karriere standest du da?

Ich war 20 Jahre alt, hatte gerade meinen zweiten Bachelor abgeschlossen und etwa ein Jahr davor zusammen mit meinem Mitgründer Optimo gegründet. Ich war Vollzeit mit dem Unternehmen beschäftigt und wir hatten ein erfolgreiches sechsstelliges Funding eingesammelt, die ersten Kunden und ein Team mit zehn Mitarbeitenden. Ich musste viele Entscheidungen fällen, es war unklar, welche Richtung wir mit der Firma einschlagen und wie wir am besten skalieren könnten. Dazu hatten ich und mein Mitgründer unterschiedliche Meinungen, was die Zukunft der Firma betraf. Da haben die ersten Symptome angefangen.

Welche Anzeichen hast du rückblickend schon lange gehabt, aber ignoriert?

Ich war damals viel unterwegs und habe wann immer ich konnte jede freie Minute geschlafen. Oft habe ich wegen Kleinigkeiten geweint und es fiel mir schwer, Entscheidungen zu treffen. Irgendwann kamen negative Gedankenzyklen dazu. Ich habe mir innere Vorwürfe gemacht und mich als Versagerin gefühlt.

Dein Umfeld hat dir gespiegelt, dass du sehr überlastet scheinst. Wie hast du darauf reagiert?

Vertraute Menschen um mich herum haben mir signalisiert, dass ich anders war. Zum Beispiel hat mir meine damalige Lebenspartnerin gespiegelt, dass es nicht normal sei, dass ich so viel schlafe. Ich bin irgendwann zu unterschiedlichen Ärzten gegangen und mir wurde gesagt, dass ich zwei Monate Pause machen soll. Aber ich hatte mich von ihnen nicht darin verstanden gefühlt, was Unternehmertum bedeutet. Deswegen habe ich diesen Rat erst einmal ignoriert. Irgendwann war mein bester Freund zu Besuch. Wir standen am Supermarkt an der Kasse und ich hatte mich vorgedrängelt, was eigentlich überhaupt nicht meine Art ist, weil mir Höflichkeit sehr wichtig ist. In dieser Situation hat er mich darauf aufmerksam gemacht, dass ich meine Werte völlig über Bord geworfen habe. Er meinte, dass ich dringend professionelle Hilfe suchen sollte, aber ich dachte weiterhin, ich brauche das nicht. Es fiel mir extrem schwer, mir einzugestehen, dass ich wirklich überlastet bin.

Was war der Tipping Point, an dem nichts mehr ging?
Ich kam von einer Geschäftsreise zurück und hatte den ganzen Flug über geweint. Ich hatte erkannt, dass meine Freundin und ich uns trennen müssen, ich mich auch von meinem Mitgründer trennen muss und dass alles zu viel ist. Danach hatte ich wegen des Jetlags Schlafmangel und extrem depressive Verstimmungen. Kurz danach habe ich einen ganzen Tag lang gezittert, hatte eine Panikattacke und bin zu meiner Ärztin gegangen.

Was war das Beste, das du in der Situation getan hast?
Ich hatte mit einem Berater meiner Krankenkasse telefoniert, der mir riet, zwei Monate in eine Klinik zu gehen. Ich war dann zunächst eine Weile bei meinen Eltern, habe mich dort etwas emotional stabilisiert und die Trennung von meiner Partnerin und meinem Mitgründer vollzogen und alle Kündigungen ausgesprochen, die leider wegen der Firmensituation nötig waren. Es war zwar nicht wegen der Leistung der Mitarbeitenden, aber trotzdem sehr schwer, ich hatte einfach nicht genug

emotionale Skills dafür. Es war dennoch sehr wichtig für mich, das alles abzuschließen und einen Plan zu erstellen, wie das Unternehmen ohne mich weitermachen kann. Ich habe dann mit der Klinik gesprochen und wurde einen Tag später aufgenommen.

Wie hast du deinen Burn-out an dein Team kommuniziert und wie hat es reagiert?
Mein Team hatte das Ganze ja von Anfang an mitbekommen, zum Beispiel als ich deutlich impulsiver Entscheidungen getroffen habe. Sie waren alle völlig okay damit, dass ich mir Zeit für Abstand und meine Genesung nehmen wollte. Ich hatte mich auch an unsere wichtigsten Kunden und Investoren gewendet und für alle war das total verständlich.

Was hat dir geholfen, dich von deinem Burn-out zu erholen?
Die Zeit in der Klinik hat mir viel Abstand ermöglicht, das war sehr gut. Außerdem war es wichtig für mich, vorher alle großen Entscheidungen durchzuziehen, damit ich dort Ruhe finden konnte. Ich hatte mein Team gebeten, mich zwei Monate nicht zu kontaktieren und das hat gut funktioniert. Der Abstand zu Berlin und der Start-up-Szene hat mir gutgetan und es war hilfreich, in der Klinik zu lernen, einfach mal nichts zu tun. Nach dem Aufenthalt habe ich aktiv nach Therapeuten gesucht und bin auf die Hypnotherapie gekommen, die mir super geholfen hat, alles aus dem Unterbewusstsein aufzuarbeiten.

Geschichten wie die von Mona, aber auch alle anderen Erzählungen in diesem Buch, zeigen, dass wir oft gute Gründe haben, an unseren Mustern festzuhalten – es aber auch Signale gibt, die von uns ein Einlenken erfordern. Wir brauchen diese Geschichten, weil wir sie nachfühlen können. Die Notwendigkeit, etwas zu verändern, begreifen wir vor allem emotional, nicht kognitiv. Selbst wenn wir *wissen*, dass sich etwas ändern muss, heißt das noch lange nicht, dass wir es auch *fühlen*. Deshalb brauchen wir mehr mutige Menschen, die Wandel nicht nur verstanden, sondern ihn durchlebt haben und von ihrem Weg erzählen. All diese persönlichen Erfahrungsschätze tragen in ihrer Summe dazu bei, dass wir umlenken und aus »Das haben wir aber schon immer so gemacht!« ein »Und genau deshalb muss es jetzt anders werden« wird.

Reflexion

- Welchen sekundären Gewinn zieht dein Unternehmen daraus, dass es so weitermacht wie bisher?
- Hast du selbst auch einen sekundären Gewinn, der dich in alten Mustern hält?
- Welche alte Bewältigungsstrategie würdest du gern loswerden, um gesünder zu arbeiten?

11.2 Autsch! – wenn Veränderung wehtut

Quick fixes für long problems?!

Wenn etwas nicht stimmt, wollen wir oft schnelle Abhilfe. Die Pille bei Kopfschmerzen, die Atemtechnik bei Nervosität oder der Anti-Stress-Massageball für den Nacken. Hauptsache es geht weg, und zwar schnell. Das Internet ist voll mit SOS-Tipps, die allerdings kaum berücksichtigen, dass wir lang geformte Verhaltensmuster, Glaubenssätze und Normen verinnerlicht haben. So verhält es sich auch mit unserer Arbeit und mentaler Gesundheit: Wir versuchen, schnelle Initiativen umzusetzen und wundern uns dann, warum wir einige Zeit später mit denselben Problemen konfrontiert sind. Das ist so, wie wenn wir ein Pflaster auf eine bröckelige Hauswand kleben würden.

Eine gesunde Arbeitskultur zu entwickeln, braucht Geduld. Das ist wie bei einer Pflanze, die mal durch viel Sonne und Wasser, mal eher im Schatten und mit wenig Flüssigkeit wächst. Jede hat ihr eigenes Tempo und braucht ihre eigenen Bedingungen. Ähnlich ist es in Unternehmen: Jedes Unternehmen, jeder Veränderungsprozess bringt andere Voraussetzungen mit und hat ein eigenes Tempo. Was jedoch immer gleich ist: Wir müssen die Menschen in ihnen gut verstehen, um Veränderungsprozesse erfolgreich zu durchlaufen.

Was braucht es, um Veränderungsprozesse menschlich zu gestalten?

Swantje Allmers, Gründerin und CEO New Work Masterskills

Während früher alle paar Jahre mal ein Change-Projekt im Unternehmen durchgeführt wurde, sind Veränderungen heute eher Standard. Das ändert allerdings nichts daran, dass dies für viele Menschen herausfordernd ist. Denn unsere Psyche liebt Stabilität und Routinen. Veränderungen lösen hingegen Unsicherheit aus, welche vom Gehirn gern in Worst-Case-Szenarien übersetzt werden. Wie sehr uns Veränderungsprozesse beeinflussen, hängt von unseren persönlichen Präferenzen, Vorerfahrungen und unserer Resilienz ab. Aber auch davon, wie gut wir informiert sind und welche Einflussmöglichkeiten wir haben. Das sind zwei wesentliche Faktoren, an denen man ansetzen kann.

Kommunikation. Regelmäßige, transparente und authentische Kommunikation ist am wirkungsvollsten, um möglichst wenig Unsicherheit entstehen zu lassen beziehungsweise diese zu nehmen. Die wichtigsten Fragen sind: Warum ist die Veränderung wichtig? Welcher Nutzen entsteht dabei? Was passiert konkret? Wie läuft der Prozess ab? Welche Auswirkungen sind zu erwarten? Dabei geht es nicht nur darum, Botschaften zu senden, sondern auch herauszufinden, was die Menschen beschäftigt und ein offenes Ohr für Ängste, Sorgen und Kritik zu haben.

Mitgestaltung. Je größer unser Einfluss auf eine Situation ist, desto weniger empfinden wir diese als Bedrohung. Deshalb sollte man denjenigen, die im Veränderungsprozess mitwirken möchten, auch die Möglichkeit dazu geben. Das kann beispielsweise über das Einbringen von Ideen stattfinden, die aktive Mitarbeit an Projekten oder die Teilnahme an Sounding Boards, um im Prozess Feedback zu geben.

Letztlich ist es immer auch eine Frage der Unternehmenskultur. Haben die Mitarbeitenden Vertrauen, dass man sie wertschätzt, in guter Absicht handelt und hält, was man verspricht, fällt die Akzeptanz von Veränderungen deutlich leichter, als wenn gegenteilige Erfahrungen gesammelt wurden.

Veränderung bedeutet für viele Menschen Stress. Das hat drei Gründe, die wir unterschiedlich managen können:

1. Menschen lieben Sicherheit. Zwar tragen wir eine grundlegende Neugier für Neues in uns, aber in erster Linie wollen wir Sicherheit und Stabilität. Wie können wir also den Seiltanz zwischen unsicheren Zeiten und großem Sicherheitsbedürfnis meistern? Indem wir uns auf alles konzentrieren, was Verlässlichkeit bietet. Sei es, dass wir gewisse Teamrituale beibehalten oder unsere Beziehungen untereinander festigen. Unser Sicherheitskonto liebt Planbarkeit und Routinen, weil sie Stabilität schaffen.

2. Menschen wollen Energien sparen. Veränderungen bedeuten für unser Gehirn mehr Aufwand, mehr Denken, mehr Sorgen, mehr Ängste. Das kostet Energie, was Körper und Geist nicht mögen. Deshalb fallen wir in angespannten Situationen auf uralte Muster zurück, weil sie im Vergleich zu neueren weniger Energie benötigen. Deshalb sollten wir in Veränderungsprozessen immer schauen, wie wir Energie sparen können, etwa indem wir stark priorisieren, feste Routinen einbauen und für stetiges Wiederaufladen unserer Batterien sorgen.

3. Menschen wollen verstehen. In großen Veränderungsmomenten stellen wir uns oft die Warum-Frage: Warum wird das so gemacht und nicht anders? Warum ist es so gelaufen und nicht anders? Eine urmenschliche Eigenschaft ist das Bedürfnis nach »Cognitive Closure«, was so viel bedeutet wie inneres Verstehen und Abschließen.

Wenn wir Antworten auf die vielen Warum-Fragen bekommen, hilft uns das, Situationen nachzuvollziehen und Frieden mit ihnen zu finden. Auch in Unternehmen gibt es diesen Mechanismus, denn Mitarbeitende wollen bei Entscheidungen und Kurswechseln die Gründe dahinter verstehen. Das hilft, um die Situation psychisch einzuordnen. Deshalb sollten wir für reichlich Transparenz und Kontext sorgen, wenn wir Entscheidungen kommunizieren. Wichtig dabei ist, dass kommunizierte Gründe Hand und Fuß haben und nicht fadenscheinig sind, denn Letzteres ist nicht nützlich, sondern schädlich.

Anfangen – und weitermachen

Die strategischen Meilensteine sind gesetzt, die ersten Initiativen gelauncht und das HR-Team ist hoch motiviert, dass Gesundheit ab jetzt Alltag ist – und dann kommt die Belegschaft ins Spiel, die genauso weitermacht wie bisher. Es ist keine Seltenheit, dass sich Veränderungen für die Initiator:innen notwendig und richtig anfühlen, es aber für die Menschen, die sie mit den Veränderungen erreichen wollen, fraglich oder sogar lästig sein kann.

Das Diffusionsmodell von Rogers[137] geht auf die Implementierung von Innovationen zurück und zeigt sehr treffend, wie neue Ideen, Produkte oder Innovationen innerhalb einer Gruppe übernommen und verbreitet werden. Das Modell unterteilt verschiedene Subgruppen und ihre Übernahmebereitschaft entlang der Zeitachse und illustriert, welche Schlüsselphasen eine neue Idee oder ein Produkt durchläuft. Wenn wir in einem Unternehmen Kulturwandel anschieben und eine neue Gesundheitsstrategie mitsamt ihrer konkreten Elemente und Angebote launchen, durchlaufen wir diese Phasen ebenfalls.

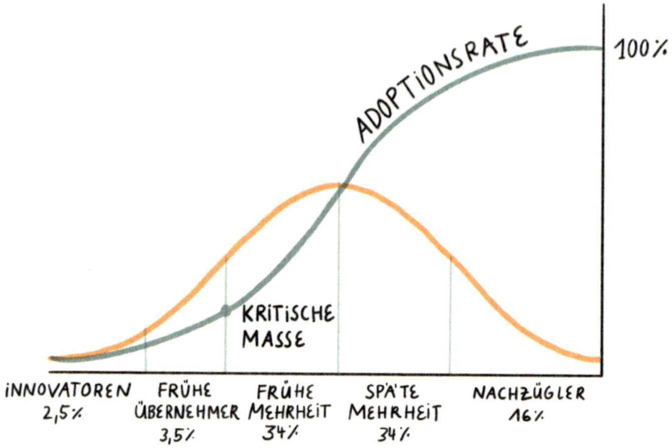

Nach Rogers, 2003[138]

- **Innovator:innen** sind risikofreudiger und experimentierfreudiger als andere. Sie lassen sich durch neue Ansätze begeistern und sind häufig die ersten, die neue Angebote ausprobieren, sich freiwillig als MHFA melden oder kulturelle Neuerungen annehmen. Dadurch fördern sie verschiedene Strategieelemente schon früh.
- **Frühe Übernehmer:innen** beobachten die Innovator:innen und folgen ihnen zeitnah, da sie häufig als Meinungsführende gelten und gut vernetzt sind. Sie erkennen das Potenzial des Kulturwandels oder bringen eigene Beweggründe mit, warum sie die Gesundheitsstrategie unterstützen. Sie helfen bei der Verbreitung, weil sie Kolleg:innen von bestimmten Angeboten erzählen oder als Vorbilder fungieren.
- Die **frühe Mehrheit** ist vorsichtig optimistisch und wartet, bis die ersten positiven Ergebnisse sicht- und spürbar sind. Sie nehmen Kulturveränderungen an, sobald sie sicher sind, dass diese sich in ihren ersten Zügen bewährt haben und tragen dann erheblich zur breiten Akzeptanz innerhalb der Belegschaft bei.
- Die **späte Mehrheit** ist oft skeptisch und schenkt kulturellen Veränderungen erst dann Glauben, wenn sie von den meisten

anderen Kolleg:innen bereits gelebt werden. Ihr Commitment kommt häufig erst zustande, wenn sozialer Druck besteht oder es entscheidende Vorteile für sie gibt.

– **Nachzügler:innen** hegen Veränderungen gegenüber häufig einen Widerstand. Sie akzeptieren Kulturveränderungen nur widerwillig und erst dann, wenn es keine Alternativen mehr gibt oder Druck von oben kommt.

Damit eine Strategie erfolgreich implementiert werden kann und dadurch Kulturwandel geschieht, müssen wir zu Beginn die Innovator:innen und frühen Übernehmer:innen in der Belegschaft finden. Wenn wir diese zwei Gruppen gewinnen, haben wir die entscheidende kritische Masse erreicht, damit der Wandel gelingen kann. Das beste Gesundheitsmanagement kommt nur halb so weit, wenn es keine wirksamen Multiplikator:innen hat. Deshalb sollten wir in der Implementierungsphase unbedingt systematisch prüfen, welche Schlüsselpersonen dafür sorgen können, dass die sorgfältig konzipierte Strategie in der Belegschaft – buchstäblich – ankommen kann. Multiplikator:innen haben deshalb neben ihrer inhaltlichen Relevanz auch eine zentrale strategische Rolle (► Kap. 9.2). Dazu gibt es einen sehr wirksamen Zeitpunkt, um Veränderungen zu unterstützen, noch bevor sie überhaupt losgehen: das Recruiting. Menschen, deren Werte im Einklang mit den Unternehmenswerten stehen, reagieren positiver auf Veränderungen als solche, bei denen das nicht der Fall ist.[139] Wenn wir also bereits im Einstellungsprozess auf passende Werte von Kandidat:innen achten, haben wir deutlich bessere Chancen, für anstehende Change-Prozesse gewappnet zu sein. »Prävention« gibt es also auch hier!

Gerade die Anfangsphase von Veränderungsprozessen kann unglaublich zäh sein. Aber nur weil Mitarbeitende nicht sofort auf ein Angebot aufspringen, es noch keine positive Entwicklung in der Mitarbeitendenzufriedenheit gibt oder die Menschen nicht sofort mit ihren Anliegen auf Ersthelfende zurennen, heißt das nicht, sie würden alles kategorisch ablehnen. Jeder Kulturwandel ist anders und es braucht

Menschen, die empathisch und mit viel Ausdauer an die Sache herangehen. Veränderungen brauchen Zeit, Geduld und Vertrauen und beginnen oft im Stillen, indem wir anderen erst einmal zuschauen.

Wenn es zäh wird: Was hilft, den Mut für Kulturwandel nicht zu verlieren?

Dr. Sevda Helpap, CEO Baumgartner & CO Business Consultants

Hoch motiviert, die Themen sortiert, die Ziele definiert, die Arbeitsgruppen zusammengestellt – und dennoch kommt es wieder ins Stocken. Jede Art der Transformation ist ein umfangreiches Vorhaben in Organisationen. Der Kulturwandel jedoch ist die Königsdisziplin. Der Anspruch ist nichts Geringeres, als das kollektive Verhalten, Werte und Glaubenssätze zu verändern. Dafür braucht es durchaus mehr als ein gut sortiertes Kanban Board. Mit diesen vier Tricks bleibt ihr am Ball und der Kulturwandel zeigt seine Wirksamkeit:

- **Prozess statt Projekt.** Legt und kommuniziert den Kulturwandel nicht als ein Projekt an, sondern denkt es von Anfang an als einen langfristigen Prozess der Organisationsentwicklung. Mit dieser Einstellung könnt ihr Erwartungen entsprechend managen. Von heute auf morgen wird sich nichts verändern – aber eine stetige Organisationsentwicklung, die im Kern den Kulturwandel beinhaltet, wird sich als Kompetenz in der Organisation manifestieren.
- **Startet mit den ersten 5 %.** Wir überschätzen, wie viele aktive Teilnehmende wir für einen Kulturwandel brauchen. Vor allem am Anfang ist es wichtig, erste Motivierte für Initiativen und Formate zu begeistern. Statt alle mitnehmen

zu wollen, setzt den Fokus auf die Frontrunner, die Lust haben, etwas zu bewegen und sich für die Themen begeistern können. Sammelt mit diesen ersten 5 % Erfahrung, startet Experimente und erste Piloten. Wenn eure Initiativen fruchten, werdet ihr schnell weitere Anhänger:innen finden.
- **Zielt auf kleine Veränderungen.** Wir machen oft den Fehler, direkt die großen Themen anpacken zu wollen. Das kann jedoch auch bedeuten, dass wir ein großes Commitment vom Management brauchen und gleichzeitig viel in Bewegung setzen müssen. Kulturwandel zeigt sich jedoch schon im Kleinen, zum Beispiel durch die Änderung von Meetingzeiten, das Einführen von Rollen oder räumliche Veränderungen. Haltet Ausschau nach (vermeintlich) kleinen, aber effektiven Maßnahmen. Viele dieser kleinen Maßnahmen zeigen in kurzer Zeit einen deutlichen Effekt.
- **Sucht euch Netzwerke.** Vernetzt euch außerhalb eurer Organisation mit Gleichgesinnten. Soziale Medien, Konferenzen und Communities of Practices bieten eine tolle Chance, sich zu vernetzen und in den Austausch zu treten. Das macht nicht nur Mut, sondern gibt konkrete Ideen und erprobte Best Practices – und es macht Spaß.

Bei Risiken und Nebenwirkungen lesen Sie diesen Absatz

Wenn Unternehmen sich zunehmend mit mentaler Gesundheit beschäftigen, kommt dabei nicht nur Gutes raus. Es kann Begleiterscheinungen unter Mitarbeitenden, Führungskräften und im Unternehmen geben, die trotz guter Absichten schaden können. Dazu gehören beispielsweise:

- **Heikles Halbwissen.** Viele haben plötzlich Mental Health Tipps, die vorschnell als One-size-fits-it-all Lösung vorgeschlagen werden, aber nicht immer im richtigen Kontext stehen (»Hast du schon mal Meditation probiert?«). Das führt dazu, dass sich Betroffene noch mehr zurückziehen, weil sie sich nicht verstanden fühlen.

- **Nerviges Thema.** Gerade Führungskräfte können das Thema anstrengend finden, wenn es auf eine ohnehin schon volle To-do-Liste obendrauf kommt, ohne dass ihnen Zeit und die nötigen Kompetenzen an die Hand gegeben werden. So wird das Ganze zu einer lästigen Aufgabe mit leeren Worthülsen statt eines aufrichtig gelebten Wertes. Wer Kulturwandel möchte, muss ihm auch Ressourcen einräumen.
- **Fragezeichen Vertraulichkeit.** Wenn das Thema im Unternehmen noch sehr jung ist, können Zweifel über die Vertraulichkeit von Hilfsangeboten bestehen. Oder es kursieren Negativbeispiele aus der Vergangenheit. Deshalb sollte man Bedenken präventiv adressieren und Multiplikator:innen finden, die das Vertrauen in die Angebote und die soziale Akzeptanz stärken.
- **Aufkeimende Konflikte.** Mentale Gesundheit kann zu Spannungen im Team oder mit Führungskräften führen, gerade wenn jemand wiederholt krankgeschrieben ist und Ressourcen umverteilt werden müssen. Damit kein Blame Game entsteht und wir in alte Stigmatisierungen zurückfallen, muss von vornherein ein transparentes Erwartungsmanagement im Team betrieben werden (► Kapitel 6.1).
- **Zu schnell zu viel wollen.** »Ab heute hat mentale Gesundheit bei uns Prio!« klingt mehr wie ein Befehl als wie eine wohlwollende Einladung. Veränderungen lassen sich nicht von jetzt auf gleich erzwingen, aber wir können dafür sorgen, dass wir gute Rahmenbedingungen für sie schaffen. Etwa durch eine transparente Strategie, die Bereitstellung von zeitlichen Ressourcen, starke Fürsprecher:innen, enge Feedbackschleifen und realistisch-optimistische Erfolgskennzahlen.

Diese Risiken und Nebenwirkungen sind normal. Aus ihnen sprechen alte Muster, mit denen wir Gesundheit lange mit aller Kraft aus der Arbeit ausgeklammert haben. Teamkonflikte oder Bedenken hinsichtlich Vertraulichkeit sind das Resultat jahrzehntelanger Stigmatisierung und eines Leistungskonzepts, das auf Angst basiert. Diese Herausforderungen lassen sich aber lösen und wir können ihnen sogar vorbeugen. Sie sollten uns also nicht demotivieren, weil sie ein inhärenter Teil von Veränderung sind. Eine ärztliche Kollegin von mir sagte immer: »Wo eine Wirkung, da auch eine Nebenwirkung.« Wenn wir also Begleiterscheinungen bemerken, ist das ein Hinweis darauf, dass wir mitten im Kulturwandel stecken. Und genau das wollen wir erreichen.

Reflexion

- Was brauchst du besonders von deinem Umfeld, wenn du mit vielen Unsicherheiten konfrontiert bist? Was hilft dir in diesen Phasen?
- Welcher Adopter-Typ bist du? Übernimmst du Neues eher früh oder etwas später?
- Hast du schon einmal »Nebenwirkungen« von Mental Health Initiativen bemerkt? Wenn ja, welche waren das?

11.3 New Work & Transformation

Alles ist ständig im Wandel. Unsere Welt, unsere Arbeit, unsere Gedanken, unser Körper. Transformation findet im Grunde jeden Tag statt. Nur manchmal sind wir mit Change-Prozessen konfrontiert, die mehr von uns verlangen.

Wenn wir endlich gesünder arbeiten wollen, wird das große Veränderungen mit sich bringen. Die Art und Weise, wie wir arbeiten, muss sich grundlegend wandeln – hin zu einem Konzept, das nicht nur Wirtschaftlichkeit, sondern auch den Menschen in den Mittelpunkt stellt. Der New Work Ansatz berücksichtigt dies und bildet damit einen Gegenentwurf zur Lohnarbeit, wie wir sie lange Zeit kannten. New Work schenkt menschlichen Bedürfnissen wie Selbstbestimmung, Autonomie und Sinnstiftung einen Raum. Die Grundidee dahinter ist, dass Menschen durch diese Elemente ihre Arbeit »wirklich, wirklich wollen«, so Frithjof Bergmann, der Begründer von New Work. Die meisten Menschen verstehen das Konzept als psychologisches Empowerment: »New Work sind verschiedene Maßnahmen, die die Zielsetzung haben, das psychologische Empowerment der Mitarbeitenden zu steigern; das heißt, das Erleben von Sinnhaftigkeit, Selbstbestimmung, Einfluss und Kompetenz am Arbeitsplatz.«[140] Damit schafft New Work wichtige Rahmenbedingungen, in denen Gesundheit möglicher wird.

Denn wer selbstbestimmt arbeitet, wird weniger Gesundheitsbeschwerden entwickeln.[141]

Dieses Verständnis zeigt uns auf, wofür wir am Arbeitsplatz Sorge tragen müssen. Es gibt nützliche Hinweise, wie Transformationsprozesse gelingen können. Wenn Menschen durch große Veränderungen gehen, möchten sie das Gefühl von Selbstbestimmung und Sinnhaftigkeit erleben, um die Veränderung vertreten zu können. Sie wollen einen emotionalen Bezug zu ihrer Arbeit und sie brauchen das Gefühl, weiter handlungsfähig zu sein. Diese Aspekte tragen dazu bei, mit der Komplexität und Volatilität der Umwelt besser umzugehen. Jeder Transformationsprozess benötigt dieses psychologische Empowerment, denn nur so bekommen wir das emotionale Buy-in der Belegschaft. Dieses ist wichtig, damit Mitarbeitende das Transformationsvorhaben nicht nur begreifen, sondern es emotional annehmen.

Viele Unternehmen fallen in Krisenzeiten auf autoritäre, hierarchiegeprägte Führung zurück, weil sie glauben, es brauche »eine starke Person«, die das Zepter in die Hand nimmt und den Weg weist. Tatsächlich ist das kontraproduktiv, denn autoritäre Führung bewirkt, dass Mitarbeitende weniger selbstbestimmt handeln können und sich ausgelieferter fühlen. Selbstwirksamkeit und das Gefühl, Einfluss nehmen zu können, sind Kernmerkmale von Resilienz. Wer also in unsicheren Zeiten auf Autorität setzt, beschneidet sich selbst. Deshalb können uns New Work Ansätze gerade bei großen Veränderungen und komplexen Sachlagen besonders schützen und stützen.

Was macht einen Transformationsprozess aus, der gelingt?

Marina Ziblis, Change Managerin PwC Deutschland, Keynote Speaker, LinkedIn Top Voice

Studien haben gezeigt, dass Mitarbeitende im Wandel häufiger stressbedingte Beschwerden haben. In Großbritannien waren »Veränderungen am Arbeitsplatz« von 2013 bis 2015 die dritthäufigste Ursache für psychische Gesundheitsprobleme am Arbeitsplatz.[142] Eine umfassende Change-Management-Strategie ist aus meiner Sicht also die Basis, um Mental Health Belastungen vorzubeugen. Aus meiner Beratungspraxis weiß ich: Bestimmte Erfolgsfaktoren sind entscheidend, damit eine Transformation nachhaltig erfolgreich sein kann – unabhängig davon, welche Veränderung man umsetzen möchte.

Brücken bauen: Kommunikation als Eckpfeiler des Wandels
Veränderungskommunikation sollte von Anfang an in alle relevanten Stakeholdergruppen integriert werden. Unternehmen und insbesondere Führungskräfte müssen verstehen, dass sie die Veränderung aktiv vorantreiben müssen, auch wenn externe Berater:innen hinzugezogen werden. Ein essenzieller Bestandteil der Change-Kommunikation liegt also darin, die Bedeutung des Wandels in Form einer glasklaren Vision und Mission zu vermitteln und den Mitarbeitenden deutlich zu zeigen, welche Vorteile mit der Veränderung einhergehen (»What's in it for me?«).

Leading Change: Die entscheidende Rolle der Führungsriege
Eine sichtbare und aktive Unterstützung der Führungsebene ist entscheidend für den Erfolg von Veränderungsprozessen

und ich stelle leider häufig fest, dass sie ihre eigene Visibilität unterschätzen. Vor allem der transformationale Führungsstil hat sich aus meiner Erfahrung oft als Erfolgsfaktor erwiesen, da er die Werte und Einstellungen der Mitarbeitenden in den Mittelpunkt stellt. Entsprechend sollten Führungskräfte unbedingt Wertschätzung ausdrücken, klare Erwartungen formulieren und als Vorbilder fungieren, um das Vertrauen der Mitarbeitenden zu gewinnen. Wenn diese nämlich feststellen, dass das Veränderungsvorhaben nicht aufrichtig unterstützt wird, schwindet ihr Vertrauen und ihr Engagement.

Im Wandel vereint: Die Schlüsselrolle des Change Agent Netzwerks

Statt Veränderungen ausschließlich Top-down zu kommunizieren, müssen die Mitarbeitenden auf allen Ebenen eingebunden werden. Dabei können sogenannte »Change Agents« eine wertvolle Rolle spielen. Diese Personen innerhalb der Organisation unterstützen den Wandel aktiv und fungieren als Vermittler:innen zwischen der Führungsebene und den Mitarbeitenden. Die Einbindung von Change Agents bietet zahlreiche Vorteile, darunter eine erhöhte Glaubwürdigkeit in der Belegschaft, effektivere Kommunikation und eine schnellere Reaktion auf Bedenken seitens der Mitarbeitenden.

Es ist unumgänglich, dass wir große Transformationsprozesse durchlaufen werden, wenn wir mentale Gesundheit zu einer festen Säule bei der Arbeit machen wollen. Je länger ich mit Unternehmen arbeite, desto mehr Gemeinsamkeiten fallen mir zwischen New Work und Mental Health auf. Vielleicht ist das auch ein initialer Grund gewesen, warum das Konzept überhaupt so prominent geworden ist: Die Menschen merken, dass es so nicht weitergehen kann und die mentalen Kosten für herkömmliche Arbeitsmodelle zu hoch sind. Das ist ein starker Antreiber, um nach alternativen Arbeitsformen zu suchen. Im vorherigen Kapitel hatte ich bereits beschrieben, dass Menschen ein Warum brauchen, um Veränderungen zu akzeptieren. Es ist ein großes Geschenk, dass wir, anders als bei vielen anderen Transformationsprozessen, den meisten Mitarbeitenden das Warum hinter Mental Health nicht mehr ausgiebig erklären müssen, weil sie es bereits selbst erleben. Was bei der Implementierung einer Gesundheitsstrategie aber vorkommen kann, sind Fragezeichen bezüglich der Reihenfolge bestimmter Maßnahmen oder der Auswahl konkreter Hilfsangebote: »Warum fokussieren wir den Aufbau von Multiplikator:innen und nicht die Führungskräfte?« könnte eine typische Anmerkung lauten. Das ist nachvollziehbar, denn die Menschen argumentieren aus ihrer persönlichen Sichtweise und ihren größten Schmerzpunkten heraus. Nur können wir eine Strategie und daran geknüpfte Entscheidungen »niemals am Schicksal des Einzelnen festmachen, aber wenn wir die Entscheidung getroffen haben, müssen wir uns um jeden Einzelnen kümmern«[143], so BMW-Personalvorständin Ilka Horstmeier. Deshalb müssen wir auch alle anderen »Warums« und die »Wies« einer Strategie transparent erläutern, um die Menschen auf dem Weg nicht zu verlieren.

New Work hat das Potenzial, unser mentales Wohlbefinden auf entscheidende Art und Weise zu unterstützen:

Der Mensch im Mittelpunkt: Warum ist New Work ein echter Gamechanger für mentale Gesundheit?

Nicole Kopp, New Work Expertin

New Work stellt den Menschen in den Mittelpunkt und fokussiert seine Stärken und Bedürfnisse. Das Arbeitsumfeld verändert sich hin zu mehr Flexibilität und Selbstorganisation sowie einem höheren Grad an Verantwortung und Mitbestimmung. Doch was bedeutet das für unsere mentale Gesundheit? Dazu drei Beispiele:

1. Stärkenorientierung. Wenn Mitarbeitende ihre Stärken nutzen können, steigt ihre Selbstwirksamkeit. Studien zeigen, dass dies zu mehr Zufriedenheit und Selbstvertrauen beiträgt.
2. Bedürfnisorientierung. Wenn individuelle Bedürfnisse anerkannt und respektiert werden, erhöht dies die Bindung an den Arbeitgeber und das Wohlbefinden. Eine hilfreiche Frage hierfür ist: »Was brauchst du, um gute Arbeit zu leisten?«
3. Flexibilität. Flexible Arbeitszeiten und -orte reduzieren den Pendelstress und erleichtern die Vereinbarkeit von Arbeit und Privatleben. Diese Freiheit fördert nicht nur die Balance, sondern auch die Kreativität und Produktivität.

New Work ist mehr als ein Trend – es ist der Weg in eine gesündere berufliche Zukunft!

Eine Freundin, die lange im starren Klinikbetrieb gearbeitet hatte, stieß auf einen Artikel, in dem über ein Unternehmen berichtet wurde, das keine:n Chef:in hat. Sie war vollkommen überrascht, dass das überhaupt möglich ist und sehr angetan von dieser Idee – schließlich kannte sie bis dato vor allem klassische Arbeitsmodelle in der Gesundheitsversorgung, in denen Chef:in immer Recht hat, die Nähe der Parkplätze zum Gebäudeeingang ein Ausdruck von Macht und Status waren und man selbst das letzte Glied in der Hierarchiekette war. Selbstorganisierte Unternehmen auf Basis von Holokratie[18] oder Soziokratie[19] sind ein extremer Gegenentwurf dazu, der für viele

18 Holokratie ist ein Organisationssystem, das auf Prinzipien der Selbstorganisation und Dezentralisierung beruht. Es wurde konzipiert, um traditionelle hierarchische Strukturen zu ersetzen und eine dynamischere, anpassungsfähigere und transparentere Arbeitsweise zu ermöglichen.

19 Soziokratie ist ein Organisationsmodell, das darauf abzielt, Entscheidungen durch Konsens und Gleichberechtigung zu treffen. Es unterstützt die partizipative Entscheidungsfindung und sorgt dafür, dass alle Mitglieder einer Gruppe oder Organisation gleichberechtigt beteiligt werden.

Menschen undenkbar erscheint. Zwischen steiler Hierarchie und vollständiger Selbstorganisation gibt es viele Abstufungen und die meisten Unternehmen, die Elemente von New Work praktizieren, stehen irgendwo zwischen diesen beiden Extremen. Was aber alle New Work Ansätze gemeinsam haben, ist der Abbau äußerlicher Strukturen, um mehr Selbstbestimmung zu ermöglichen. Flachere Hierarchien, eigene Entscheidungsspielräume und der Übertrag von Verantwortung sind Beispiele dafür, wie neues Arbeiten gestaltet werden kann.

Solche selbstbestärkenden Maßnahmen wirken sich meist positiv auf unsere mentale Gesundheit aus. Aber es hat auch eine Kehrseite, denn nicht alle Menschen können ohne Probleme von Fremd- zu Selbstbestimmung wechseln, auch wenn sie die Idee dahinter gut finden. Sie können sich überfordert fühlen, es kann ihnen an Orientierung fehlen und der Aufwand, plötzlich auf Basis komplexer Informationen selbst zu einer Entscheidung zu gelangen, kostet Kraft und Unsicherheit. Deshalb rufen nicht alle sofort Hurra, sondern sehnen sich manchmal in alte Strukturen zurück. Das ist ein typisches psychologisches Phänomen: Wenn wir unsicher sind, möchten wir umso mehr Sicherheit durch Altbekanntes und bevorzugen konventionelle Strukturen. Das bedeutet aber nicht, dass wir zurückrudern sollten. Vielmehr geht es um die Frage, wie wir Informationsflüsse, Kompetenzen, Selbstsicherheit und einen gemeinsamen Wertekanon aufbauen können, damit uns Selbstbestimmung leichter fällt. Denn je weniger Strukturen es im Außen gibt, desto mehr Strukturen brauchen wir im Innen. Ein passendes Beispiel dafür ist das Homeoffice: Wenn uns niemand vorgibt, wann wir wo zu sein haben und uns soziale Orientierungspunkte fehlen, fällt es uns wohlmöglich erst einmal schwer, selbst eine gesunde Umgebung und eine stabile Routine zu schaffen. Wir brauchen eine Weile, um uns einzufinden und ein Modell zu etablieren, in dem wir unsere beste Arbeit machen können. Ähnlich verhält es sich mit New Work Ansätzen. Deshalb sollten wir New Work nicht ohne entsprechende Vorarbeit als Allheilmittel in Organisationen einflößen, sondern auf dem Weg dorthin beachten, welche Kompetenzen wir erwerben und welche Kulturarbeit wir machen müssen, damit der Ansatz fruchten kann. Wenn wir das allerdings tun, wird unsere Psyche es lieben.

Reflexion

- Auf einer Skala von 1–10 (1 = gar nicht, 10 = sehr): Wie selbstbestimmt kannst du aktuell arbeiten?
- Wie selbstbestimmt würdest du gerne arbeiten? Was wäre dein idealer Wert?
- Wie sähe für dich die ideale Mischung aus konventionellen Arbeitsstrukturen und New Work aus?

12

Gesund arbeiten

Mentale Gesundheit fängt bei uns selbst an und entfaltet sich in ihrer besten Form, wenn unsere Umgebung sie unterstützt.

12.1 Was gehen darf und was bleiben wird

Trotz einer angespannten wirtschaftlichen Lage wird mentale Gesundheit eine unverhandelbare Säule für zukunftsfähige Unternehmen werden, um für die kontinuierlichen Veränderungen gewappnet zu sein. Dafür müssen wir vieles loslassen: alte Glaubenssätze von Menschen als Leistungsmaschinen, toxische Ansprüche an uns selbst, falsche Mythen über psychische Belastungen und performatives Wellbeing, das Gesundheit lediglich als Mittel für mehr Leistung instrumentalisiert. Talente sind immer schwerer zu finden, geschweige denn zu halten. Die wirtschaftlichen Kosten wegen psychischer Belastungen explodieren. Menschen sind auf der Suche nach Arbeitsorten, die ihre Gesundheit fördern, statt sie zu belasten. Ihre Ansprüche werden deshalb hoch bleiben und sie werden mentale Gesundheit weiter einfordern, was richtig und wichtig ist.

Mentale Gesundheit: Vergangenheit – Gegenwart – Zukunft.

Nektarios Liolios, Serienunternehmer und Mental Health Advocate

Nektarios, du bist mit dem Thema schon lange verbunden. Was war früher die größte Herausforderung in der Arbeitswelt hinsichtlich mentaler Gesundheit?

Lange Zeit wurde es als Schwäche angesehen, wenn jemand mit seiner psychischen Gesundheit zu kämpfen hatte. Viele Menschen hatten Annahmen, die auf begrenzten oder falschen Informationen beruhten, und in vielen Kulturen war es ein Tabuthema. In der Unternehmenswelt existierte psychische Gesundheit schlichtweg nicht und erst recht nicht bei Unternehmer:innen, die statistisch gesehen sogar viel häufiger unter Angstzuständen oder Depressionen leiden. In patriarchalischen Kulturen war das Stigma sogar noch stärker.

Was hat sich spürbar verbessert, wo stehen wir heute?

Covid hat viel verändert. Plötzlich hatten wir alle psychische Belastungen, unabhängig von Geschlecht, Standort, Beruf und Hierarchiestufe. Gespräche darüber wurden zu einem kollektiven Austausch, der zu einem gewissen Grad an Normalisierung führte. Parallel dazu zeigen uns jüngere Menschen, dass sie viel mehr im Einklang mit ihrem psychischen Wohlbefinden stehen und ihre Erfahrungen offen teilen. Wir haben Initiativen entstehen sehen, die es den Menschen ermöglicht haben, ihre Erfahrungen zu teilen und Wege zu finden, ihr mentales und emotionales Wohlbefinden zu managen. Coaches und Therapeut:innen erleben bis heute einen Nachfrageschub und die Downloads technologiegestützter Meditations- und Wellnesstools gehen durch die Decke. In der Unternehmenswelt sehen wir zudem, dass immer mehr Gründer:innen und zentrale Entscheider:innen öffentlich über die besonderen Herausforderungen sprechen, die der Aufbau und Erhalt eines Unternehmens mit sich bringen. Außerdem ermöglicht die zunehmende Anerkennung und Würdigung des breiten Spektrums an Neurodiversität ein besseres Verständnis der psychischen Gesundheit neurodivergenter Personen.

Welchen Herausforderungen werden wir in Zukunft begegnen?

Wir haben noch einen langen Weg vor uns. Unternehmen versuchen mit Nachdruck, die »New Ways Of Working« zu verstehen. Dabei finden einige Arbeitgebende Wege, ihre Belegschaft zu unterstützen, indem sie Tools und Budgets bereitstellen, damit die Menschen Support finden können. Andere sind noch immer in alten Gewohnheiten gefangen und wollen psychische Erkrankungen nicht als Grund für Krankschreibungen akzeptieren. Selbst Regierungen zeigen sich abweisend. Das ist eine kurzsichtige Perspektive. Alle Anzeichen deuten darauf hin, dass sich das Lebens- und Arbeitstempo weiter beschleunigen wird. Unser digitales Leben und der durch soziale Medien verursachte Stress tragen zu noch mehr Belastungen bei. Künftig wird es interessant werden zu sehen, welche Rolle Technologie spielen wird, vom Einsatz von KI zur Skalierung von Beratung und Therapie über immersive Tools für Achtsamkeit bis hin zu neuen Technologien. Ich wünsche mir, dass eine frische Generation von Führungskräften in Wirtschaft und Politik durch eine Kombination aus besserer Mental Health Literacy und Sensibilisierung einen neuen Weg ermöglichen wird.

Wir werden stetig für Weiterentwicklung sorgen müssen. Mentale Gesundheit hat kein Ende und die perfekt gesunde Belegschaft gibt es nicht. Es werden immer wieder neue Herausforderungen hinzukommen, auf die Organisationen ihre individuellen Antworten finden müssen. Aber wir können heute den Grundstein dafür legen, immer bessere Skills und Strukturen im Umgang mit mentaler Gesundheit zu etablieren, die über verbindungslose Einzelinitiativen hinausgehen. Wenn wir uns auf den Wandel einlassen, können wir sogar einen Flow mit den neu entstehenden Anforderungen entwickeln. Der ungarische Psychologe Mihály Csíkszentmihályi beschreibt Flow als einen Zustand, der entsteht, wenn wir zwar mit hohen Herausforderungen konfrontiert sind, unsere Fähigkeiten aber gerade so genügen, dass wir sie meistern können.[144] Das erleben wir zum Beispiel beim Skifahren, wenn die Piste zwar anspruchsvoll ist, aber genau unsere Fahrkünste trifft. In Organisationen verhält es sich ähnlich, denn die Anforderungen an Unternehmen werden hoch bleiben, jedoch sind die Strukturen hinsichtlich Gesundheit noch zu klein und es fehlt an den notwendigen Fähigkeiten, um Veränderungen zu meistern. Deshalb fühlen sich viele Organisationen mit dem Thema überfordert. Wenn wir hingegen heute anfangen, unsere Strukturen umzubauen und damit mentale Gesundheit Schritt für Schritt stärken, werden wir besser mit künftigen Herausforderungen umgehen können.

Viele Unternehmen experimentieren derzeit, welche Angebote und Modelle für sie am besten passen. Und das ist okay, denn es liegt in der Natur der neuen und noch ungewohnten Sache, dass Organisationen verschiedene Ansätze austesten müssen. Um gute Lösungen zu finden, brauchen Unternehmen allerdings dringend einen partizipativen Prozess, der die Belegschaft einbezieht. Kontinuierliches Feedback der Mitarbeitenden und engagierte Stimmen werden unerlässlich sein, damit Unternehmen sich den Bedürfnissen ihres Ökosystems immer besser annähern können. Manchmal finden wir dabei zu grandiosen Lösungen, manchmal zu furchtbaren. Ein Beispiel für diesen Prozess ist die Debatte um Homeoffice versus Präsenz, denn beides hat für Arbeitnehmende und Arbeitgeber gute wie schlechte Seiten. In Unternehmen bringen alle Beteiligten ihre jeweiligen Interessen dazu ein und wollen den Spagat bestmöglich meistern. Auch für mentale Gesundheit ist diese Diskussion hoch relevant, weil sie ein Platzhalter für die Suche nach gesunden Arbeitsstrukturen ist. Es geht um die Frage, welches Modell das Beste für alle herausholt und wie der kleinste gemeinsame Nenner gefunden werden kann. Eine Ideallösung gibt es nicht, wohl aber eine individuelle.

Homeoffice, Hybrid, Präsenz: Was sagt die Wissenschaft?

Prof. Dr. Hannes Zacher, Professor für Arbeits- und Organisationspsychologie, Universität Leipzig

Die Frage nach den gesundheitlichen Auswirkungen von Homeoffice, hybridem Arbeiten und Präsenzarbeit ist nicht einfach zu beantworten. Es kommt darauf an, wie die Kombination dieser Arbeitsformen konkret gestaltet wird und wie sie zu den Voraussetzungen der Beschäftigten passt. Grundsätzlich ist Abwechslung beim Arbeitsort gut, um einseitige Belastungen zu vermeiden und unterschiedlichen Fähigkeiten und Bedürfnissen gerecht zu werden. Die Präsenzarbeit ermöglicht Beschäftigten die räumliche Trennung zwischen Beruf und Privatleben, was sich in Zeiten zunehmender »Entgrenzung der Arbeit« positiv auf die psychische Gesundheit auswirken kann. Außerdem erlaubt die Präsenzarbeit persönliche Kontakte mit Kolleg:innen, Vorgesetzten und Kund:innen, und ein Gefühl sozialer Eingebundenheit bei der Arbeit ist wichtig für die psychische Gesundheit. Aber auch hier kann es ein »zu viel des Guten« geben, zum Beispiel wenn es zu belastenden Konflikten kommt. Das Arbeiten im Homeoffice spart Pendelzeiten ein – für eine wachsende Zahl von Beschäftigten ein wichtiger Stressor –, trägt zu einer besseren Vereinbarkeit von Beruf und Privatleben bei, ermöglicht konzentriertes Arbeiten und befriedigt das menschliche Grundbedürfnis nach Autonomie. Andererseits können lange Zeiten im Homeoffice auch mit einem Gefühl der beruflichen Isolation einhergehen, welche sich negativ auf die psychische Gesundheit auswirkt. Deshalb ist dort, wo es möglich ist, ein hybrides Arbeitsmodell – zum Beispiel ein bis zwei Tage pro Woche mobiles Arbeiten – empfehlenswert, um die Vorteile von Homeoffice sowie Präsenzarbeit zu maximieren und die Nachteile zu minimieren. Generell ist es wichtig, beide Arbeitsformen nach physiologischen (z. B. Ergonomie), geistigen (z. B. vollständige, herausfordernde Aufgaben), emotionalen (z. B. Pausen) und sozialen (z. B. Feedback) Kriterien guter Arbeit zu gestalten.

Die Debatte rund um Homeoffice zeigt sehr gut, dass organisationale Strukturen unser mentales Wohlbefinden maßgeblich beeinflussen können. Die entscheidende Aufgabe für Unternehmen wird künftig darin liegen, alte verkrustete Schichten weiter abzutragen und ihre Strukturen immer wieder auf den Prüfstand zu stellen, damit Gesundheit darin möglich(er) wird. Aber auch alle Personen, die in diesen Strukturen arbeiten, können – und müssen – einen Beitrag leisten. Sei es durch informelles Engagement, indem sie ihren Hebel nutzen, oder indem sie achtsamer für ihre eigenes Wohlbefinden werden. Mentale Gesundheit fängt bei uns selbst an und entfaltet sich in ihrer besten Form, wenn unsere Umgebung sie unterstützt.

Reflexion

- Wenn du ein Thema in deinem Unternehmen hier und heute loslassen könntest, welches wäre das?
- Was glaubst du, welche Herausforderungen dich und dein Unternehmen auch künftig weiter begleiten werden?
- Welche strukturellen unternehmensweiten Regelungen wie die Option auf Remote Work unterstützen dein Wohlbefinden aktuell?

12.2 Taten über Worte

Wir sind längst über die Frage hinaus, *ob* mentale Gesundheit in die Arbeitswelt gehört – sie ist ein *Muss*. Wenn Gesundheit ein elementarer Baustein unserer Zusammenarbeit werden soll, reicht es jedoch nicht, das Wort im schicken Jahresbericht auf Seite 1 festzuhalten. Werte entstehen nicht durch schillernde Ankündigungen, sondern durch konsistentes Handeln. Das Thema hat derzeit ein großes Momentum, das wir nutzen sollten. In Artikeln lese ich oft, dass wir mehr über unser Wohlbefinden sprechen müssen und das unterstütze ich hundertprozentig. Ich möchte jedoch einen Schritt weitergehen, denn reden allein reicht nicht. Viel elementarer ist es, ins Handeln zu kommen – wir müssen von Awareness zu *Action* gelangen.

Über etwas nachzudenken, über etwas zu sprechen und entsprechend zu handeln sind drei unterschiedliche Dinge. Besonders die Differenz zwischen Nachdenken und darüber sprechen haben wir alle schon erlebt: Wochenlang winden und wenden wir Gedanken in unserem Kopf und kommen nicht weiter: Soll ich mich bewerben oder nicht? Soll ich meine Erkrankung offenlegen oder nicht? Soll ich das Gespräch mit meiner Führungskraft suchen oder nicht? So drehen wir uns im Kreis, bis wir unsere Gedanken endlich aussprechen. Allein das Aussprechen verändert schon etwas, wenngleich sich die Inhalte nicht geändert haben. Unsere Gedanken gewinnen an Kontur und sie fühlen sich fester an. In der Psychotherapie gibt es einen Begriff für dieses Phänomen, es heißt »narrative Identität«.

Es beschreibt den Prozess, in dem unsere Gedankeninhalte durch das bloße Aussprechen plötzlich mehr zu einem Teil von uns werden. Wir formen durch Erzählungen (Narrativ) über unsere Gedanken unsere Person (Identität). Das ist ein erster wichtiger Schritt. Wenn wir zum Beispiel unserem Team von unseren psychischen Belastungen erzählen, fühlen die meisten von uns sich danach vollständiger, weil wir einen lang versteckten Teil unserer Identität offenlegen konnten. Daraufhin sind wir erleichtert – und zwar unabhängig davon, wie unser Team reagiert. Selbst bei negativen Reaktionen berichten viele, dass sie froh sind, es geteilt zu haben.

Etwas auszusprechen ist also der erste Schritt. Für viele Menschen fühlt sich das wie die größte Hürde an. Auf lange Sicht steht die eigentliche Herausforderung aber noch bevor. Aus der Verhaltensforschung wissen wir, dass wir die nachhaltigsten Lernerfahrungen erst durch wiederholtes Handeln machen. Unsere Worte bleiben unwirksam, wenn wir verpassen, ins Tun zu kommen. Wir alle haben schon erlebt, wie wir uns tunlichst Dinge vorgenommen haben (»Ab heute werde ich klare Grenzen setzen!«) und uns nach etlichen gedanklichen Generalproben plötzlich in einer Situation vorgefunden haben, die ganz anders verlief, als wir es innerlich geplant hatten. Wir brauchen den Mut zu handeln, denn wir lernen durch unsere Taten, nicht durch unsere Gedanken. Aber mit unseren Gedanken können wir einen wichtigen Grundstein legen, um unsere Bereitschaft für neue Verhaltensmuster zu festigen.

Welches Mindset brauchen wir, um gesund arbeiten zu können?

Ali Mahlodji, CEO futureOne GmbH

Gesund und Arbeit in einem Satz zu nennen, klingt in einer Leistungsgesellschaft wie ein Paradoxon, das nicht aufgelöst werden kann. Schließlich ist Leistung das oberste Prinzip und dem wird unterworfen, was im Weg steht. Ist jemand krank, erscheint diese Person trotz kleiner Wehwehchen am Arbeitsplatz und wird mit den Worten »Danke für deinen Einsatz!« gelobt, wohingegen eine Person, die länger im Krankenstand bleibt, argwöhnisch betrachtet wird.

Ja, die Arbeitswelt ist besser geworden und hat sich spätestens seit Corona in Richtung einer sensibleren Gesellschaft entwickelt. Zeitgleich versetzt der ungesunde Zustand uns in einen Mix aus schlechtem Gewissen und dem Mindset, zu der Kategorie »Minderleister« zu gehören. Was wir heute mehr denn je brauchen, ist allerdings das Mindset, dass wir alle im selben Boot sitzen und Organisationen ihre Stärke dann ausspielen, wenn alle das Gefühl von Zugehörigkeit und Freundschaft in sich tragen. Die größte Langzeitstudie zum Thema Lebensglück der Harvard University zeigt klar auf, dass die Qualität unserer Beziehungen ausschlaggebend für ein langfristiges und erfülltes Leben ist. Dieselbe Studie zeigt auch, dass gelungene Beziehungen zu mentaler und physischer Gesundheit führen. Es ist daher viel weiser, in der Gruppe ein Schnitzel essen zu gehen, als alleine am Brokkoli zu knabbern, auch wenn letzterer definitiv und offiziell gesünder ist.

Unser Kernmindset für eine gesunde Arbeitswelt beinhaltet folgende drei Fragen, die uns im beruflichen Alltag helfen, für uns selbst und für andere ein Umfeld der gegenseitigen gesunden Entwicklung zu schaffen:

- Habe ich heute in meinen Begegnungen wirklich genau hingesehen, wie es meinem Gegenüber geht?
- Habe ich die Menschen heute als einzigartiges Subjekt behandelt oder als Objekte meiner Erwartung?
- War ich heute ehrlich zu mir selbst und zu anderen und habe meine Bedürfnisse artikuliert?

Es sind diese drei Fragen, die unser Mindset dafür öffnen, nicht die Leistungserwartung, sondern die Qualität der (beruflichen) Freundschaften in den Mittelpunkt zu stellen. Denn Freundschaft ist die Qualität, für die es keine Selbsthilfebücher gibt. Genau deshalb rasen wir als Gesellschaft gerade auf eine Pandemie der Einsamkeit zu – und das ist eine der Urquellen für das Ende eines gesunden Lebens. Wer heute am Arbeitsplatz für sich selbst und andere da ist, legt den Grundstein dafür, dass Gesundheit und Arbeit zu Freude führen. Und diese ist bekanntlich die Quelle für unsere beste Leistung – ein wunderbares Nebenprodukt.

Für Mitarbeitende bedeutet das, für ihren Weg hin zu einem gesunden (Arbeits-)Alltag immer wieder zu experimentieren: Was tut mir an welchen Tagen gut? Wo kann ich etwas anders machen? Was kann ich heute – auch im Kleinen – für meine Gesundheit tun? Wie trage ich heute für ein gesundes Miteinander bei? Je mehr wir im Alltag nach diesen Fragen handeln, desto mehr wird mentale Gesundheit durch alle Poren eines Unternehmens sickern und Kultur formen. Für Organisationen ist es unabdingbar, auf Worte Taten folgen zu lassen, um ihre Glaubwürdigkeit zu erhalten. Awareness allein genügt nicht. Viel kraftvoller und nachhaltiger sind die Momente, in denen eine Unternehmensstrategie im Alltag ein Gesicht bekommt, weil jemand auf Anhieb die richtige Hilfestelle gefunden hat oder in denen eine

Führungskraft frühzeitig eingelenkt hat. Letztlich überall dort, wo mentale Gesundheit zu einem gelebten Wert geworden ist, der sich in sämtlichen Strukturen und Handlungen wiederfindet.

Je früher wir anfangen, uns als Mitarbeitende und Organisationen dem Thema zuzuwenden, desto mehr positiven Einfluss werden wir nehmen können. Meiner Erfahrung nach bedauern Unternehmen es immer, nicht schon viel eher losgelegt zu haben, weil sich ihre Probleme mit der Zeit nur verschärft haben.

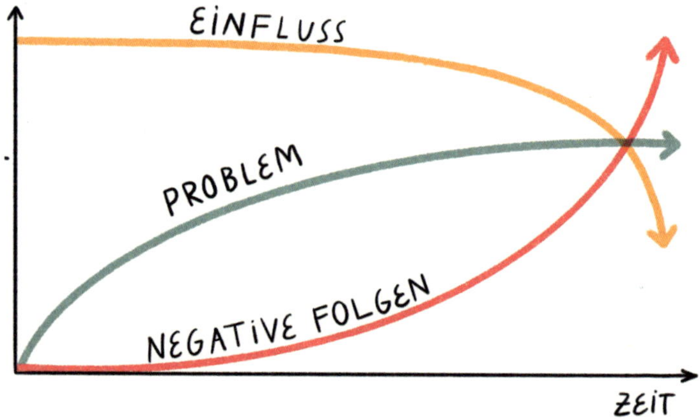

Wenn Gesundheit nur auf einem hübschen Poster an der Wand steht, bleiben wir bei Lippenbekenntnissen, die einer Kultur schaden können. Wo mentale Gesundheit draufsteht, sollte auch mentale Gesundheit drin sein. Das gelingt uns nur, wenn wir unser Handeln zunehmend danach ausrichten. Ich bin kein Fan von radikalen Paradigmenwechseln, weil sie Menschen überfordern können (► Kap. 11.3), aber durchaus von schrittweisen Veränderungen. Der beste Zeitpunkt dafür ist längst da. Doch was hält uns zurück? Das erklärt uns die sogenannte Intentions-Verhaltenslücke[145]. Sie beschreibt, warum wir uns Dinge vornehmen, aber trotzdem nicht anfangen. Typische Gründe sind beispielsweise, dass Veränderungswünsche nicht von uns selbst, sondern von anderen stammen (Mitarbeitende an Unternehmen: »Macht doch endlich mal was für mentale Gesundheit!«), oder dass wir uns die Veränderung nicht zutrauen (»Hier wird sich eh nichts ändern.«). Auch die Konkretheit und die Schwierigkeit der Ziele, die wir erreichen wollen, spielen eine Rolle, ob wir tatsächlich anfangen. Wenn wir eine ganze Unternehmenskultur umbauen möchten, kann uns das zu abstrakt und groß vorkommen. Deshalb ist es so wichtig, eine fundierte Strategieplanung zu machen, in der konkrete (Zwischen-)Ziele und Meilensteine festgehalten werden (► Kap. 10.3). Je besser wir planen und je handhabbarer wir unsere Ziele formulieren, desto eher werden wir erfolgreich sein. Wichtig ist, dass wir uns den Wandel zutrauen. Das können wir fördern, indem wir unser Vorhaben in kleine, verdauliche Stücke teilen und Erfolge sichtbar festhalten. Außerdem sollten wir uns mit Hindernissen auseinandersetzen, denn die meisten Pläne scheitern, weil sie in Stresssituationen auf eingeschliffene Muster zurückfallen. Dafür können Wenn-Dann-Pläne helfen: »Wenn wir wieder in die Überlastungsspirale schlittern, dann werden wir dafür sorgen, dass wir einige Projekte pausieren, um alle Beteiligten zu entlasten.« Der Weg in Richtung gesündere Arbeit kann sich anfangs wie die Besteigung des Mount Everest anfühlen, wird aber immer leichter, je mehr wir ins Tun kommen und dranbleiben. Das ist ähnlich wie der Scheinriese in der Geschichte von Jim Knopf: Aus der Entfernung sieht er riesig aus und macht uns Angst, je näher wir jedoch kommen, desto kleiner wird er. Und wir entdecken wie Jim Knopf, dass der Riese nur scheinbar bedrohlich ist und eigentlich sehr positive Eigenschaften hat, wenn man ihn näher kennenlernt.

Mit jedem gegangenen Schritt Richtung Gesundheit festigen wir sie als Wert in unserer Arbeitskultur. Hauptsache, wir fangen an. Denn in einer Welt voller guter Intentionen ist das kraftvollste Mittel letztendlich Verhalten, das im Einklang mit unseren Absichten steht.

Reflexion

- Hast du schon einmal erlebt, dass du dich durch das bloße Aussprechen deiner Gedanken anders gefühlt hast?
- Welche gesunde Verhaltensweise hast du für dich etabliert, die einen echten Unterschied in deinem Arbeitsalltag macht?
- Welche Person in deinem Umfeld bewunderst du dafür, wie sehr sie im Einklang mit ihren Werten handelt? Was kannst du davon für dich mitnehmen?

12.3 Das Wichtigste für dich, für dein Team und für Unternehmen

Wenn ich mir einen Leitspruch für dieses Buch aussuchen müsste, wäre es dieser: Wir alle können zu mentaler Gesundheit am Arbeitsplatz beitragen. Wir alle können anfangen, in unserem jeweiligen Einflussraum wirksam zu werden, egal ob Fachkraft, Führungskraft oder Vorstand. Gesunde Arbeit geht von uns allen aus. Tief in uns wissen wir, dass wir keinen Tag bereuen, an dem wir nicht arbeiten, aber jeden Tag bereuen, an dem wir nicht für unsere Gesundheit sorgen. Ohne Gesundheit ist alles nichts – sie ist die Zukunft der Arbeit.

In den vergangenen Kapiteln habe ich unterschiedlichste Perspektiven eingenommen und Methoden geteilt, um psychische Gesundheit stärker in der Arbeitswelt zu verankern. Was sie alle gemeinsam haben, ist ihr multidimensionaler Blick, denn es ist nie eine Stellschraube allein, die alles zurecht – oder viel mehr gesund – rückt. Laut WHO gibt es drei zentrale Einflussfaktoren für eine stabile psychische Gesundheit, die wir in unserer jeweiligen Rolle stärken können: individuelle Merkmale, soziale Einflüsse und Umwelteinflüsse. Auf diesen drei Ebenen können wir aktiv werden:

- **Für dich selbst.** Widme dich deiner mentalen Gesundheit. Finde heraus, was und wer dir guttut und wie du dir Bedingungen schaffen kannst, um deine beste Arbeit zu machen. Stelle deine unbewussten Stigmata auf den Prüfstand. Setze dich mit vergangenen schwierigen Momenten auseinander, entdecke ungesunde Glaubenssätze und Muster und überlege, wie du es heute ein klein wenig anders probieren kannst. Experimentiere, wie du selbst in stressigen Phasen gut für dich sorgen kannst. Mach dir keinen Druck, sondern sieh es als eine tägliche Chance, dich besser kennenzulernen. Frage dich bei Entscheidungen stets: Trägt mein Handeln zu meinem Wohlbefinden bei oder schadet es meiner mentalen Gesundheit?

- **Für dein Team.** Bestärke gesundheitsförderliches Verhalten in deinem Team, egal in welcher Rolle du bist. Bring Gesundheitsthemen in deine Gespräche ein und erkundige dich danach, was deine Kolleg:innen beschäftigt. Weise Vorurteile entschieden zurück und stärke den Rücken jener, die weniger Kraft haben, sich vor Stigmatisierung zu schützen. Schaffe Formate, in denen mentale Gesundheit thematisiert wird oder engagiere dich in Mitarbeitendeninitiativen, um deine Mental Health Literacy zu stärken und ein:e Multiplikator:in zu werden. Investiere in kollegiale Beziehungen, denn sie werden euch durch stressige Phasen tragen. Finde heraus, welche Hilfestellen es in deinem Unternehmen gibt, probiere sie aus, empfehle sie deinen Kolleg:innen und hinterlasse Feedback. Schenke den Menschen, die sich im Unternehmen für mentale Gesundheit engagieren, deine Anerkennung und unterstütze sie in ihren Vorhaben.
- **Für dein Unternehmen.** Wenn du mentale Gesundheit in deiner Rolle strategisch beeinflussen kannst, bring das Thema auf die Agenda von Entscheider:innen. Mache eine Bestandsanalyse und erfasse die größten Pain Points der Belegschaft. Fordere Ressourcen ein, entwickle eine Strategie und definiere Ziele. Gib dem Prozess Zeit, aber lass sie nicht unnötig verstreichen. Fülle alle drei Präventionsebenen mit Leben und sorge besonders für solide Maßnahmen zur Früherkennung. Gestalte eine Mental Health

Marke und vereine eure Initiativen unter einem strategischen Dach. Gewinne Healthfluencer und schaffe ein breites Multiplikator:innennetzwerk, das mentale Gesundheit in jede Ecke des Unternehmens trägt. Bilde Führungskräfte in Mental Health Skills aus. Bitte kontinuierlich um Feedback, um die Bedürfnisse der Belegschaft noch besser zu verstehen. Erfasse regelmäßig die Risiko- und Schutzfaktoren für mentale Gesundheit und berücksichtige in deinen Entscheidungen neben quantitativen auch qualitative Daten. Engagiere dich für bessere strukturelle Arbeitsbedingungen, die für ein positives Wohlbefinden sorgen, wie flexibles Arbeiten, Verantwortung oder Jobsicherheit. Schaffe ein Arbeitsumfeld, das Gesundheit möglich(er) macht.

Every Day is Mental Health Day

Vieles ist schwer, bevor es leicht wird. Aber ich verspreche dir, dass mental gesundes Arbeiten möglich ist. Für manche mag das wie ein Märchen klingen, aber in meiner täglichen Arbeit mit Unternehmen erlebe ich sehr engagierte Menschen, die trotz aller Widrigkeiten alte Strukturen erfolgreich umbauen und ganze Arbeitskulturen verändern. Wir stecken noch in den Kinderschuhen und es wird eine Menge Umwälzung in der Arbeitswelt nötig sein. Dieses Buch soll dazu ermutigen, dass es machbar ist und wir unzählige kleine Stellschrauben haben, um gesunde Unternehmen mit gesunden Strukturen und Mitarbeitenden zu entwickeln. Sei du selbst der Wandel, den du in der Arbeitswelt sehen möchtest. Bleib dran und drücke allen, die das Thema unermüdlich vorantreiben, deine Wertschätzung aus, inklusive dir selbst. Lass uns die Arbeitswelt gemeinsam zu einem Ort machen, an dem mentale Gesundheit auch über den Gesundheitstag hinaus jeden Tag gelebte Praxis wird.

Abschlussreflexion

Ich möchte dieses Buch beenden mit sieben Satzanfängen, die du für dich vervollständigen kannst:

Wenn ich eine Sache zugunsten meiner mentalen Gesundheit sofort ändern könnte, wäre das

___

Ich kann heute zu meiner mentalen Gesundheit beitragen, indem ich

___

Eine Hürde, die ich für die ersten Schritte noch überwinden muss, ist

___

Ein Mensch, der mein Wohlbefinden bei der Arbeit stärkt, ist

___

Etwas, womit ich jeden Tag zu einem gesunden Miteinander beitrage, ist

___

An meinem Arbeitsplatz kann ich Initiativen stärken, indem ich

___

Gesund zu arbeiten, bedeutet für mich

___

Epilog

Der World Mental Health Day am 10. Oktober feiert 2024 seinen 75. Geburtstag und steht unter dem Motto »It is Time to Prioritize Mental Health in the Workplace«. Das bewegt mich sehr, denn was einst hinter vorgehaltener Hand versteckt werden musste, ist nun sogar eine offizielle Mission. Und doch ist die Psyche in weiten Teilen unserer Gesellschaft immer noch ein Tabuthema. Unsere sozialen Normen versperren den Menschen Hilfe, die sie dringend brauchen und lassen den Arbeitsplatz zu einem Ort werden, der immer noch von Stigmatisierung gefärbt ist.

Deshalb möchte ich den Menschen meine tiefste Wertschätzung ausdrücken, die ihre persönliche Geschichte in diesem Buch offen geteilt haben. Dazu gehört sehr viel Mut und Festigkeit. Ich bitte dich als Leser:in, diesen Pionier:innen ein großes innerliches Danke zuzusenden. Schenke diesen Menschen deinen Respekt und deine Anerkennung. Ihre hier geteilten Geschichten stehen auch für alle (noch) nicht erzählten Geschichten.

Mich erreichen immer wieder E-Mails von Podcast-Hörer:innen und Social Media-Nachrichten von Menschen, die mir von ihren bewegenden Erfahrungen berichten, sie aber aus Angst nicht öffentlich teilen wollen. Nach meinen Vorträgen kommen Menschen auf mich zu, wenn sich der Raum vollständig geleert hat, um mich diskret um Rat für ihre persönliche Situation zu fragen. In diesen Momenten weiß ich, dass wir noch weit von einer Normalisierung entfernt sind, aber durch einen kleinen Spalt bereits Licht durch die verkrusteten Schichten der Tabuisierung scheint. Lasst uns alle dafür sorgen, dass die vielen fest gehüteten Geheimnisse künftig ohne Scham erzählt werden können.

Es gibt so manches Unternehmen, dessen fantastische Arbeit in diesem Buch leider nicht zu sehen ist. Das hat verschiedene Gründe. Manchmal sprachen die internen Richtlinien dagegen, manchmal war Wellhushing der Grund oder sie fühlten sich noch nicht bereit dafür. Liebe Macher:innen im Stillen, auch wenn ihr in diesem Buch nicht auftaucht: Ich weiß, dass es euch gibt und hoffe sehr, dass die Leser:innen eines Tages von euch erfahren werden. Es gibt so viele engagierte Mental Health Ambassadors da draußen, die alles dafür geben, mentale Gesundheit in ihren Unternehmen zu verankern. Ich bewundere eure Arbeit und bin begeistert von eurem Tatendrang!

Was mich immer wieder nachdenklich stimmt, ist die viele Kritik, der Unternehmen ausgesetzt sind. Zweifelsohne muss sich noch sehr viel bewegen. Gleichzeitig ist es für die wenigen engagierten Menschen, die loslegen wollen, ein schwieriger motivationaler Seiltanz, wenn sie das Thema einerseits mit aller Kraft anschieben und es andererseits ständig Kritik hagelt. Wenn du selbst in einem Unternehmen arbeitest, in dem das Thema gerade durch einige Initiator:innen wächst, finde eine gute Balance zwischen Fordern und Fördern. Hab mit dem Prozess Geduld. Die Menschen, die das Thema anstoßen, brauchen dich, deine aktive Teilnahme und dein konstruktives Feedback. Denn eines steht fest: Wenn der Kulturwandel fruchten soll, braucht es jede:n Einzelne:n von uns.

Danke

Als ich in meiner ersten Sitzung als Psychotherapeutin saß, hätte ich niemals gedacht, dass ich irgendwann in der Arbeitswelt landen würde und vor vielen Menschen Vorträge darüber halte, wie sie ihre mentale Gesundheit stärken können. Mit allen neuen Klient:innen, die damals vor mir saßen, merkte ich, dass Arbeit für viele Menschen ein großer Stressfaktor ist und ich daran etwas ändern möchte. So habe ich einen für eine Therapeutin untypischen Weg eingeschlagen, um mich öffentlich für mentale Gesundheit stark zu machen. Heute könnte ich mir nichts Erfüllenderes mehr vorstellen. Ich liebe meine Arbeit mit Unternehmen und dass ich eine Botschafterin für mentale Gesundheit sein darf. Dieses Buch bedeutet mir sehr viel, weil es für mich ein Weg ist, mehr Menschen zu erreichen als immer nur eine Person auf dem Therapiestuhl. Zwar habe ich schon einmal ein Buch geschrieben, nämlich meine Dissertation, aber sie ist stinklangweilig und niemand liest sie. Deswegen bin ich sehr dankbar, dass du nun dieses Buch in der Hand hältst und damit selbst zu einem Mental Health Ambassador werden kannst.

Dieses Buch zu schreiben war wundervoll und anspruchsvoll zugleich. Wundervoll, weil mir dieses Thema so sehr am Herzen liegt und ich so viel Wissen und Erfahrung aus meiner Arbeit an einem Ort bündeln konnte. Anspruchsvoll, weil ich noch so viele mehr Erfahrungen und Inhalte habe, die hier keinen Platz gefunden haben und die ich hoffentlich zu einem anderen Zeitpunkt werde teilen können.

Klar ist: Dieses Buch wäre ohne einige Menschen nicht möglich gewesen, denen ich meinen tiefen Dank aussprechen möchte.

Mein größter Dank gilt meinem Partner Simon. Du bist mein größter Cheerleader, mein fester Hafen und hältst mir den Rücken frei. Deine Liebe bewegt mich zutiefst. Du schenkst mir jeden Tag ein Zuhause, denn du hast so große Arme, dass ich darin wohnen kann.

Von Herzen bedanke ich mich bei meiner Mutter. Danke, dass du mir diesen Lebensweg, deine Liebe und meine zwei wundervollen Schwestern geschenkt hast. Eure Seelen trotz der Entfernung immer nah bei mir zu wissen, erfüllt mich mit Freude. Außerdem danke ich meinem Schwager für seine Bodenständigkeit und meinen Nichten und Neffen für die leuchtenden Kindermomente mit ihnen, die mich Raum und Zeit vergessen lassen. Der Familie meines Partners danke ich dafür, dass sie mich in ihren Kreis aufgenommen haben und eine bedeutende Unterstützung in sämtlichen Lebenslagen sind.

Ich danke meinen fantastischen Co-Autor:innen, die mit ihren Gastbeiträgen ihre Expertise und berührenden eigenen Erfahrungen eingebracht haben. Eure Arbeit und eure Unterstützung bedeuten mir viel! Ganz besonders möchte ich Frank Thinnes, Felix Mann, Stephanie Bröcker, Linda Janek und Mona Ghazi dafür danken, ihre persönlichen Geschichten offen geteilt zu haben. Ihr seid leuchtende Vorbilder und ich wünsche mir, dass euch noch viele weitere folgen werden. Ich danke Nora Dietrich für ihr wundervolles Vorwort und dafür, dass wir uns als enge Kolleginnen und Freundinnen gefunden haben.

Johanna Schäfers und Verena Herbst danke ich für die Gestaltung des Covers und der Illustrationen. Danke für eure großartigen Ideen, eure Geduld und dass ihr mentaler Gesundheit ein Gesicht gegeben habt.

Ein besonderes Danke geht an die Menschen, die für meine mentale, soziale und körperliche Gesundheit sorgen. Dieses Buch wäre ohne euch nicht möglich gewesen, denn solche Werke können nur entstehen, wenn es den nötigen Ausgleich dahinter gibt. Danke an meine Freund:innen Lena, Rosa, Nora, Frank und Stefan, die mich alle auf ihre eigene Weise besonders unterstützt haben. Insbesondere danke ich Nik dafür, dass er mir einen Weg zurück in meinen Körper ermöglicht hat, Robin und meiner Trainingsgruppe dafür, dass sie jede Woche eine feste sportliche Konstante sind und meiner Therapeutin dafür, dass sie mich sieht.

Danke an Emre, der zur gleichen Zeit sein Buch geschrieben hat und wir uns in allen Phasen des Buchprozesses eine unverrückbare gegenseitige Unterstützung waren. Du bist eine nicht versiegende Quelle der Inspiration, ein einzigartiger Freund und in entscheidenden Momenten ein bereicherndes Sounding Board für mich. Ich schätze dich und deinen Spirit sehr.

Ich danke Jessica Sonnenberg und Haufe dafür, dass sie sich für das Thema begeistert haben und auf mich zugekommen sind. Vor fünf Jahren wäre es undenkbar gewesen, solch ein Buch mit diesem Titel rauszubringen, heute ist es am Puls der Zeit. Es erfüllt mich zutiefst, dass du, Jessica, das gesehen hast. Unser Kontakt hat mich von der ersten Minute an begeistert. Außerdem danke ich Mirjam Gabler und Kristina Kerton-Eisele für ihre großartige Unterstützung und ihre überschwappende positive Energie, die in unseren Calls immer spürbar war. Danke, dass ihr mich mit meinem ersten Sachbuch so professionell an die Hand genommen habt. Juliane Sowah möchte ich für das vielschichtige Lektorat danken. Von und mit dir durfte ich viel lernen. Deine ehrliche, kritische und unterstützende Persönlichkeit war eine fantastische Bereicherung für dieses Buch.

Danke an meine Kund:innen und all die tatkräftigen Menschen, die die Arbeitswelt jeden Tag aufs Neue gesünder machen wollen. Vielen Dank, dass ihr meine Leidenschaft mit mir teilt und wir mentale Gesundheit bereits an so viele Menschen herantragen konnten.

Ganz besonders möchte ich dir, liebe Leserin, lieber Leser, dafür danken, dass du diesem Buch deine Zeit geschenkt hast. In unserer schnelllebigen und vollgepackten Welt ist es ein Luxus, sich ausgewählten Themen ausführlich zu widmen – danke, dass mentale Gesundheit für dich eines davon ist.

Index

Bildnachweise

Nora Dietrich: Katja Hentschel

Marisa Arat: Picture People GmbH

Frank Thinnes: Privat

Miriam Sternitzky: Westwing GmbH

Christine Münch: Sophie Brand

Nele Groeger: Katja Feldmeier

Julia Kounlavong: Privat

Felix Mann: Thilo Ross

Dr. Neşe Oktay-Gür: Yang Photography

Dr. Donya Gilan: Privat

Klaus Eidenschink: Jurga Graf

Dominique de Marné: Arvid Uhlig

Mina Saidze: Dagmara Musial

Daniela Fink: Jo Kirchherr

Stephanie Bröcker: Henkel AG & Co.KG aA

Taraneh Taheri: Fabian Catoni

Karin Lausch: Privat

Emre Çelik: Privat

Katrin Terwiel: Joanna Dohrmann

Dr. Luisa Rödemer: Lukas Schramm

Sarah Wieser: Michelle Nopp

Benjamin Rolff: Ilka Hindrichs

Linda Janek: Privat

Christian Thiele: Privat

Linh Grethe: Benedikt Roth

Dr. Miriam Baumgärtner: Universität St. Gallen HSG/ Hannes Thalmann

Dr. Amelie Wiedemann: DearEmployee GmbH

Nasrin Oskui: Privat

Babette Herzog: Privat

Mona Ghazi: Lina Retzlaff

Swantje Allmers: Sebastian Fuchs

Dr. Sevda Helpap: Inga Sommer

Nicole Kopp: Luca David

Marina Ziblis: Privat

Prof. Dr. Hannes Zacher: Pamela Petersen

Nektarios Liolios: Privat

Ali Mahlodji: Christoph Steinbauer

Quellen

1 World Health Organization – Regional Office for Europe (2019). Psychische Gesundheit – Faktenblatt, https://www.dv-idee.at/assets/PDFs/Faktenblatt-WHO_Psychische-Gesundheit.pdf, abgerufen am 19.07.2024.

2 Antonovsky, A., Franke, A., & Schulte, N. (1997). Salutogenese: Zur Entmystifizierung der Gesundheit. In: Forum für Verhaltenstherapie und psychosoziale Praxis (Vol. 36). dgvt-Verlag.

3 Ravens-Sieberer, U., Kaman, A., Otto, C., Adedeji, A., Devine, J., Erhart, M., Napp, A.-K., Becker, M., Blank-Stellenmacher, U., Schlack, R., & Hurrelmann, K. (2020). Psychische Gesundheit und Lebensqualität von Kindern und Jugendlichen während der COVID-19-Pandemie – Ergebnisse der COPSY-Studie; Deutsches Ärtzeblatt, 117(48), 828-829. https://doi.org/10.3238/arztebl.2020.0828, abgerufen am 28.07.2024.

4 Costanza, D. P., Badger, J. M., Fraser, R. L., Severt, J. B., & Gade, P. A. (2012). Generational differences in work-related attitudes: A meta-analysis. Journal of Business and Psychology, 27, 375-394. https://doi.org/10.1007/s10869-012-9259-4, abgerufen am 28.07.2024.

5 Bode, S., & Reddemann, L. (2015). Die vergessene Generation: Kriegskinder brechen ihr Schweigen. Klett-Cotta Verlag.

6 Wanger, S., & Weber, E. (2023). Arbeitszeit: Trends, Wunsch und Wirklichkeit. IAB Institut für Arbeits- und Berufsforschung. https://doku.iab.de/forschungsbericht/2023/fb1623.pdf, abgerufen am 28.07.2024.

7 Statista (2023): Durchschnittliche Anzahl Arbeitsunfähigkeitstage aufgrund von Burn-out nach Alter und Geschlecht im Jahr 2022. https://de.statista.com/statistik/daten/studie/239675/umfrage/arbeitsunfaehigkeitstage-aufgrund-von-burn-out-nach-alter-und-geschlecht/, abgerufen am 19.07.2024.

8 DRV Bund (2021). Psychische Erkrankungen häufigste Ursache für Erwerbsminderung. https://www.deutsche-rentenversicherung.de/Bund/DE/Presse/Pressemitteilungen/pressemitteilungen_archive/2021/2021_11_30_psych_erkrankungen_erwerbsminderung.html, abgerufen am 19.07.2024.

9 Deutsche PsychotherapeutenVereinigung e.V. (2021). Report Psychotherapie 2021. https://www.dptv.de/fileadmin/Redaktion/Bilder_und_Dokumente/Wissensdatenbank_oeffentlich/Report_Psychotherapie/DPtV_Report_Psychotherapie_2021.pdf, abgerufen am 28.07.2024.

10 Covid-19 Mental Disorders Collaborators (2021). Global prevalence and burden of depressive and anxiety disorders in 204 countries and territories in 2020 due to the COVID-19 pandemic. The Lancet, 398(10312), 1700-1712. https://doi.org/10.1016/S0140-6736(21)02143-7, abgerufen am 22.07.2024.

11 Mauz, E., Walther, L., Junker, S. , Kersjes, C., Damerow, S., Eicher, S., Hölling, H., Müters, S., Peitz, D., Schnitzer, S., Thom, J. (2022). Time trends of mental health indicators in Germany's adult population before and during the COVID-19 pandemic, Frontiers in Public Health, 11(1065938). https://doi.org/10.3389/fpubh.2023.1065938, abgerufen am 22.07.2024.

12 Brakemeier, E.-L., Wirkner, J., Knaevelsrud, C., Wurm, S., Christiansen, H., Lueken, U., & Schneider, S. (2020). Die COVID-19-Pandemie als Herausforderung für die psychische Gesundheit – Erkenntnisse und Implikationen für die Forschung und Praxis aus Sicht der Klinischen Psychologie und Psychotherapie, Zeitschrift für Klinische Psychologie und Psychotherapie, 49(1), https://doi.org/10.1026/1616-3443/a000574, abgerufen am 22.07.2024.

13 Storm, A. (Hrsg.) (2023). Gesundheitsreport 2023 – Beiträge zur Gesundheitsökonomie und Versorgungsforschung (Band 44). https://www.dak.de/dak/download/dak-gesundheitsreport-2023-ebook-pdf-2615822.pdf, abgerufen am 22.07.2024.

14 OECD/Europäische Union (2022). Health at a Glance: Europe 2022: State of Health in the EU Cycle, OECD Publishing, Paris, doi: 10.1787/507433b0-en, https://health.ec.europa.eu/state-health-eu/health-glance-europe_de, abgerufen am 28.07.2024.

15 Bloom, D. E., Cafiero, E., Jané-Llopis, E. Abrahams-Gessel, S., Bloom, L. R., Fathima, S., Feigl., A., Gaziano, T., Hamandi, A., Mowafi, M., O'Farrell, D., Ozaltin, E., Pandya, A., Prettner, K., Rosenberg, L., Seligman, B., Stein., A., Weinsetin, C., & Weiss, J. (2011). The Global Economic Burden of Noncommunicable Diseases, PGDA Working Papers 8712, Program on the Global Demography of Aging. https://ideas.repec.org/p/gdm/wpaper/8712.html, abgerufen am 28.07.2024.

16 Jacobi, F., Höfler, M., Strehle, J., Mack, S., Gerschler, A., Scholl, L., Busch, M. A., Maske, U., Hapke, U., Gaebel, W., Maier, W., Wagner, M., Zielasek, J., & Wittchen, H. U. (2014). Psychische Störungen in der Allgemeinbevölkerung: Studie zur Gesundheit Erwachsener in Deutschland und ihr Zusatzmodul Psychische Gesundheit (DEGS1-MH), Nervenarzt, 85, 77-87. https://doi.org/10.1007/s00115-013-3961-y, abgerufen am 28.07.2024.

17 Mack, S., Jacobi, F., Gerschler, A., Strehle, J., Höfler, M., Busch, M. A., Maske, U. E., Hapke, U., Seiffert, I., Gaebel, W., Zielasek, J., Maier, W., & Wittchen, H. U. (2014). Self-reported utilization of mental health services in the adult German population –evidence for unmet needs? Results of the DEGS1-Mental Health Module (DEGS1-MH). International Journal of Methods in Psychiatric Research, 23(3), 289-303. https://doi.org/10.1002/mpr.1438, abgerufen am 28.07.2024.

18 Bombana, M., Heinzel-Gutenbrunner, M., & Müller, G. (2022). Psychische Belastung und ihre Folgen für die Krankheitskosten – eine Längsschnittstudie in Deutschland. Das Gesundheitswesen, 84(10), 911-918. https://doi.org/10.1055/a-1842-5458, abgerufen am 28.07.2024.

19 Cuijpers, P., Van Straten, A., & Smit, F. (2005). Preventing the incidence of new cases of mental disorders: a meta-analytic review. The Journal of nervous and mental disease, 193(2), 119-125. https://doi.org/10.1097/01.nmd.0000152810.76190.a6, abgerufen am 28.07.2024.

20 zukunftsInstitut (2024): Die Megatrend-Map. https://www.zukunftsinstitut.de/zukunftsthemen/die-megatrend-map, abgerufen am 22.07.2024.

21 Statista (2021). Gibt es in Ihrem Unternehmen generell ein betriebliches Gesundheitsmanagement, welches auf die psychische Gesundheit abzielt? https://de.statista.com/statistik/daten/studie/1275500/umfrage/gesundheitsmanagement-von-psychischer-gesundheit-in-unternehmen/, abgerufen am 28.07.2024.

22 Zubin, J., & Spring, B. (1977). Vulnerability: A new view of schizophrenia. Journal of Abnormal Psychology, 86(2), 103-126. https://doi.org/10.1037/0021-843X.86.2.103, abgerufen am 28.07.2024.

23 Workforce Institute @UKG (2023). Mental Health at Work: Managers and Money. https://www.ukg.com/resources/article/mental-health-work-managers-and-money?ms=528.5714285714286, abgerufen am 22.07.2024.

24 benify (2022). The Future of Work Report: Employee Benefits and Work Trands in Europe. https://tinyurl.com/yc48pphd, abgerufen am 12.08.2024.

25 Richmond, M. K., Pampel, F. C., Wood, R. C., & Nunes, A. P. (2017). The impact of employee assistance services on workplace outcomes: Results of a prospective, quasi-experimental study. Journal of Occupational Health Psychology, 22(2), 170-179. https://doi.org/10.1037/ocp0000018, abgerufen am 28.07.2024.

26 Rogl, M. (2022). MitGefühl – Warum Emotionen im Job unverzichtbar sind. EMF Verlag.

27 Gallup (2024): Gallup Engagement Index Deutschland 2023. https://www.gallup.com/de/611690/bericht-zum-engagement-index-deutschland-download.aspx, abgerufen am 22.07.2024.

28 Fisher, J., & Silverglate, P. H. (2022). The C-suite's role in well-being. Deloitte. https://www2.deloitte.com/xe/en/insights/topics/leadership/employee-wellness-in-the-corporate-workplace.html, abgerufen am 28.07.2024.

29 Paulus, P. B., Nakui, T., Putman, V. L., & Brown, V. R. (2006). Effects of task instructions and brief breaks on brainstorming. Group Dynamics: Theory, Research, and Practice, 10(3), 206-219. https://doi.org/10.1037/1089-2699.10.3.206, abgerufen am 28.07.2024.

30 Chong, S., Kim, Y. J., Lee, H. W., Johnson, R. E., & Lin, S.-H. (J.). (2020). Mind your own break! The interactive effect of workday respite activities and mindfulness on employee outcomes via affective linkages. Organizational Behavior and Human Decision Processes, 159, 64–77. https://doi.org/10.1016/j.obhdp.2019.11.001, abgerufen am 28.07.2024.

31 Waldinger, R., & Schulz, M. (2023). The good life. Kösel Verlag.

32 Albulescu, P., Macsinga, I., Rusu, A., Sulea, C., Bodnaru, A., & Tulbure, B. T. (2022). «Give me a break!« A systematic review and meta-analysis on the efficacy of micro-breaks for increasing well-being and performance. Plos one, 17(8), e0272460. https://doi.org/10.1371/journal.pone.0272460, abgerufen am 28.07.2024.

33 Steed, L., Swider, B., Keem, S., & Liu, J. T. (2019). Leaving Work at Work: A Meta-Analysis on Employee Recovery From Work. Journal of Management, 47, 867-897. https://doi.org/10.1177/0149206319864153, abgerufen am 20.06.2024.

34 Albulescu, P., Macsinga, I., Rusu, A., Sulea, C., Bodnaru, A., & Tulbure, B. T. (2022). «Give me a break!« A systematic review and meta-analysis on the efficacy of micro-breaks for increasing well-being and performance. Plos one, 17(8), e0272460. https://doi.org/10.1371/journal.pone.0272460, abgerufen am 28.07.2024.

35 Wendsche, J., Tschetsche, L., Lohmann-Haislah, A., Schulz, A., Schuller, K., & Schöllgen, I. (2023). Mentale Erholung von der Arbeit: Abschalten lernen. https://www.baua.de/DE/Angebote/Publikationen/Praxis/A112.html, abgerufen am 20.06.2024.

36 Wendsche, J., Tschetsche, L., Lohmann-Haislah, A., Schulz, A., Schuller, K., & Schöllgen, I. (2023). Mentale Erholung von der Arbeit: Abschalten lernen. https://www.baua.de/DE/Angebote/Publikationen/Praxis/A112.html, abgerufen am 20.06.2024.

37 Steed, L., Swider, B., Keem, S., & Liu, J. T. (2019). Leaving Work at Work: A Meta-Analysis on Employee Recovery From Work. Journal of Management, 47, 867-897. https://doi.org/10.1177/0149206319864153, abgerufen am 20.06.2024.

38 Bandura, A., Ross, D., & Ross, S. A. (1963) Vicarious reinforcement and imitative learning. The Journal of Abnormal and Social Psychology, 67(6), 601-607. https://doi.org/10.1037/h0045550, abgerufen am 28.07.2024.

39 Laloux, F. (2016). Reinventing Organizations. Vahlen Verlag.

40 Rauschert, C., Möckl, J., Seitz, N. N. , Wilms, N., Olderbak, S., & Kraus, I. (2021). Konsum psychoaktiver Substanzen in Deutschland. Ergebnisse des Epidemiologischen Suchtsurveys. Deutsches Ärzteblatt, 119, 527-534. https://doi.org/10.3238/arztebl.m2022.0244, , abgerufen am 28.07.2024.

41 Kopatzki, J., M'Barek, Y., Vu., V. (2021). Wir sind zur Therapie, ZEIT online. https://www.zeit.de/gesellschaft/2021-06/psychische-erkrankungen-therapie-depression-angststoerung-klinik-psychopharmaka-erfahrungen, abgerufen am 28.07.2024.

42 Fleming, W. J. (2024). Employee well-being outcomes from individual-level mental health interventions: Cross-sectional evidence from the United Kingdom. Industrial Relations Journal, 55(2), 162-182. https://doi.org/10.1111/irj.12418, abgerufen am 28.07.2024.

43 Hampson, E., Polner, A., Assal, V., & Abrahams, N. (2022). Mental health and employers. The case for investment - pandemic and beyond. Deloitte. https://www2.deloitte.com/content/dam/Deloitte/uk/Documents/consultancy/deloitte-uk-mental-health-report-2022.pdf, abgerufen am 28.07.2024.

44 Peseschkian N. (1982). Positive Familientherapie. Aus der Praxis einer Behandlungsmethode. FISCHER Verlag.

45 Quadt, L., Esposito, G., Critchley, H., & Garfinkel, S. N. (2020). Brain-body interactions underlying the association of loneliness with mental and physical health. Neuroscience & Biobehavioral Reviews, 116, 283-300. https://doi.org/10.1016/j.neubiorev.2020.06.015, abgerufen am 28.07.2024.

46 Holt-Lunstad, J., Smith, T., Baker, M., Harris, T., & Stephenson, D. (2015). Loneliness and Social Isolation as Risk Factors for Mortality. Perspectives on Psychological Science, 10, 227-237. https://doi.org/10.1177/1745691614568352, abgerufen am 28.07.2024.

47 Bonanno, G. A., Westphal, M., & Mancini, A. D. (2011). Resilience to loss and potential trauma. Annual Review of Clinical Psychology, 7, 511-535. https://doi.org/10.1146/annurev-clinpsy-032210-104526, abgerufen am 28.07.2024.

48 Bonanno, G. A., Galea, S., Bucciarelli, A., & Vlahov, D. (2006). Psychological resilience after disaster: New York City in the aftermath of the September 11th terrorist attack. Psychological Science 17(3), 181-186. https://doi.org/10.1111/j.1467-9280.2006.01682.x, abgerufen am 28.07.2024.

49 Robinson, E., Sutin, A. R., Daly, M., & Jones, A. (2022). A systematic review and meta-analysis of longitudinal cohort studies comparing mental health before versus during the COVID-19 pandemic in 2020. Journal of Affective Disorders, 296, 567-576. https://doi.org/10.1016/j.jad.2021.09.098, abgerufen am 20.06.2024.

50 Prati, G., & Mancini, A. D. (2021). The psychological impact of COVID-19 pandemic lockdowns: a review and meta-analysis of longitudinal studies and natural experiments. Psychological Medicine, 51(2), 201-211. https://doi.org/10.1017/S0033291721000015, abgerufen am 20.06.2024.

51 Gilan, D., & Helmreich, I. (2021). Resilienz – die Kunst der Widerstandskraft: Was die Wissenschaft dazu sagt. Herder Verlag.

52 Statista (2011). Produktivitätsverlust pro Mitarbeiter pro Jahr durch Absentismus und Präsentismus. https://de.statista.com/statistik/daten/studie/182078/umfrage/produktivitaetsverlust-durch-absentismus-und-praesentismus/, abgerufen am 22.07.2024.

53 Statista (2011). Produktivitätsverlust pro Mitarbeiter pro Jahr durch Absentismus und Präsentismus. https://de.statista.com/statistik/daten/studie/182078/umfrage/produktivitaetsverlust-durch-absentismus-und-praesentismus/, abgerufen am 22.07.2024.

54 Fisher, J., Bordeaux, C., Silverglate, P. H., Gillmartin, M. (2023): As workforce well-being dips, leaders ask: What will it take to move the needle? Deloitte. https://www2.deloitte.com/xe/en/insights/topics/talent/workplace-well-being-research.html, abgerufen am 28.07.2024.

55 Nier, H. (2024): Erreichbarkeit im Urlaub – Wenn der Kollege dreimal klingelt. Statista. https://de.statista.com/infografik/10685/berufliche-erreichbarkeit-im-urlaub, abgerufen am 22.07.2024.

56 Gallup (2024): Gallup Engagement Index Deutschland 2023. https://www.gallup.com/de/611690/bericht-zum-engagement-index-deutschland-download.aspx, abgerufen am 22.07.2024.

57 Angermeyer, M. C., Matschinger, H., & Schomerus, G. (2013). Attitudes towards psychiatric treatment and people with mental illness: changes over two decades. The British Journal of Psychiatry, 203(2), 146-151. https://doi.org/10.1192/bjp.bp.112.122978, abgerufen am 28.07.2024.

58 Hegerl, U. (2017). Deutschlandbarometer Depression: Volkskrankheit Depression – So denkt Deutschland. Deutsche Depressionshilfe. https://www.deutsche-depressionshilfe.de/forschungszentrum/deutschland-barometer-depression/2017, abgerufen am 20.06.2024.

59 Jorm, A.F. (2012). Mental health literacy: Empowering the community to take action for better mental health, American Psychologist, 67(3), 231-243. https://doi.org/10.1037/a0025957, abgerufen am 28.07.2024.

60 Morgan, A., Ross, A., & Reavley, N. (2018). Systematic review and meta-analysis of Mental Health First Aid training: Effects on knowledge, stigma, and helping behaviour. PLoS ONE, 13(5), e0197102. https://doi.org/10.1371/journal.pone.0197102, abgerufen am 28.07.2024.

61 Joyce, S., Modini, M., Christensen, H., Mykletun, A., Bryant, R., Mitchell, P. B., & Harvey, S. B. (2015). Workplace interventions for common mental disorders: a systematic meta-review. Psychological Medicine, 46(4), 683-697. https://doi.org/10.1017/S0033291715002408, abgerufen am 28.07.2024.

62 Gayed, A., Milligan-Saville, J., Nicholas, J. Bryan, B. T., LaMontagne, A. D., Milner, A., Madan, I., Christensen, H., Mykletun, A., Glozier, N., & Harvey, S. B. (2018). Effectiveness of training workplace managers to understand and support the mental health needs of employees: a systematic review and meta-analysis. Occupational and Environmental Medicine, 75, 462-470. https://doi.org/10.1136/oemed-2017-104789, abgerufen am 28.07.2024.

63 Dengler, K., & Matthes, B. (2021). IAB-Kurzbericht. Institut für Arbeits- und Berufsforschung. https://doku.iab.de/kurzber/2021/kb2021-13.pdf, abgerufen am 20.06.2024.

64 Job Futoromat. Werden digitale Technologien Ihen Job verändern? https://job-futuromat.iab.de/, abgerufen am 22.07.2024.

65 Ipsos (2023). Global Views on A.I.: Jeder Zweite glaubt, dass künstliche Intelligenz seinen Alltag grundlegend verändern wird. https://www.ipsos.com/de-de/global-views-ai-jeder-zweite-glaubt-dass-kunstliche-intelligenz-seinen-alltag-grundlegend-verandern, abgerufen am 22.07.2024.

66 Ipsos (2023). Global Views on A.I.: Jeder Zweite glaubt, dass künstliche Intelligenz seinen Alltag grundlegend verändern wird. https://www.ipsos.com/de-de/global-views-ai-jeder-zweite-glaubt-dass-kunstliche-intelligenz-seinen-alltag-grundlegend-verandern, abgerufen am 22.07.2024.

67 Hirwani, P. (2023). Chinese Nobel laureate Mo Yan shocks audience after revealing he used ChatGPT to write speech. Independent. https://www.independent.co.uk/arts-entertainment/books/news/mo-yan-china-chatgpt-writing-b2341899.html, abgerufen am 28.07.2024.

68 Forrester Consulting (2023). Building Data Literacy: The Key To Better Decisions, Productivity And Data-Driven Organizations. https://www.tableau.com/sites/default/files/2022-03/Forrester_Building_Data_Literacy_Tableau_Mar2022.pdf, abgerufen am 28.07.2024.

69 Weiß, Y. (2024). Wird der Siegeszug der #KI dazu führen, dass nur noch hochqualifizierte Technologieexperten zukünftig sichere Jobs haben werden? [Beitrag]. LinkedIn. https://www.linkedin.com/posts/prof-dr-yasmin-wei%C3%9F-731a51157_ki-futureskills-futureofwork-activity-7178281323587846144-cnVn?utm_source=share&utm_medium=member_desktop, abgerufen am 28.07.2024.

70 De Gennaro, M., Krumhuber, E. G., & Lucas, G. (2020): Effectiveness of an Empathic Chatbot in Combating Adverse Effects of Social Exclusion on Mood, Frontiers in Psychology, 10, 3061. https://doi.org/10.3389/fpsyg.2019.03061, abgerufen am 28.07.2024.

71 Chen, Z., Kulkarni, P., Galatzer-Levy, I., Bigio, B., Nasca, C., & Zhang, Y. (2022). Modern views of machine learning for precision psychiatry. Patterns, 3(11), 100602. https://doi.org/10.1016/j.patter.2022.100602, abgerufen am 28.07.2024.

72 Oracle (2020). Künstliche Intelligenz unterstützt mentales Wohlbefinden. https://www.oracle.com/de/news/announcement/artificial-intelligence-supports-mental-health-2020-10-07/, abgerufen am 22.08.2024.

73 Marx, E. (o. J.). Was du tun kannst, wenn du Kolleg*innen mit chronischen Krankheiten hast. Neue Narrative. https://www.neuenarrative.de/magazin/chronische-krankheiten-in-der-arbeitswelt, abgerufen am 28.07.2024.

74 DGPPN e.V. (2024). Basisdaten Psychische Erkrankungen. www.dgppn.de/schwerpunkte/zahlenundfakten.html, abgerufen am 28.07.2024.

75 Waldinger, R., & Schulz, M. (2023). The good life. Kösel Verlag.

76 Tamiru, N. (2023). Team dynamics: Five keys to building effective teams. Google Consumer Insights. https://www.thinkwithgoogle.com/intl/en-emea/consumer-insights/consumer-trends/five-dynamics-effective-team/, abgerufen am 28.07.2024.

77 Edmondson, A. (1999). Psychological safety and learning behavior in work teams. Administrative science quarterly, 44(2), 350-383. https://doi.org/10.2307/2666999, abgerufen am 28.07.2024.

78 Edmondson, A. (2020). Die angstfreie Organisation – Wie Sie psychologische Sicherheit am Arbeitsplatz für mehr Entwicklung, Lernen und Innovation schaffen. Vahlen Verlag.

79 Edmondson, A. (2008). The Competitive Imperative of Learning. Harvard Business Review. https://hbr.org/2008/07/the-competitive-imperative-of-learning, abgerufen am 28.07.2024.

80 Neff, K. (2003). Self-Compassion: An Alternative Conceptualization of a Healthy Attitude Toward Oneself. Self and Identity, 2(2), 85-101. https://doi.org/10.1080/15298860309032, abgerufen am 28.07.2024.

81 Eisenberger, N. I. (2012). The pain of social disconnection: examining the shared neural underpinnings of physical and social pain. Nature Reviews Neuroscience, 13(6), 421-434. https://doi.org/10.1038/nrn3231, abgerufen am 28.07.2024.

82 Smith, C., & Yoshino, K. (2019). Uncovering talent – A new model of inclusion. Deloitte. https://www2.deloitte.com/content/dam/Deloitte/us/Documents/about-deloitte/us-about-deloitte-uncovering-talent-a-new-model-of-inclusion.pdf, abgerufen am 28.07.2024.

83 Kasprowski, D., Fischer, M., Chen, X., de Vries., L., Kroh., M., Kühne, M., Richter, D., & Zindel., Z. (2021). Geringere Chancen auf ein gesundes Leben für LGBTQI*-Menschen. DIW Wochenbericht, 88(6), 80-88. https://www.diw.de/de/diw_01.c.810358.de/publikationen/wochenberichte/2021_06_1/geringere_chancen_auf_ein_gesundes_leben_fuer__lgbtqi_-menschen.html, abgerufen am 28.07.2024.

84 Kellermann, G. R., & Reece, A. (2020): The Value of Belonging at Work: Investing in Workplace Inclusion [Video]. Betterup. https://www.youtube.com/watch?v=ng6qOn97KEo, abgerufen am 28.07.2024.

85 Wiklund, J., Patzelt, H., & Dimov, D. (2016). Entrepreneurship and psychological disorders: How ADHD can be productively harnessed. Journal of Business Venturing Insights, 6, 14-20. https://doi.org/10.1016/j.jbvi.2016.07.001, abgerufen am 28.07.2024.

86 Verheul, I., Rietdijk, W., Block, J., Franken, I., Larsson, H., & Thurik, R. (2016). The association between attention-deficit/hyperactivity (ADHD) symptoms and self-employment. European Journal of Epidemiology, 31, 793-801. https://doi.org/793-801. 10.1007/s10654-016-0159-1, abgerufen am 28.07.2024.

87 Boot, N., Nevicka, B., & Baas, M. (2020). Creativity in ADHD: goal-directed motivation and domain specificity. Journal of Attention Disorders, 24(13), 1857-1866. https://doi.org/10.1177/1087054717727352, abgerufen am 28.07.2024.

88 SAP Careers (o. J.). Autism at Wort Program. https://jobs.sap.com/content/Autism-at-Work/, abgerufen am 28.07.2024.

89 Traunwieser, C. (2022). Neurodiversität: Mehr Jobs für Autisten und Autistinnen als Win-Win. Magenta Blog. https://blog.magenta.at/verantwortung/gesellschaft/jobs-fuer-autisten-neurodiversitaet/, abgerufen am 28.07.2024.

90 Neosity (2024). The Evolution of Recruitment: How IKEA's WhatsApp Chatbot Empowers Neurodiverse Talent. https://www.neosity.net/the-evolution-of-recruitment-how-ikeas-whatsapp-chatbot-empowers-neurodiverse-talent/, abgerufen am 22.07.2024.

91 Gümüşay, K. (2020). Sprache und Sein, S. 25. Hanser Verlag.

92 Ouellette, J., & Wood, W. (1998). Habit and intention in everyday life: The multiple processes by which past behavior predicts future behavior. Psychological Bulletin, 124(1), 54-74. https://doi.org/10.1037/0033-2909.124.1.54, abgerufen am 28.07.2024.

93 Giurge, L. M., Howe, L. C., Belovai, Z., Lindemann, G., & O'Connor, S. (2024). More People Use Mental Health Benefits When They Hear That Colleagues Use Them Too. Harvard Business Review. https://hbr.org/2024/04/research-more-people-use-mental-health-benefits-when-they-hear-that-colleagues-use-them-too, abgerufen am 22.07.2024.

94 SAP (2022). SAP Integrated Report 2022. https://www.sap.com/integrated-reports/2022/en.html?pdf-asset=8230868e-647e-0010-bca6-c68f7e60039b&page=108, abgerufen am 22.07.2024.

95 Zill, A., Dilba. D., Meyer, B., Lobers, S., Stubenvoll, O., Weiler, S., Stoev, M., Heinrich, U., & Haller, A. (2022). Psychische Gesundheit erfolgreich stärken. ASU Zeitschrift für medizinische Prävention, 11, 691-694. https://doi.org/10.17147/asu-1-233041, abgerufen am 28.07.2024.

96 Gorsky, A. (o. J.). Johnson & Johnson – «There is so much more to be done; the patients are waiting.«. American Heart Association, CEO Roundtable. https://ceoroundtable.heart.org/mentalhealth/company-mental-health-program-summaries/johnson-johnson/, abgerufen am 22.07.2024.

97 Braun, G., Kestel, C., (2023). Ganz schön krank. Harvard Business manager, S. 24.

98 Workforce Institute @UKG (2023). Mental Health at Work: Managers and Money. https://www.ukg.com/resources/article/mental-health-work-managers-and-money?ms=528.5714285714286, abgerufen am 22.07.2024.

99 Montano, D., Reeske, A., Franke, F., & Hüffmeier, J. (2017). Leadership, followers' mental health and job performance in organizations: A comprehensive meta-analysis from an occupational health perspective. Journal of Organizational Behavior, 38, 327-350. https://doi.org/10.1002/job.2124, abgerufen am 28.07.2024.

100 Nummenmaa, L., Glerean, E., Hari, R., & Hietanen, J. K. (2014). Bodily maps of emotions. Proceedings of the National Academy of Sciences, 111(2), 646-651. https://doi.org/10.1073/pnas.1321664111, abgerufen am 28.07.2024.

101 Statista (2024). Wie viel Schlaf bekommen Sie durchschnittlich an Wochentagen pro Nacht? https://de.statista.com/statistik/daten/studie/1277683/umfrage/schlafdauer-der-deutschen/, abgerufen am 22.07.2024.

102 Mandolesi, L., Polverino, A., Montuori, S., Foti, F., Ferraioli, G., Sorrentino, P., & Sorrentino, G. (2018). Effects of physical exercise on cognitive functioning and wellbeing: biological and psychological benefits. Frontiers in Psychology, 9, 347071. https://doi.org/10.3389/fpsyg.2018.00509, abgerufen am 28.07.2024.

103 Kaati, G., Bygren, L. O., Pembrey, M., & Sjöström, M. (2007). Transgenerational response to nutrition, early life circumstances and longevity. European Journal of Human Genetics, 15, 784-790. https://doi.org/10.1038/sj.ejhg.5201832, abgerufen am 28.07.2024.

104 Suzuki, H., Yamashiro, D., Ogawa, S. Kobayashi, M., Cho, D., Iizuka, A., Tsukamoto-Yasui, M., Takada, M., Isokawa, M., Nagao, K., & Fujiwara, Y. (2020). Intake of seven essential amino acids improves cognitive function and psychological and social function in middle-aged and older adults: a double-blind, randomized, placebo-controlled trial. Frontiers in Nutrition, 7, 586166. https://doi.org/10.3389/fnut.2020.586166, abgerufen am 28.07.2024.

105 Freeman, M. P., Hibbeln, J. R., Wisner, K. L., Davis, J. M., Mischoulon, D., Peet, M., Keck, P., Marangell, L., Richardson, A., Lake, J., & Stoll, A. L. (2006). Omega-3 fatty acids: evidence basis for treatment and future research in psychiatry. Journal of Clinical Psychiatry, 67(12), 1954-1967. https://doi.org/10.4088/jcp.v67n1217, abgerufen am 28.07.2024.

106 Babauta, L., (o. J.). Four Habits that Form Habits. https://zenhabits.net/habitses/, abgerufen am 28.07.2024.

107 World Health Organization. (2022). WHO guidelines on mental health at work. https://www.who.int/publications/i/item/9789240053052, abgerufen am 22.07.2024.

108 Dimoff, J. K., & Kelloway, E. K. (2019). With a little help from my boss: The impact of workplace mental health training on leader behaviors and employee resource utilization. Journal of Occupational Health Psychology, 24(1), 4-19. https://doi.org/10.1037/ocp0000126, abgerufen am 28.07.2024.

109 Fisher, J., Bordeaux, C., Silverglate, P. H., Gillmartin, M. (2023): As workforce well-being dips, leaders ask: What will it take to move the needle? Deloitte. https://www2.deloitte.com/xe/en/insights/topics/talent/workplace-well-being-research.html, abgerufen am 28.07.2024.

110 Schneider, E. E., Schönfelder, S., Domke-Wolf, M., & Wessa, M. (2020). Measuring stress in clinical and nonclinical subjects using a German adaptation of the Perceived Stress Scale. International Journal of Clinical and Health Psychology, 20(2), 173-181. https://doi.org/10.1016/j.ijchp.2020.03.004, abgerufen am 28.07.2024.

111 Audi (2024). Mental Health @Audi. https://www.audi.com/de/careers/working-at-audi/audi-spirit/committed-to-mental-health.html, abgerufen am 28.07.2024.

112 Barney, J. B., Amorim, M., & Júlio, C. (2023). The Secret of Culture Change: How to Build Authentic Stories that Transform Your Organization. Berrett-Koehler Publishers.

113 Chef:innensache (o. J.): Wie mentale Gesundheit und Chancengleichheit zusammenhängen. https://chefinnensache.de/johnson-johnson-wie-mentale-gesundheit-und-chancengleichheit-zusammenhaengen/, abgerufen am 22.07.2024.

114 HR Excellence Awards (2024). Gewinner:innen 2023, Kategorie Wellbeing. https://www.hr-excellence-awards.de/shortlist/, abgerufen am 22.07.2024.

115 Spotify (o. J.). Hey, it's okay not to be okay. https://www.lifeatspotify.com/diversity-equity-impact/mental-health, abgerufen am 22.07.2024.

116 Word Health Organization (2022). World mental health report: Transforming mental health for all. https://www.who.int/teams/mental-health-and-substance-use/world-mental-health-report, abgerufen am 28.07.2024.

117 Richardson, R., Dale, H. E., Robertson, L., Meader, N., Wellby, G., McMillan, D., & Churchill, R. (2023). Mental Health First Aid as a tool for improving mental health and well-being. Cochrane Database of Systematic Reviews, 8(8), CD013127. https://doi.org/10.1002/14651858.CD013127.pub2, abgerufen am 28.07.2024.

118 Hermosilla, S., Forthal, S., Sadowska, K., Magill, E. B., Watson, P., & Pike, K. M. (2023). We need to build the evidence: A systematic review of psychological first aid on mental health and well-being. Journal of Traumatic Stress, 36(1), 5-16. https://doi.org/10.1002/jts.22888, abgerufen am 28.07.2024.

119 Pleuger, F. (2023): Psychische Gefährdungsbeurteilung - Ein Erfolgsmodell, S. 13. SAP. https://www.vdri.de/fileadmin/uploads/seminardaten/2023-06-15_Fachinformation2.pdf, abgerufen am 28.07.2024.

120 Bech, P. (2004). Measuring the dimensions of psychological general well-being by the WHO-5. Quality of Life Newsletter 2004, 32, 15-16.

121 Psychiatric Research Unit, WHO Collaborating Center for Mental Health (1998). WHO 5 – Fragebogen zum Wohlbefinden. WHO. https://www.psykiatri-regionh.dk/who-5/documents/who5_german.pdf, abgerufen am 28.07.2024.

122 Beck, D., & Lenhardt, U. (2019). Consideration of psychosocial factors in workplace risk assessments: findings from a company survey in Germany. International Archives of Occupational and Environmental Health, 92(3), 435-451. https://doi.org/10.1007/s00420-019-01416-5, abgerufen am 28.07.2024.

123 DearEmployee (2024). Workplace Insights [Interaktives Dashboard]. https://www.dearemployee.de/workplace-insights/, abgerufen am 28.07.2024.

124 YouTube (2024). McDonald's | The Meal [Video]. https://www.youtube.com/watch?v=X5×14gOJAPk, abgerufen am 28.07.2024.

125 Techniker Krankenkasse (2021). Entspann dich, Deutschland! – TK-Stressstudie 2021. https://www.tk.de/resource/blob/2118106/cbdb7ed26363a35145d753516510f92d/stressstudie-2021-pdf-zum-download-data.pdf, abgerufen am 22.07.2024.

126 Kaluza, G. (2018). Stressbewältigung: Trainingsmanual zur psychologischen Gesundheitsförderung. Springer-Verlag.

127 Spotify (Hrsg.) (2022). Heart & Soul, Under the Spotlight. https://www.lifeatspotify.com/reports/Heart-And-Soul-Under-The-Spotlight-Report-2022.pdf, abgerufen am 22.07.2024.

128 Rugulies, R., Aust, B., Greiner, B. A., Arensman, E., Kawakami, N., LaMontagne, A. D., & Madsen, I. E. (2023). Work-related causes of mental health conditions and interventions for their improvement in workplaces. The Lancet, 402(10410), 1368-1381. https://doi.org/10.1016/S0140-6736(23)00869-3, abgerufen am 28.07.2024.

129 Initiative Neue Qualität der Arbeit (2016). INQA-Check »Gesundheit«. https://www.inqa.de/DE/mediathek/publikationen/check-gesundheit.html#:~:text=Der%20INQA%20%2DCheck%20%E2%80%9EGesundheit%E2%80%9C,der%20Arbeit%E2%80%9C%20(INQA), abgerufen am 22.07.2024.

130 Great Place To Work® (2024). Great Place To Work® – Der Report 2024: Arbeit & Well-being. https://www.gptw-mediathek.de/assets/Artikel-Blogbeitraege-etc-/Great-Place-To-Work-Der-Report-2024.pdf, abgerufen am 22.07.2024.

131 Yoshimoto, C., Erb, M. (2021). Treating Employees Well Led to Higher Stock Prices During the Pandemic. https://www.greatplacetowork.com/resources/blog/treating-employees-well-led-to-higher-stock-prices-during-the-pandemic, abgerufen am 22.07.2024.

132 Great Place To Work® (2024). Great Place To Work® – Der Report 2024: Arbeit & Well-being. https://www.gptw-mediathek.de/assets/Artikel-Blogbeitraege-etc-/Great-Place-To-Work-Der-Report-2024.pdf, abgerufen am 22.07.2024.

133 SAP (2022). SAP Integrated Report 2022. https://www.sap.com/integrated-reports/2022/en.html?pdf-asset=8230868e-647e-0010-bca6-c68f7e60039b&page=108, abgerufen am 22.07.2024.

134 Klose, A. (2022). Mindfulness: The New Superpower. SAP. https://news.sap.com/2022/09/mindfulness-day-2022-new-superpower/, abgerufen am 22.07.2024.

135 Rugulies, R., Aust, B., Greiner, B. A., Arensman, E., Kawakami, N., LaMontagne, A. D., & Madsen, I. E. (2023). Work-related causes of mental health conditions and interventions for their improvement in workplaces. The Lancet, 402(10410), 1368-1381. https://doi.org/10.1016/S0140-6736(23)00869-3, abgerufen am 28.07.2024.

136 Fleming, W. J. (2024). Employee well-being outcomes from individual-level mental health interventions: Cross-sectional evidence from the United Kingdom. Industrial Relations Journal, 55(2), 162-182. https://doi.org/10.1111/irj.12418, abgerufen am 28.07.2024.

137 Rogers, E. M. (1962). Diffusion of Innovations. Free Press.

138 Rogers, E. M. (2003). Diffusion networks. In: Cross, R., Parker, A., Sasson, L. (Hrsg.): Networks in the knowledge economy, 130-179. Oxford University Press.

139 Smollan, R. K., Sayers, J. G. (2009). Organizational Culture, Change and Emotions: A Qualitative Study. Journal of Change Management, 9, 435-457. https://doi.org/10.1080/14697010903360632, abgerufen am 28.07.2024.

140 Schermuly, C., Meifert, M. (2023). Ergebnisbericht zum New Work-Barometer 2023. https://www.srh-berlin.de/fileadmin/Hochschule_Berlin/01_SEA_Landing_Pages/Business/Ergebnisbericht_zum_New_Work-Barometer_2023.pdf, abgerufen am 28.07.2024.

141 Joyce, S., Modini, M., Christensen, H., Mykletun, A., Bryant, R., Mitchell, P. B., & Harvey, S. B. (2015). Workplace interventions for common mental disorders: a systematic meta-review. Psychological Medicine, 46(4), 683-697. https://doi.org/10.1017/S0033291715002408, abgerufen am 28.07.2024.

142 National Institute for Health and Care Excellence (NICE) (2016). Workplace health: management practices. https://www.nice.org.uk/guidance/ng13, abgerufen am 22.07.2024.

143 Götsch, A., Wie gelingt Transformation?, Harvard Business manager, 2024, https://www.manager-magazin.de/hbm/fuehrung/unternehmen-wie-gelingt-transformation-a-c75a9cdc-3774-4e59-bd57-8abd278a3ab4, abgerufen am 12.08.2024.

144 Mihály Csíkszentmihályi (2010). Das Flow-Erlebnis. Jenseits von Angst und Langeweile: im Tun aufgehen. 10. Auflage. Klett-Cotta Verlag.

145 Sheeran, P., & Webb, T. L. (2016). The intention-behavior gap. Social and Personality Psychology Compass, 10(9), 503-518. https://doi.org/10.1111/spc3.12265, abgerufen am 28.07.2024.